地空导弹发射技术基础

刘建设　王学智　时建明　编著

西北工業大學出版社

西　安

【内容简介】 本书以地空导弹发射系统为主要研究对象，主要阐述了发射装置及其控制技术、导弹发射控制技术、倾斜发射技术、垂直发射技术等；系统介绍了导弹发射技术的发展概况及研究内容，导弹发射方式、发射系统、发射场地等基本概念，发射装置及其组成部分，发射装置控制设备及其技术，随动系统及其控制技术，液压系统及其控制技术，导弹发射控制系统及其控制技术、通信技术和配电技术，倾斜发射导弹初始瞄准技术和导弹滑离技术，以及垂直发射技术概述、弹射技术、垂直发射导弹初始转弯技术和导弹初制导飞行控制技术等。

本书可作为高等学校导弹发射相关专业的教材，也可作为其他相关专业学生和工程技术人员的阅读参考用书。

图书在版编目(CIP)数据

地空导弹发射技术基础 / 刘建设，王学智，时建明编著. -- 西安 ：西北工业大学出版社，2024. 10.
ISBN 978 - 7 - 5612 - 9597 - 7

Ⅰ. E92

中国国家版本馆 CIP 数据核字第 2024RX4387 号

DIKONG DAODAN FASHE JISHU JICHU

地 空 导 弹 发 射 技 术 基 础

刘建设　王学智　时建明　编著

责任编辑：王　水　　**策划编辑：**杨　睿
责任校对：朱辰浩　　**装帧设计：**高永斌　李　飞
出版发行：西北工业大学出版社
通信地址：西安市友谊西路 127 号　　邮编：710072
电　　话：(029)88491757，88493844
网　　址：www.nwpup.com
印 刷 者：西安五星印刷有限公司
开　　本：787 mm×1 092 mm　　1/16
印　　张：13.25
字　　数：322 千字
版　　次：2024 年 10 月第 1 版　　2024 年 10 月第 1 次印刷
书　　号：ISBN 978 - 7 - 5612 - 9597 - 7
定　　价：69.00 元

前　言

随着高新技术的不断发展及其在武器装备中的应用，地空导弹武器装备得到了跨越式发展，大量高新技术密集、多学科交叉融合、信息化程度高、体系结构复杂、功能综合多样的新型地空导弹武器系统列装部队。

导弹发射技术是研究导弹的发射原理、发射方式及其有关设备设施的设计、制造、试验和使用的理论与技术的基础，其作为导弹技术的分支学科，呈现出集自动化技术、计算机控制技术、机电一体化技术、液压技术、信息检测技术和数据传输技术等为一体的技术特点。

本书针对地空导弹发射技术的发展及其技术应用，在深入研究国内外现役各型号地空导弹发射设备的基础上，以通用设备、通用原理和通用技术为主线，从通用的视角系统介绍了地空导弹发射技术的相关概念、特点及其在发射设备中的应用。

全书共 6 章。第一章介绍导弹发射技术的发展概况、研究内容以及导弹的发射方式、发射系统、发射场地等基本概念。第二章介绍发射装置及其各组成部分的功用、结构及工作原理。第三章介绍发射装置控制系统、发射装置控制设备及其技术、随动系统及其控制技术、液压系统及其控制技术。第四章介绍导弹发射控制系统及其控制技术、通信技术和配电技术。第五章介绍倾斜发射的发展概况及特点、倾斜发射导弹初始瞄准技术、发射动力学基础和倾斜发射导弹滑离技术。第六章介绍垂直发射的发展概况及特点、弹射技术、垂直发射导弹初始转弯技术和导弹初制导飞行控制技术。

本书第一章、第四章由王学智撰写，第二章、第三章由刘建设撰写，第五章、第六章由时建明撰写，全书由刘建设统稿。

在撰写本书过程中，笔者参考了大量航天工业部门的装备资料，引用了许多专家学者的研究成果，在此对列入或未列入参考文献的专家学者在该领域所做出的贡献和无私奉献表示崇高的敬意，对能引用他们的成果感到十分荣幸并表示由衷的谢意。

由于水平有限，本书不妥之处在所难免，敬请广大读者批评指正。

编著者

2024 年 7 月

目　　录

第一章 概 述

导弹发射技术是一门综合运用军事理论、武器设计理论和通用工程设计理论的特殊应用工程技术，涉及广泛的技术领域，是多种专业技术的综合。本章主要介绍地空导弹发射技术的发展概况、研究内容、发射方式、发射系统和发射场地等内容。

第一节 导弹发射技术的发展概况及研究内容

导弹发射技术是研究导弹的发射原理、发射方式及其有关设备设施的设计、制造、试验和使用的理论与技术，是导弹技术的分支学科。

随着科学技术的发展和防空反导作战的需要，地空导弹武器装备得到了飞速发展，与此同时也加速了地空导弹发射设备的研制，并促进了地空导弹发射技术的发展。

一、发展历程

导弹发射技术的发展，是伴随着导弹技术的发展而发展的。世界上最早、最著名的导弹是第二次世界大战中期德国发明和研制的V-1飞航式导弹和V-2弹道式导弹。V-1导弹采用了长轨道蒸汽活塞式弹射器发射技术，V-2导弹采用了一整套野战机动式地面设备（包括起重运输设备、起竖设备、发射装置、加注设备、瞄准设备、检测设备、供电设备、供气设备、辅助设备等）完成发射。这两种导弹武器系统中采用的发射技术可称作导弹发射技术的起源，其中的某些技术构思至今仍有实际意义。纳粹德国战败后，有关导弹方面的技术人员、技术资料和技术装备为美苏所瓜分。在此基础上，战后美苏两国不遗余力地发展各种类型、可用来攻击各种目标的导弹武器系统，而每种类型的导弹武器装备都与其发射技术相匹配。

地空导弹武器装备从第二次世界大战后期出现发展至今，已经形成可以覆盖整个空域的中高空中远程、中低空中近程、低空近程和超低空超近程（便携式）地空导弹系列，经历了四代的发展历程。

第一代地空导弹武器装备是20世纪50年代研制的，多数为中远程型号，主要用于国土防空。以“波马克1/2”“奈基1/2”、SA-1/2、“黄铜骑士”“雷鸟”为典型代表。第一代型号的主要特点是：导弹大都为两级设计，动力装置大都采用液体主发动机加固体助推器，导弹大而笨重；地面火控系统由多部单功能雷达组成，系统结构复杂。以上特点使得第一代中远程型号导弹的火力单元不得不采用功能分散、多车配套、固定或半固定式阵地发射的体制。

导弹发射设备大都采用单装倾斜发射方式和拖车牵引式机动方式，发射设备结构复杂、机动性差、系统反应时间长，只能对付低速中远程单个空中目标。

第二代地空导弹武器装备是 20 世纪 60 年代开始研制、70 年代服役的，为应对低空突防需要，多数为低空近程和中低空中近程导弹，以及改进型中高空中远程型号导弹，主要用于野战防空和要地防空。以 SA－6、SA－8、“响尾蛇”“罗兰特”“长剑”“改进霍克”等为典型代表。第二代型号的主要特点是：导弹大都为单级，采用高性能固体火箭发动机（有些采用双推力固体火箭发动机），导弹小而轻便；地面火控系统大都配备脉冲多普勒搜索雷达、单脉冲跟踪雷达（辅以光电跟踪设备）以及数字计算机，系统结构相对简化。第二代地空导弹系统的火力单元：中程型号的导弹多采用功能较为综合，有限载车配套机动作战体制；近程型号的导弹多采用弹、站、架一体化（三位一体）的单车机动体制。导弹发射设备采用多联装倾斜变角发射方式和自行车载（轮式或履带式）机动方式，并向箱式（筒式）发射方式发展，使得导弹发射设备机动性提高、防护能力增强、系统反应时间缩短、火力加强、结构简化、使用维护简单。

第三代地空导弹武器装备是 20 世纪 80 年代以后开始服役的新型号或某些第二代导弹的改进型。以“爱国者”、SA－10、SA－12、“天弓”、ADATS（瑞士和美国共同研制的，世界上第一种具有防空、反坦克双重功能的导弹系统）、“西北风”（法国）等为典型代表。它们均属于多用途型号地空导弹武器系统，用于国土防空、野战防空和要地防空。第三代型号的主要特点是：导弹采用性能更好的固体火箭发动机，高比冲推进剂，大规模集成电路和固态微型电子器件，因此导弹体积更小、可靠性高、用途更广；地面火控系统采用多功能相控阵雷达和高速信息处理机及通信设备。以上特点使第三代地空导弹武器系统的火力单元采用功能更为综合、更少有限载车配套机动作战体制和弹、站、架一体化的单车机动体制，导弹发射设备采用多联装箱式（筒式）倾斜发射方式和自行载车机动方式，并向垂直发射方向发展，导弹发射设备机动性好，运输发射一体，系统反应时间短、火力强，能对付多目标。

第四代地空导弹于 20 世纪 80 年代中后期至 90 年代进入快速发展时期，主要特征是具有防空和反弹道导弹能力。典型型号包括美国的“爱国者”－3、“萨德”、“标准”－3，俄罗斯的 C－400和 C－500 等。第四代型号的主要特点是：导弹采用动能杀伤、直气复合控制、定向战斗部、固态有源相控阵雷达，以及红外成像和毫米波末制导等关键技术。导弹发射设备向高度集成化、模块化、标准化和通用化方向发展，大小弹混合装填、多型号共架发射，大大提升了发射设备的多任务能力。

二、发展现状

20 世纪 80 年代以来，现代空袭兵器的发展、空袭战术和作战环境的变化，使导弹发射设备向着设备小型化、功能综合化、控制自动化、结构简单化、整体机动化等方向发展，其生存能力大大提高，作战能力大大加强。发射技术的发展现状体现在以下几个方面。

1.广泛采用多联装箱（筒）式发射技术

多联装箱（筒）式发射是在 20 世纪 60 年代第二代地空导弹武器装备研制中形成的一种地空导弹发射技术，并在第三代地空导弹武器装备中得到广泛运用。贮运发射箱（筒）式发射技术保证了导弹在全寿命期间的可靠性，简化了检查、维修勤务，缩短了作战准备时间，提高了系统快速反应能力。

多联装箱(筒)式发射使导弹贮存、运输、发射一体化,改善了导弹贮运和发射的条件,保证了导弹的可靠性,可以提高系统快速反应能力和火力强度,为实现发射装置的通用化、多用途、自动装填导弹、垂直发射和弹射发射提供了条件和可能性。

2.广泛采用机动式发射技术

地空导弹武器系统的机动作战能力是保证其生存力和战斗力的重要因素,机动式发射提高了武器系统的战略机动性、战术机动性、生存力和战斗力。

地空导弹武器装备地面设备的机动化使得载车数量越来越少,系统独立作战功能越来越强。导弹动力装置的固体化、小型化,以及其他地面设备的小型化,使各类地空导弹武器装备普遍采用配套数量少、功能集中的载车体制。中远程地空导弹火力单元由功能分散、多车配套的体制发展为功能较为综合、有限载车配套的机动作战体制。如"改进霍克"系统的火力基本单元由 21 辆车减到 10 辆车,其应急火力单元由一辆自行导弹发射车和一辆指挥搜索车组成。近程及超近程地空导弹武器装备随着野战的需要,采用弹、站、架三位一体,独立作战性能好,高机动的自行单车系统。如 SA - 15 近程防空系统,是一种集雷达、电视跟踪设备、垂直发射设备于一体的野战机动履带式单车系统。

为适应高机动的野战要求,地空导弹武器装备及其发射设备能伪装隐蔽、快速转移和大范围纵深行军,选用性能好的军用轮式车或履带车实施机动。这类载车大都能进行战略机动和战术机动。除采用军用底盘改善越野、运输机动性外,还从减少车辆配套数量、车辆自动调平、车辆自带电源、采用箱式发射技术、数传通信技术、自动化检测技术和定位定向技术等方面改进地面设备,使导弹发射设备的战斗准备时间不断缩短,能够快速展开与撤收,跟上野战部队快速行进。如 SA - 10、"爱国者"等中远程车载地空导弹武器系统,都可以根据战场环境变化及时转移阵地和快速展开与撤收,有高度的战术、战略机动性。"爱国者"地空导弹武器系统火力单元曾在"沙漠风暴"行动中,一个月内转移 90 多次阵地,对保证系统的生存力及战斗力起了很大的作用。

3.广泛采用垂直发射技术

战术导弹垂直发射在简化发射装置结构、全空域发射、增加射速、增大火力、拦击多目标方面表现出明显的优越性。导弹的垂直发射方式,过去主要用于战略和战术攻击固定目标的弹道式导弹,而攻击空中活动目标的战术导弹则一般采用倾斜发射方式。随着导弹惯性制导仪表的改进、小型化微机在导弹上的应用和箱式发射技术的发展,使得战术地空导弹也可采用垂直发射方式。20 世纪 70 年代以来,美国、苏联等国在研制第三代多功能地(舰)空导弹武器系统时,首先开始研究战术导弹垂直发射技术并用到型号上取得成功。20 世纪 80 年代初,苏联研制的 SA - 10 地空导弹垂直发射装置开始服役,它成为地空导弹在发射方式上从倾斜发射到垂直发射革命性变革的标志,并且在采用多联装筒式发射和垂直发射技术的基础上,又成功地运用了弹射技术,使 SA - 10 导弹发射设备成为综合运用多种发射技术成功的典范。

战术导弹垂直发射使得发射设备具有发射装置结构简单、发射准备时间少、系统反应时间短、导弹发射率高、可提供足够火力拦截不同方位的多个目标的能力,使地空导弹武器系统具有抗击多目标饱和攻击的能力。因此，在当今世界上，除美国、俄罗斯两国外，英国、法国、德国、中国、以色列等国也根据自己的需要，大力开展地空导弹垂直发射设备的研制。

4. 设备一体化、通用化和自动化方面的技术有很大的提高

传统的导弹发射设备是为执行导弹发射任务单一用途进行设计开发的，除了完成导弹发射功能外，对导弹的检测功能仅限于射前检查，且多数为定性检测，不做定量分析，缺乏故障诊断手段，难以发现导弹在发射过程中存在的故障隐患。测试发射一体化系统在不增加系统硬件总体成本的条件下，充分利用虚拟仪器等软件的优点，集成大型自动测试系统才具有的动态检测功能和快速故障诊断功能，有效提升导弹发射设备的技术水平和层次，为导弹成功发射提供有力保障。

随着地空导弹武器装备技术的发展，导弹发射设备大量采用模块化和接口标准化设计思路，实现硬件设备、信息、接口等的通用化，为地空导弹武器装备的配置提供了极大的灵活性，使得各型导弹武器装备具备多型导弹的共架发射能力，大幅提高武器系统的攻击、防御和生存等综合作战能力。

现代地空导弹武器装备基于增强功能、改善性能、提高快速反应能力的需要，地面设备大量采用现代数字技术，在各个环节广泛应用各类数字计算机，使导弹发射设备具有设备小型化、功能综合化、控制自动化的特点。实现导弹发射设备作战过程的自动化，是提高地空导弹武器系统快速反应能力的重要措施。数字计算机技术、数字通信、液压技术、电子系统和机械系统自动控制技术在导弹发射设备中的综合运用，大大提高了导弹发射设备的自动化水平，从而提高了地空导弹武器系统的快速反应能力和战斗力。如“响尾蛇”“罗兰特”“长剑”“爱国者”等导弹发射设备的自动化程度都比较高，反应时间都不超过 10 s。又如“罗兰特”导弹发射装置，导弹发射后，在车内操作液压系统实现自动装填导弹，装填时间仅需 10 s。

5.武器装备伪装防护能力不断提升

伪装与防护是提高地空导弹武器装备的生存能力，也是在战争中保存自己、消灭敌人的重要手段。在现代战争侦察攻击一体化的作战环境中，做好武器装备的伪装与防护显得更为重要。加强地空导弹武器装备及导弹发射设备的伪装防护技术研究与应用，可进一步提高其反侦察能力和防护能力。目前，世界各国都在大力开展武器装备的伪装防护技术研究，美国、瑞典、俄罗斯及德国在伪装材料和器材的研制方面处于领先地位。他们研制的轻型伪装遮障、形变迷彩、非金属材料、涂料及雷达波吸收材料，具有防光学、防热红外及防雷达探测的伪装性能。

三、发展趋势

现代局部战争充分表明，随着精确制导武器、战术弹道导弹、无人机等在战争中的应用及空袭纵深攻击能力的加强，对地空导弹武器装备的性能要求越来越高，新型导弹发射技术将不断涌现。导弹发射技术在不断加强现有技术的基础上，其发展趋势主要表现在以下几个方面。

(一)电磁发射技术

在航天领域,人们期望有一种比化学火箭更为优越的新型发射器,能较容易地把卫星、航天飞机等航天器加速到第一、第二乃至第三宇宙速度;人们还希望把小质量弹丸加速到每秒几十千米,进行一些高速碰撞的科学试验。然而,除火箭外,所有常规化学发射器其工作原理都是在筒状炮管内,借高温、高压气体膨胀,推动弹丸做功得到高初速的。尽管人们采用不同的推进剂(固体的、液体的,乃至低分子量的)和不同的结构,但由于原理上的局限性,已难取得突破性的进展。在这种情况下,就必须另辟蹊径,于是,新一代超高速的电磁发射技术应运而生了。

1.电磁发射系统的组成及类型

目前,国内外研究的电磁发射系统种类繁多,在名称上没有统一的规范,但一般由脉冲储能系统、脉冲变流系统、脉冲直线电机和控制系统四部分组成,如图1-1所示。发射前通过脉冲储能系统将能量在较短时间内蓄积,发射时通过脉冲变流系统调节输出瞬时超大功率给脉冲直线电机,产生电滋力推动负载至预定速度,控制系统实现信息流对能量流的精准控制。不同的电磁发射系统,所涉及的技术也不尽相同。

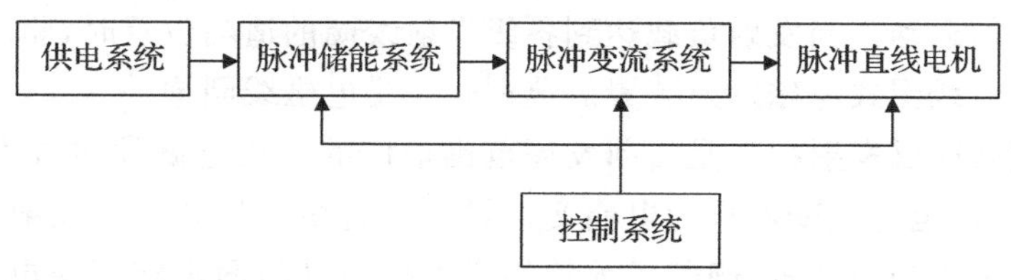

图1-1　电磁发射系统一般构成

按照发射长度和发射末速不同,电磁发射技术可分为电磁轨道发射技术、电磁弹射技术和电磁推射技术等。

1)电磁轨道发射技术,发射距离为十米级、发射质量为数十千克级、发射速度为每秒数千米级。电磁轨道发射装置也称电磁轨道炮,是直接利用电磁能对弹丸进行发射的新概念动能杀伤武器。与传统火炮将火药燃气压力作用于弹丸不同,电磁轨道炮是利用电磁场的作用力,直接用电磁能将10～20 kg的弹丸发射至6～7 *Ma* 的速度。与常规火药发射方式相比,利用电磁轨道发射技术发射的弹丸射程可提高10倍,射高可达100 km,可实现远程精确打击、中远程防空反导、反临近空间目标等多重任务。

2)电磁弹射技术,发射距离为百米级、发射质量为吨级、发射速度为每秒数百米级。电磁弹射技术以长行程直线电机的电磁力为动力源,通过控制各段定子电流的通断,使挂接负载的动子在有限距离内进行“接力式”加速,最终使负载达到预期速度。它的典型应用是航母电磁弹射装置。

3)电磁推射技术,发射距离为千米级、发射质量为吨级、发射速度为每秒数千米至数十千米级。电磁推射技术利用电磁能实现空间物资快速投送或小型卫星等航天器的快速发射,出口速度可达数马赫到数十马赫。与电磁轨道发射方式不同的是,电磁推射一般采用直线电机或多级脉冲线圈作为发射装置,发射的动子与产生磁场的定子之间可以采用接触方式或悬浮方式。其中,采用悬浮方式可以达到更高的速度。电磁推射系统通过控制布置在千米级发射行程的定子线圈内的电流,产生电磁力使动子加速运行,从而实现大吨位负载超高速接力发射。

根据电磁发射装置利用电能的原理不同,电磁发射技术可以分为轨道式、线圈式和直线电机式等。

1)轨道式电磁发射技术是以电的磁效应为基本原理,是一种接触式的电磁发射技术。轨道式电磁发射装置通常由轨道和电枢组成,两根轨道相互绝缘,电枢在整个运动过程中保持与两根轨道的接触并导通。在轨道上施加一个电流,电流流过电枢,从无到有的电流将产生一个感应磁场,流过电枢的电流在这个磁场中会受到安培力的作用。精确地控制施加电流的变化,可以使电枢受力向预定的方向运动,从而使电枢推动发射负载实现发射动作。轨道式电磁发射装置的典型代表是电磁轨道炮和电磁迫击炮。

2)线圈式电磁发射技术是一类非接触式的电磁发射技术。线圈式电磁发射装置一般由多级按序排列的驱动线圈、发射负载和相应的供电、控制部分组成,发射负载外侧可以是多匝闭合线圈,也可以是金属套筒。当对发射负载所处的驱动线圈施加脉冲电流时,在发射负载外侧感应出一方向相反的环形电流,此环形电流与两线圈间的磁场相互作用产生电磁力,驱动发射负载向前运动。当发射负载达到各级发射线圈的适当位置时,驱动线圈逐级放电,实现负载的发射。线圈式电磁发射装置的典型代表是电磁线圈炮。

3)直线电机式电磁发射技术是目前发展范围最广的一类电磁发射技术,通常以直线电机作为发射装置,以电力逆变器作为电能变换设备。直线电机式电磁发射装置的典型代表是航母上装备的电磁弹射装置,舰载机前轮的弹射杆通过与固定在直线电机动子上方的往复车挂接,拉拽舰载机弹射起飞。此外,先进阻拦系统中,电磁阻拦部分可以说是一类特殊的电机式电磁发射装置,其阻拦电机产生与负载运动方向相反的制动力矩,阻拦系统的基本构成与电磁发射系统类似。

2. 轨道式电磁发射技术

(1)基本原理

轨道式电磁发射的基本原理是,利用由两条平行连接着大电流的固定轨道和一个与轨道保持良好电接触、能够沿着轨道轴线方向滑动的电枢组成的基本结构,如图 1-2 所示。当大电流流经两平行轨道时,在两轨道之间产生强磁场,这个磁场与流经电枢的电流相互作用,产生电磁力,推动电枢和置于电枢前面的弹丸沿着轨道加速运动,从而获得高速度。

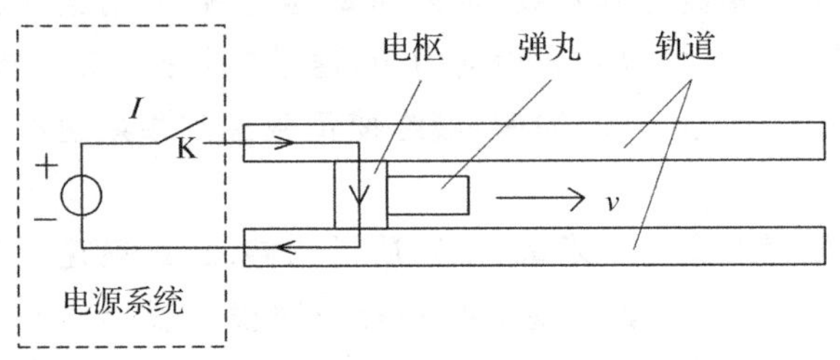

图 1-2　轨道式电磁发射原理

(2)组成

轨道式电磁发射装置主要由电磁轨道发射器、脉冲电源、电枢(弹药)等组成。

电磁轨道发射器是能量转化的核心。发射器由轨道、绝缘体、包封装置等部分组成。轨道主要用于导电,并在电枢运动时起导向作用;内膛绝缘体一方面保证上、下轨道间的电绝缘,另一方面也对电枢有导向作用;包封装置及发射器内的其他绝缘支撑体用于抵抗发射时的轨道变形,保证发射器具有良好的强度、刚度、直线度。

电磁轨道炮发射过程中,弹丸的加速时间极短,初速极高,最高功率需求达到吉瓦级,常规电源无法支撑这样的瞬时功率需求,需要采用脉冲功率电源。脉冲电源负责为电磁轨道炮提供能量,要在几毫秒的时间内提供几十至上百兆焦的电能,用于为电磁轨道炮发射器提供脉冲电流,驱动电枢在膛内运动。脉冲功率电源中,储能元件是核心元件,常见类型包括电容储存静电能、电感储存磁能、电机储存惯性动能。

电枢是电磁轨道炮的关键部件,是发射过程中的主要受力部件,与战斗部、弹托等部件共同组成电磁轨道炮弹药。电枢作为电磁推力的载体,将电磁能转化成为动能,推动弹丸达到超高速。由于电枢在强电场、磁场环境下工作,其性能的优劣将直接影响电磁轨道炮的发射性能与效率,所以,电枢性能是电磁轨道炮成功高效发射的重要保证。同时在满足各项发射要求的前提下,电枢质量应该尽量小,以提高战斗部的终点毁伤能力。目前,常见的电枢主要有固体电枢、等离子体电枢和混合电枢三种类型。

(3)关键技术

依据电磁轨道发射的技术特点,从能量存储、转化、变换的角度,其涉及的核心技术主要有脉冲能量存储与管理技术、脉冲能量变换与传输技术、高速大电流滑动电接触技术、超高速一体化发射组件技术、系统控制与测试技术等。

脉冲能量存储系统采用"化学储能+物理储能"的复合储能方式,结合化学储能高能量密度和物理储能高功率密度的双重优势,实现电磁发射 10 000 MJ 能量的存储和瞬时功率 3 600 倍的放大。其主要包括初级储能蓄电池、次级储能脉冲电容、电池组均衡管理设备、脉冲功率放大保护设备、时序充放电控制及冷却设备。

脉冲能量变换与传输是将储能系统输出的能量进行调节和整形,对百兆焦级的能量在毫秒级时间内进行调节和释放,放电电流达数兆安,瞬时功率达数万兆瓦,通过电缆将脉冲大电流传输至发射装置,其主要组成包括放电开关、调波电感器、传输电缆等部分。

电磁轨道发射装置主要包括导轨、绝缘体、封装结构、膛口电弧转移装置、热管理与冷却、反后坐装置等部分。在高速电磁发射过程中,电枢与导轨存在高速大电流滑动电接触特有现象,这也是电磁轨道发射装置与其他传统机电能量转化装置的不同之处。电磁轨道发射装置在 10 ms 级的动态发射过程中,将会承受数兆安的脉冲电流,内膛产生数十特斯拉的强磁场。极端的内膛环境导致枢轨界面快速熔蚀,同时伴随着材料性能急剧劣化、绝缘降低等问题,装置各部件均面临严酷的考验。

基于电磁轨道发射的超高速一体化发射组件,采用次口径发射方式以满足不同发射口径和环境要求,以集成化的设计思想保证膛内发射安全等要求,整个发射组件包括电枢、超高速弹丸、弹托等部件。

电磁轨道发射的控制系统是全系统的大脑，精确、有序地指挥着全系统发射的每一个流程。不同于传统大型电气系统，电磁轨道发射系统工作在非周期暂态超大功率工况，因此其控制和测试技术均面临新的挑战。

系统控制与测试技术是指利用高精度、高实时的传感器检测技术精确采集和描述系统的状态，通过集成化的维护工作站进行数据的采集、传输、处理并为全流程的控制提供重要的辅助决策信息的综合信息处理技术。整个控制与测试系统由传感器采集部件、数据传输和处理器及信号交互部件等组成。高压脉冲储能系统的测量与控制系统的设计需要考虑稳定性、精确性和快速性等诸多核心问题，涉及传感器学、计算机网络、信号系统、控制学、神经网络科学等诸多学科。控制系统要适应电磁轨道发射这种工作在高压大电流强磁场极限工况，满足非周期暂态特征的复杂系统的需求，需要综合考虑检测的快速性、控制的实时性、决策的安全性、故障的预判性，从而达到利用信息流精确控制能量流的目的。电磁轨道动态发射的环境伴随着高电压、大电流、强磁场和强弧光等多种干扰因素，与传统火炮发射环境截然不同，传统火炮发射试验方法及测试技术几乎无法直接适用于电磁轨道发射。

3. 线圈式电磁发射技术

(1)基本原理

线圈式电磁发射器，一般是指用脉冲或交变电流产生磁行波来驱动带有线圈的弹丸或磁性材料弹丸的发射装置。它利用驱动线圈和弹丸线圈间的磁耦合机制工作，本质上是一台直线电动机。

(2)组成

最简单的线圈式电磁发射器由两种线圈构成：一种是固定的定子，起驱动作用，称作驱动线圈，也可称炮管线圈；另一种是被驱动的电枢，称作弹丸线圈，其内装有弹丸或其他发射体。

驱动线圈和弹丸线圈的相对位置排列有两种形式：一种是轴线平行地排列，弹丸线圈在驱动线圈上面平行运动；另一种是轴线重合同轴排列形式，弹丸线圈在驱动线圈内(或外)运动。目前的线圈发射器几乎全采用同轴结构。

(3)关键技术

同轴线圈推进装置主要由包括身管和抛体的发射器、储能电源、高压开关和相应的传感器和测控系统组成，下面分别就各项部件及关键技术进行介绍与分析。

1)发射器及其关键技术。

无论是异步式还是同步式同轴线圈推进装置，推进器的身管结构都是一组同轴排列的电磁线圈。身管的同轴绕组一般采用绝缘材料包覆的扁铜带以双饼模式绕制，保证绕组的两根引线在外侧出线以方便接线，当多个绕组序列放电时，每个线圈受到的最大电磁应力并不是单个绕组电流峰值时的应力值，绕组的应力是个瞬态变化的过程。在绕组结构强度设计时必须考虑绕组可能遇到的最恶劣的工作状况，三相异步模式下，正常情况下每段炮管的三相电源按相序依次对绕组放电，但当开关在控制信号受到人为设置错误或者外界干扰等因素发生误触发时，会出现一些比较极端的情况，如三相绕组开关同时打开，或者在某种错误的时序下三相绕组中的运行电流同相位地达到峰值，等等。因此绕组强度的设计必须满足能够考虑到的最恶劣工况，特别是其作为一个试验研究用装置更应如此。若利用扁铜带直接绕制双饼线圈，则双饼最内的一匝连接导体由于受到扭转，且处于线圈电磁应力最大的位置，应力分布比较复杂，所以试验运行中绕组受到巨大的电磁力冲击容易出现绝缘层破坏，相间通过次级抛体短路放电击穿。经过改进，双饼扁铜带特殊定制，保证中间连接部位平滑过渡，不存在扭转，线圈整体应力情况大大改善。导体中的电流为交流，频率随着抛体的速度提高而提高，电流的集肤效应趋于明显，绕组的等效电阻增加。

发射器次级即抛体主要有两种型式：整体金属管式和螺线管式。螺线管式应用中要进行结构加强，或者紧密包绕固定在足够强度的载荷表面。一般来说，螺线管式仅适用于同步运行模式，而整体金属管式则适用于同步异步这两种运行模式。初次级之间在推进过程中都存在电磁应力，为了提高电磁耦合度，初次级之间的间隙越小越好，但无论是初级还是次级之间的应力变形都会使间隙的大小在运行时发生改变，部件加工、安装过程中会存在尺寸误差，抛体推进过程中有微小的横向振动幅度，为了避免初次级之间发生摩擦甚至碰撞造成事故，以上几个因素在设计时在保证提高运行效率的前提下都要综合考虑在内。对于次级而言，无论是金属管还是螺线管抛体一般都并不是最终的作战或者工作载荷，自身导电率越高密度越低则效能越高，考虑到经济性和机械强度，目前试验用的抛体螺线管式多为铜导线，金属管式一般为高强度铝合金。

2)电源及其关键技术。

目前能够作为电磁推进用的电源主要有储能电容器、脉冲发电机和电感储能装置(超导磁体，SMES)。其中脉冲发电机是利用电机高速旋转的转子(一般装有同轴的储能飞轮)储存的动能瞬间转化成电能对绕组线圈放电，可以是单相也可以是多相。脉冲发电机由于是动能储能，储能密度大，比电容和电感储能密度可以高一个数量级，而且可以不经过整流逆变等中间环节直接对同轴线圈推进器的初级放电驱动次级工作，所以被认为是最有应用前景的电磁发射器用电源。由于高密度储能电机在绕组绝缘和结构强度及动平衡等方面目前存在尚未有效解决的技术难题，所以能够用于电磁发射的脉冲发电机都尚在研究阶段。电感储能(SMES)密度比电容储能要高一些，而且长时间运行时磁体本身没有能量损耗，但将能量从超导磁体里取出并施加给电磁发射器上却比较困难。超导磁体导体的低热容、冷却条件和临界电流值的限制，使超导磁体的放电速率很低，必须将输出电流经过逆变升压给储能电容器充电才能再向电磁发射器上强脉冲放电，电力电子器件复杂且存在能量损失，维持超导磁体运行的低温环境也会消耗很大一部分能量，因此电感储能在电磁发射领域开展基础和应用研究的单位不多。相比来说储能电容器的储能密度比较低，目前在电磁发射领域应用比较普遍的脉冲电源主要是技术成熟，作为试验研究用电源成本低且安全可靠、寿命高，市场上容易获得。同步式同轴线圈推进装置绕组中放电为系列单向脉冲，异步式则为多相交流电。

目前常用的储能电容器主要有传统的油浸箔式储能电容器和发展比较快的金属化膜自愈式储能电容器两种。传统的油浸箔式储能电容器利用了纸和聚酯膜的高介电常数以及纸良好的浸渍性能，但纸的物理结构疏松，导致这种复合介质的击穿强度较低。因此该类储能电容器储能密度低，但技术成熟，价格便宜，大批量需要时在市场上容易获得，作为试验研究用储能电容器，为了降低成本，在场地足够的情况下可以选用。为了达到需要的容量，往往需要多台电容器并联使用，一旦充电状态下单台电容器发生短路击穿，与其并联的所有储能电容器就会一起向击穿的电容器集中放电，酿成灾难性的事故，因此该类电容器需要加装过流保护部件，多台并联使用时采用分开关模式，降低分组容量，运行过程中电压裕度留大一些，也能做到安全可靠且使用寿命长。金属化膜自愈式储能电容器膜上金属化电极具有自愈式特点，当极间介质薄弱点在电场作用下被击穿时，短路电流能将击穿点附近的电极金属膜材料蒸发掉，介质的绝缘电阻得到恢复，电容器能够继续使用，仅损失微弱的容量。电容器为干式，避免了渗漏可能造成的环境污染，安全性较高。其体积小、质量轻、储能密度高，为了提高储能密度常常严格限制反充比，例如不得超过10%甚至5%，在异步模式下采用困难，如果提高反充比，则会大大牺牲储能密度，综合成本较高。另外，还有一种储能电容器是超级电容器，除了在极板上储存能量之外，在极板间的电解质中能够形成双电层储能模式，相当于增加了储能面积，理论上有更高的储能密度，是一种很有发展前途的储能电容器。

3)高压开关及其技术。

同轴线圈推进装置初级绕组中的峰值电流一般为几十千安至几百千安量级，前置电源的电压为几千瓦或者几十千瓦，开关需要耐受较高的电压电流且精确可控，常规的机械开关无法满足要求，目前常用的高压开关主要有以下两种。

一是火花间隙开关。火花间隙开关结构简单，由两个半球状高压电极间的空气间隙来保证绝缘，开关达到额定电压后，极间有较高的电势差，触发信号控制点火电路在一个电极上产生电火花，也就是一小团等离子体，在背景电场的作用下，极间空气分子诱发出雪崩式电离现象，形成电弧放电而导通，也就是说，火花间隙开关的导通方式就是空气击穿，导通时有响声。

二是半导体开关。半导体开关是利用半导体PN结(P型半导体-N型半导体结)的导通可控性来工作的，也叫固体开关。近年来随着半导体材料技术的提高，高电压大功率的半导体开关器件开始在电力系统、电力电子装置中被广泛采用，在未来电磁发射装置工程实用化应用方面具备良好的前景。半导体开关具有高的响应精度和稳定性，受环境因素变化的影响小，便于整体封装。一个高电压额定值的半导体开关能够运行于低于额定值的任何电压，导通时没有声音。既可以用于直流模式，与一组反向续流二极管组合使用，又可以用于交流模式。但其缺点也很明显，就是价格昂贵，多数情况下需要用多组半导体开关串并联组合使用以降低单体开关的高成本，如果均压均流措施做得不好，试验调试情况下就非常容易发生整组开关和二极管一起烧毁的现象，损失惨重。异步式同轴线圈装置为多段推进装置，在试验过程中可以先采用成本低、耐用性好的火花间隙开关调试每一段初级的电磁参数，参数确定后再换用半导体开关调试下一级，既降低了成本又提高了工作效率。

4. 直线电机式电磁发射技术

(1)基本原理

直线电机是由普通旋转电机沿径向切开并拉直而成的。原旋转电动机的定子在这里叫初级，原来旋转的转子在这里叫次级，由旋转感应电机拓扑而来的直线感应电动机，它的直线前进的行波磁场是由旋转磁场展平而成的，其加速作用来自初级和次级场间存在的滑差。

(2)组成

在直线同步电动机中,定子场也是由旋转磁场展平的直线行波磁场,但电枢是由直流激流的。对于直线感应电动机,次级电流是感应产生的,如果有一个初级,叫作单边直线感应电动机;如果有两个面对面的初级(次级在其中),则叫作双边直线感应电动机。根据初级和次级的相对长度,有短初级和短次级之分。在两种直线电动机中,根据需要有时也可以次级固定而初级运动。交流直线电动机有单相、双相、三相和多相之分。

(3)关键技术

电机式电磁发射装置的关键技术主要包括特种电机设计技术、脉冲工作发射电机仿真技术、直线电机分段供电技术、发射电机模型参数精确整定技术以及适应多种发射负载的发射轨迹参数化设计技术等。

主要研究内容为:基于电磁发射特殊需求,设计直线感应电动机,提出双边直线感应电动机的电磁模型,分析电机上、下定子在动子上所感应涡流的耦合特性和上、下定子端部相邻绕组的耦合特性,建立这种新型直线感应电动机的耦合等效电路模型。基于等效电路模型,分析上、下定子以及动子上、下等效绕组相关物理量的耦合性质与电机工况间的关系,研究动子上、下等效绕组相关物理量在数学上实现解耦的工况条件。

国内外研究的热点主要是永磁直线同步电机和直线感应电机,前者次级采用永磁体,后者次级采用铜、铝、钢或复合材料,这两种类型的直线电动机都可以做成长初级、短次级的结构。长初级直线电动机存在的问题是初级供电相对困难。解决长初级供电问题的方法是采用分段供电技术,即对长初级进行分段,只将次级附近的初级段通电,其他初级段不通电,随着次级的运动,分段初级逐段切换供电。

分段供电技术对长初级直线电动机的应用很有帮助,它不仅可以提高电机效率、节约电能,而且减小了对电源容量的要求。另外,长初级分段也符合模块化拼装的要求,有利于电机的结构设计、制造安装以及维护使用等。

(二)共架发射技术

共架发射技术是新一代防空反导武器研制、防空反导装备“弹族化”建设等的核心技术之一。采用共架发射增加了火力单元的载弹种类和数量,可以针对不同目标类型选择相应型号导弹进行攻击,扩大了防空区域,增加了杀伤区范围,增强了抗饱和攻击的能力,极大地提高了武器系统的综合作战能力。同时,采用共架发射可以提高武器系统的可靠性,简化装备结构,减少部队日常的维护保养工作,降低发射系统全寿命周期的费用。

1.共架发射的概念

地空导弹共架发射是指两种或两种以上不同型号的导弹以多联装形式固定在同一发射装置上,由统一的发控系统协调完成导弹的测试、参数装订、发射。简单地说,就是一架多弹,是单个火力点的共架发射,其发射装置为多联装通用发射装置,如C-400武器系统。分置式地空导弹共架发射是指包括两种或者两种以上专用发射装置的武器系统,通过指控系统或者发控系统协调完成对不同专用发射装置上的不同类型导弹的导弹测试、参数装订、发射控制。简单地说就是多弹多架,通过多种专用发射装置分置部署,发射多种型号导弹实现整个武器系统广义共架，如“爱国者”武器系统。弹炮结合地空导弹武器系统是最早出现的地空导弹共架发射形式，它是高炮、地空导弹、火控系统、底盘等综合集成于一体的防空武器系统，如通古斯卡、铠甲-C1等。目前经常提到的共架发射多是指通用式共架发射。

2.共架发射的特点

(1)用途多变，作战灵活

在目前系统化作战的背景下需要将多种功能单一的武器合理组合才能达到最佳效果，传统作战中一般都是对多种武器平台按照战术安排进行混合部署，在结构分离的情况下实现功能上的组合，这种软结合方式的作战部署较为复杂。而共架发射是一种硬结合方式，使发射平台具有多任务模式，扩大了发射平台的打击范围，使作战部署更加机动灵活。

(2)火力密度大

共架发射方式中导弹的阵列布局使发射装置结构十分紧凑，同时又通过发射控制系统、保障设备和燃气流排导空间的共用节约了大量安装空间，在不改变发射架轮廓尺寸的情况下可以装载更多数量的导弹，从而提升了发射平台的火力密度。

(3)保障简便

共架发射方式通过发射控制系统和保障设备的共用减少了作战设备、保障设备以及备件的种类和数量，降低了维护保障工作的复杂程度和成本，提升了保障效率。

(4)继承性强，便于研制

共架发射方式可以提高通用化、系列化、模块化水平，加强对现有成熟技术的继承性，避免了多个型号之间的重复工作，可以降低研制成本，缩短研制周期，从而使共架发射系统的研制可以做到精益求精，不断升级完善。

(5)外形特征具有迷惑性

共架发射方式中根据多种导弹的装载配比变化可以产生多种配置模式，用以执行多种不同任务。多种配置模式并没有对发射装置外形带来明显的变化，从而使得对方不易判断发射平台的武器配置状况。

3.关键技术

共架发射具有整合防空资源、增强体系防空力量、载弹量大、火力密集、设备通用、保障便捷、继承性强、经济效益显著等优势，这些优势的实现离不开其关键技术的突破。

(1)总体技术

共架发射的各型导弹都是根据目标的不同特性而设计的，只有在攻击相应的目标时，才能取得最佳攻击效果和较大杀伤概率。因此共架发射总体技术应考虑以下几个方面内容：

1)采用模块化设计，多种、多发导弹采用模块化垂直发射，可以使设备大大简化、提高快速反应能力，也便于共架的实现。

2)发射模块能够装载不同型号导弹，具有在相应指控系统的控制下同时发射多枚导弹的能力。

3)在共架垂直发射中，导弹都是以箱(筒)弹方式装在发射装置中，包括“冷”发射和“热”发射的各种导弹。冷发射导弹采用现有的弹射方式，热发射导弹可以采用同心筒的结构解决燃气排导问题。

4)制定统一的导弹发射箱(筒)的接口结构和尺寸。统一的接口可为在研的导弹提供尺寸标准,也利于发射装置的设计。

5)充分研究导弹发控技术,了解各种地空导弹发控系统、指控系统和导弹系统的特点,在综合权衡的基础上,重新划分各系统之间的任务分工界面,制定通用的有关标准,同时应用一系列新技术,制订地空导弹通用发控方案。

(2)发射装置通用化

发射装置通用化是共架发射的基础。发射装置作为武器的发射平台,其通用化程度从最底层决定了共架发射的通用化程度。当然,通用式地空导弹共架发射和分置式地空导弹共架发射对发射装置的通用化要求有所不同,前者要求单个发射装置的通用化,而后者则是要求通过不同型号的专用发射装置的混合配置实现整个武器系统发射装置的通用化,但最终都将实现单个发射装置的通用化。发射装置通用化的主要任务是机械接口的通用化,发射装置必须能够支撑多型导弹完成发射任务。电气接口担负导弹与发控系统的信息传递媒介,电气接口的通用化也不容忽视。多联装垂直发射是通用发射装置的主要发展趋势。

(3)发控系统通用化

通用发射控制系统是共架发射的核心。导弹的发射由发控系统直接控制,发控系统的通用化处于共架发射技术的核心地位,直接决定共架发射技术的成败。发控系统通用化的主要任务是发控软件的通用化,即原来一对一式的控制模式需要转化为一对多的控制模式。这种模式转换可能带来系统响应速度变慢、指令错误率上升、发控系统任务切换失效等方面的问题,这都需要在通用化的过程中一一解决。

(4)指控系统的通用化

指控系统的通用化是共架发射的最高形式。现役的地空导弹共架发射武器系统,基本上还使用多指控系统,即不同类型的导弹对应不同类型的指控系统,当发控系统识别出作战应使用的导弹类型,然后再由上级系统选择对应的指控系统,通过发控系统对导弹进行控制。这种多指控系统设计方法带来了设备数量增加、系统可靠度降低、系统反应时间增长等一系列问题,而开展通用指控系统研究能很好地解决这些问题。同时,指控系统通用化的难点在于不同型号导弹制导体制方面的差异,不同制导体制导弹的指控系统差异较大,这种差异不仅是控制流程的差异更是控制方式的差异,实现难度较大。指控系统的通用化程度代表了共架发射的技术水平,通用指控系统也将成为今后共架发射技术研究的热点。

(三)行进间发射技术

随着科技的发展,当今军事大国的侦察技术和精确打击力度逐渐提高,行进间发射能力已经成为车载防空导弹总体设计的一项重要指标。行进间发射技术是防空导弹技术的重要发展趋势之一,它能为机械化部队提供不间断的伴随防空,大幅增强武器系统的快速反应能力,提高系统的生存能力。行进间发射任务涉及地面力学、车辆动力学、发射动力学、结构动力学和多体动力学等,行进间发射时系统内部件受力和运动情况十分复杂。

1.导弹行进间发射的优势

(1)导弹行进间发射技术为机械化部队提供了不间断的伴随防空

行进间发射提出的主要目的是在作战全过程(集结、行军、进攻、防御和转移)中为机械化部队提供防空保障,提供不间断的防空能力是其最主要的目的。为保证部队在全部作战过程中免遭空袭打击,未来的防空理念将是动态多变、机动灵活的“不间断防空”,即导弹武器系统在运动中也可能发射导弹,依靠武器系统的不断运动转移,最大限度保存自己,最大限度攻击敌人。

(2)导弹行进间发射能大幅增强系统快速反应能力,对付低空、超低空突防

低空、超低空突防时,防空系统预警时间极为有限,而导弹行进间发射技术具有快速反应能力,能对付低空、超低空突防。反应能力是防空导弹武器系统战斗能力的重要组成部分,一般认为反应能力包括整个作战过程紧密联系的三个阶段(机动、准备、射击)。其中机动性是指系统从行军状态转入战斗状态或从战斗状态转入行军状态过程中系统的快速机动能力,它包括整个系统的展开、撤收、越野、运输等能力;高机动性体现在载车的行军性能(最大速度、续驶里程和越野性能)和战斗准备时间(展开和撤收时间)两个主要指标;战斗准备能力表征了武器系统能否及时投入战斗的能力。行进间发射技术使雷达搜索和导弹发射可在载车行进过程中实施,此时,发射车无需展开(撤收)等战斗准备动作,或展开时间非常短,使系统机动时间大为缩短;由于导弹无需停下来发射,提高了系统战斗准备能力;对系统反应时间短的总体要求和雷达行进间搜索功能增加了射击反应能力,因此,行进间发射技术提高了导弹武器系统的快速反应能力,且在单位时间内能对付更多的来袭目标。

(3)导弹行进间发射能提高武器系统生存能力,对付精确打击

精确打击对防空导弹的生存能力提出巨大挑战,抗侦察能力和对空攻击能力是防空导弹系统生存能力的两个重要评价指标,行进间发射的导弹系统能在快速反击(属对空攻击能力中的射击快速性)基础上,保持良好的机动能力(包括系统移动能力、火力机动能力和发射机动能力,属抗侦察能力),这是由行进间发射武器的运动发射特色及快速反应能力特点所决定的。同以往的导弹“发射后就跑”不同,行进间发射导弹是“发射时也跑”,加之主战装备单车化等便于机动转移的特点,武器系统生存能力得到提高,并降低了指挥员、战斗员的生理和心理负担。

2.关键技术

(1)行进间减(隔)振技术

行进间发射时载车底盘保持行驶状态,来自路面不平度、筒弹起竖和发射时产生的不平衡惯性力等分别通过轮胎、悬架和油缸等处传到发射平台,如何通过软、硬件措施弥补或消除这些振动干扰对发射条件和雷达工作状态的影响,是行进间发射技术和静止状态发射的最主要区别。近年来发展的磁流变智能材料是一种很好的技术选择。磁流变液体(MRF)是一种可控流体,它能在强磁场作用下从牛顿流体变化为有较高屈服应力的黏塑性流体,汽车用磁流变液阻尼器通过调整磁流变阀中的磁场强度连续、可控调节阻尼力,以达到对悬架系统的振动特性进行非线性智能控制,它结构简单、阻尼力可调范围大、受温度影响小,可在几毫秒之内实现无级调节,该技术有望在导弹行进间发射技术上得到应用。

(2)行进间导弹展开和发射动力学技术

行进间发射的导弹发射车具有高集成和高机动性,大多集导弹、雷达和发射架于一身,

载车行进中受到来自导弹起竖和发射的非线性载荷作用，同时轮胎受到来自路面不平度的随机激励，受载情况十分复杂，且载车平台一直处于运动中，对导弹发射精度有很大影响，须用多体动力学方法处理。为保证导弹行进间发射精度，常采用光电型转塔稳定系统，它一般涉及智能控制、数据快速处理与传输、激光测距、电视跟踪等复杂技术。

(3)快速定位定向和瞄准技术

行进间发射的固有问题是快速准确测定随载车一起运动的导弹的坐标位置和目标射击方位，目前惯导加卫星组合定位系统相互配合较为合理。快速定位系统主要由载车上的惯性测量装置和计算机组成，由一个已知坐标出发，行进过程中惯性测量装置不断测量载车行驶速度和方向，实时测出行驶时导弹的坐标位置。

四、主要研究内容

发射技术的研究内容，除了机械结构及设计、液压传动与控制、模拟和数字电路、自动控制、计算机及软件等公共的技术科学理论基础，还有专门的技术科学作为其技术基础。导弹发射技术的主要研究内容包括：

1)发射技术的基本理论方面：有别于其他机械设计分析的理论和方法，如发射时燃气流流场的分析与计算，它提供了非自由射流流场参数计算，以及燃气流对障碍物的动荷、热荷的实用工程计算方法、烧蚀影响和噪声影响机理分析，为解决燃气流防护和发射装置设计提供理论依据。发射动力学是对弹-架系统进行动态分析的基本理论，它提供了发射装置所受的动载、振动和导弹在导轨上运动及离轨瞬间的运动姿态，为发射装置的可靠性和结构动力设计提供理论依据。

2)燃气射流动力学方面：研究喷气发动机(包括火箭发动机和空气喷气发动机等)产生的燃气射流在各种起始条件和边界条件下的运动规律，其中包括射流流动结构的研究(如射流场的分段及边界层的研究与确定、流场参数的分布规律等)、气体各参数(如速度、压力、密度、温度等)场的分析计算，以及射流湍流特性的研究和湍流模式理论在射流中的应用研究等。

3)导弹发射动力学方面：研究弹-架系统在发射过程中的动力学现象，解决发射精度与发射可靠性问题；研究影响发射精度的初始扰动现象，寻求控制扰动的方法；分析影响结构强度、刚度及发射装置稳定性的动载荷或过载，设法减小振动，提高抗振能力；计算导弹-发射装置间可能的碰撞量，确定最小的安全让开距离。

4)导弹弹射内弹道学方面：研究导弹弹射过程中火药在弹射器高压室内的燃烧规律、低压室中燃气流动规律、能量转化规律、导弹运动规律以及弹射器高压、低压室内的燃气压力变化规律等方面的内容。

5)发射控制技术方面：研究分布式计算机控制技术、时序逻辑控制技术；研究计算机通信技术、无线通信技术、网络通信技术等；研究导弹射前准备、发射及应急处理的控制逻辑设计与线路布局等。

6)倾斜发射技术方面：主要研究发射过程中导弹滑离参数及导弹下沉量的计算，满足导弹要求的初始飞行条件；研究初始瞄准参数计算、发射装置自动调转与跟踪等技术问题，赋予导弹必要的发射方向。

7)垂直发射技术方面:主要研究方位对准方案设计、俯仰转弯方案设计、转弯动力方案设计等,解决垂直发射的初始瞄准问题。研究推力矢量控制技术、捷联惯导技术、亚声速大攻角飞行控制技术、自推力发射排焰技术等垂直发射的关键技术。

8)贮运发射箱式发射技术方面:主要解决在发射箱内的安全可靠发射、燃气流排导、燃气流反冲击等技术问题,保证导弹的发射精度。研究导弹在运输过程中的振动冲击,贮存时充气密封、调温及箱盖开启、锁定或易碎、易冲破、抛射等技术。

9)定位、定向技术方面:研究导弹的初始瞄准技术、数字伺服技术、自动标定技术等。

10)自行式运载车辆技术方面:研究运载体专用底盘(高越野、大载重量、高速机动)的设计技术、自动调平技术、伪装技术、运载体的燃气流排导和防护技术等。

11)发射设备检测及故障诊断技术方面:研究发射电气设备的自动检测技术、故障快速诊断技术、机内测试技术等。

12)新发射原理和新发射方式方面:研究新的发射动力、新的发射基点及设备等,如电磁发射技术、共架发射技术、行进间发射技术等。

第二节　发射方式

发射方式是反映武器系统作战性能的重要特征因素,发射方式直接关系到导弹发射设备的结构组成、战术技术性能和作战使用等。

一、导弹的发射

导弹的发射是指以导弹为对象,运用测试技术和发射技术,按照一定的程序和规范,对其进行技术准备和实施发射的过程。

狭义地说,导弹的发射是指发射装置上的待发导弹,自按下发射按钮到飞离发射装置的过程,其中包括发射装置及其控制系统、发控系统、弹上仪器设备等在此期间所进行的各种运作。有些导弹,如波束导引的导弹,导弹必须进入导引波束之后才能对它进行制导,因此往往把导弹飞抵起控点的这一段过程也计入发射过程。

广义地说,导弹的发射是指导弹部队自上级下达发射战斗任务后,经武器系统战斗队形的展开,技术准备至实施发射乃至射后撤离的全过程。在该过程中,不同类型的武器系统都要分别进行一系列的战地勤务操作。

发射成功的标志是导弹飞离发射装置时具有预定的初始姿态和速度。发射成功与否直接影响导弹的作战效果,是导弹作战过程的关键环节之一。

二、发射方式的涵义

所谓导弹的发射方式,是由发射地点、发射动力和发射姿态所综合形成的发射方案及其在发射设备上的具体体现。

发射方式直接影响导弹武器系统的作战能力、发射精度、生存能力、补给方式和研制成本等。发射方式的确定,应根据武器系统的战术技术要求来进行有机地综合考虑、反复论证,甚至通过必要的试验,才能得以完成。

地空导弹的发射方式,随着科学技术的发展和导弹武器系统战术技术性能的提高,特别是导弹机动性和命中精度的提高而在不断地变化和发展。一般说来,导弹的发射方式主要取决于发展该武器系统的战略、战术指导思想,以及对武器系统的战术技术要求、作战部署和运用原则。

选择最优发射方式的程序大致如下:根据对武器系统的战术技术要求和导弹的类型、尺寸、质量和射程等指标,考虑现有的技术水平和经济能力等条件,初步选定某种或某几种不同的发射方式;确定每种发射方式的发射准备过程、发射技术及其技术装备设施组成、作战使用流程;计算每种发射方式的发射准备时间和生存能力;计算研制和生产成本;在给定的经费条件下,计算武器系统的效能指标;通过比较而选定战斗效能好、生存能力高的最优方案。

三、发射方式的分类

由于地空导弹的用途、结构、质量和制导方式等的不同,导弹采用的发射方式也各不相同。发射方式可从导弹发射动力、发射姿态和发射地点等方面来进行分类,这种分类方法与导弹的分类及导弹发射装置的分类有着密切的联系。

1.按发射动力可分为自力发射方式和弹射发射方式

自力发射是指导弹起飞时依靠自身的发动机或助推器的推力离开发射装置。这种发射方式在实际中应用最早、最广,可用来发射各种类型的导弹。采用自力倾斜发射时,为了获得较大的起飞加速度,常常采用助推器或单室双推力火箭发动机。采用自力垂直发射时,导弹的初始加速度较小,有时也需要助推器,但起飞后常自行脱落,以减轻飞行质量。

弹射发射方式是指导弹在起飞时由发射装置给导弹一个推力,使导弹加速运动直至离开发射装置;当导弹被弹射到一定高度以后,导弹的主发动机点火工作,推动导弹继续加速飞行。弹射也称为"冷"发射,即不点燃导弹发动机的发射。弹射力对导弹的作用时间很短,但推力很大,可使导弹获得很大的加速度,这对减轻导弹质量和尺寸、提高发射精度来说是很重要的技术措施。这种发射方式的应用将越来越广,由战术导弹直到战略导弹都可应用。

2.按发射时的姿态可分为倾斜发射方式和垂直发射方式,其中倾斜发射方式又可分为倾斜变射角和倾斜定射角等方式

倾斜发射是指发射前导弹(或箱弹)在倾斜发射装置的定向器(或起落架)上跟踪、瞄准目标,发射时弹体沿定向器(或发射箱)导轨滑行一段距离后脱离导轨,同时获得一定的速度,并使导弹进入到一定的弹道上。倾斜发射方式根据定向器的型式,分为导轨式倾斜发射和支撑式倾斜发射两种方式。还可根据导弹的发射角度,分为变角倾斜发射和定角倾斜发射两种方式。

垂直发射是指按照目标的信息,首先将放置在呈垂直状态发射筒内的导弹垂直向上发射,然后导弹按照预先设计的方位对准和俯仰转弯方案进行转弯,进入到一定的弹道上。垂直发射方式可分为自力发射（“热”发射）和弹射发射（“冷”发射）两种。

3.按发射地点，地空导弹均属陆基发射方式，具体可分为地面机动式（自行式、牵引式、便携式）和地面固定式

机动发射方式是指导弹的发射阵地可根据需要而迅速改变，这对地空导弹来说是非常重要的。例如，执行野战防空任务的地空导弹要能随野战部队迅速转移，并及时参加战斗。由于高空侦察技术和远程导弹命中精度的提高，所以对地空导弹武器装备来说，只有采用机动发射才能提高其生存能力。

地空导弹武器装备的机动方式有车载和便携两种，车载是主要的机动方式。

便携式机动方式用于超低空防空导弹武器系统。常由单兵或兵组背负，在战场上可随时转移发射阵地，而且能很快投入战斗。背负机动的导弹武器，每人负重一般不大于 20～25 kg，远距离行军时仍应由车载运输。

4.从不同角度还有其他发射方式，如贮运发射箱（筒）式发射方式

贮运发射箱（筒）是发射装置定向器的一种特殊型式，一般称为贮运发射箱定向器（简称箱式定向器或发射箱）。

贮运发射箱除了具有一般定向器的功能外，还能在运输、贮存中起导弹包装箱的作用，在贮运期间很好地保护导弹，对增加导弹的使用寿命有重大作用。

第三节　发射系统

发射系统是地空导弹武器系统的重要组成部分，与武器系统其他部分协调一致，完成机动行军、状态转换、功能检查、战斗实施等作战任务。

一、定义及作用

发射系统是指发射前完成对导弹的固定、支撑及射前检查和准备工作；发射时按照指挥控制系统的要求控制发射导弹，并赋予导弹初始射向和离轨速度；发射后与装弹设备一起完成导弹再装填的设备总和。广义上来讲，发射设备包括导弹从进入临射状态到点火起飞并飞抵起控点的过程中，一直与导弹保持联系并处于工作中的所有技术设备。

发射系统包含多个设备，通常将导弹发射系统中的大部分设备集成安装在一辆具有机动能力的车辆底盘上，构成导弹发射车。

作为地空导弹武器系统的重要地面作战子系统，发射系统的结构与组成、功能和性能对武器系统的快速反应能力、对付多目标能力、导弹发射精度、机动能力、作战环境适应能力、作战可靠性和生存能力等战术技术性能和作战效能具有重要的影响。发射系统对武器系统性能的影响主要表现在以下方面。

1.对快速反应能力的影响

武器系统的快速反应能力是指发现目标后能迅速发射导弹的能力，通常用搜索雷达发现目标到第一发导弹发射出去的时间长短即系统反应时间来衡量，一般为几十秒，最短的甚

至只有几秒。倾斜发射装置带弹调转、跟踪的时间是武器系统反应时间的组成部分，可采用快速响应的大功率伺服系统来缩短系统反应时间。垂直发射装置无需带弹调转、跟踪就可以发射导弹，有效地提高了系统快速反应能力。可见，发射装置采用不同的发射方式对武器系统反应时间有较大影响。

2.对对付多目标能力的影响

发射系统对武器系统对付多目标能力起着重要的保证作用，如采用多联装发射装置、垂直发射方式等都能有效提高武器系统对付多目标的能力。

3.对导弹发射精度的影响

发射精度是指导弹在特征位置偏离理想弹道的程度和偏离性质。发射装置对发射精度的影响，主要是指导弹滑离发射装置瞬时的初始瞄准误差和初始扰动，使导弹偏离理想弹道的程度和偏离趋势。发射装置对发射精度起很大作用，有时甚至起决定性的作用。

4.对机动能力的影响

武器系统的机动能力一般采用展开和撤收时间、最大行军速度、最大行军里程及越野性、可运输性等参数描述。在新型地空导弹武器装备中，指控设备与发射设备之间采用数字通信和遥码通信技术，电缆连接简单甚至可以不连接电缆，使武器系统能够快速展开或撤收；导弹发射车广泛采用自行式或军用越野机动方式。这些措施有效提高了武器系统的机动能力。

5.对作战环境适应能力的影响

发射装置上的导弹能否经常保持战备状态，并能耐受各种严酷外界环境，虽与导弹本身有很大关系，但是发射装置在很大程度上起着保证作用，最有效的方法是采用筒(或箱)式发射。筒(或箱)式发射可以使导弹贮存、运输、发射一体化，改善了导弹贮运和发射的条件，使导弹经常处于良好的环境条件下，大大减少周围环境对架上战备状态导弹的影响，可使导弹在发射装置上较长时间处于战备状态，提高了导弹对作战环境的适应能力。作战实践表明，发射设备对实现导弹的安全、可靠和快速发射起着非常重要的作用。

6.对作战可靠性的影响

发射系统是一类结构复杂、自动化程度很高的机、电、液、控制、通信一体化地面作战装备，既包含控制计算机、数字电路、模拟电路等众多电子组合，也包含大量的非电子设备或组件，任何一个电子元器件或非电子单元失效，都可能使发射系统丧失作战能力，因此应保证发射系统的可靠性满足武器装备规定的指标，以提高武器系统的作战可靠性。

7.对武器系统生存能力的影响

发射系统是发射阵地上数量最多的作战装备，在现代战争侦察攻击一体化的作战环境中，做好发射系统的伪装与防护，对于提高武器系统的生存能力显得尤为重要。现有型号的地空导弹发射系统，采用机动方式本身就是隐蔽伪装的一种措施，采用装甲车底盘和发射筒结构都具有一定的防护功能。目前广泛采用的伪装隐蔽技术，可归纳为采用变形迷彩的融合技术、采用伪装遮障的隐身技术和采用假目标的示假技术。这些技术的研究和广泛采用将会大大提高导弹发射系统的伪装防护能力。

二、组成

发射系统的核心任务是在指控系统的控制下完成对位于发射车上导弹的射前检查、接电准备和发射控制，因此发射系统主要包括 1 套指控系统相关部分、m 辆导弹发射车和 $m \times n$ 个导弹相关部分，如图 1 - 3 所示。

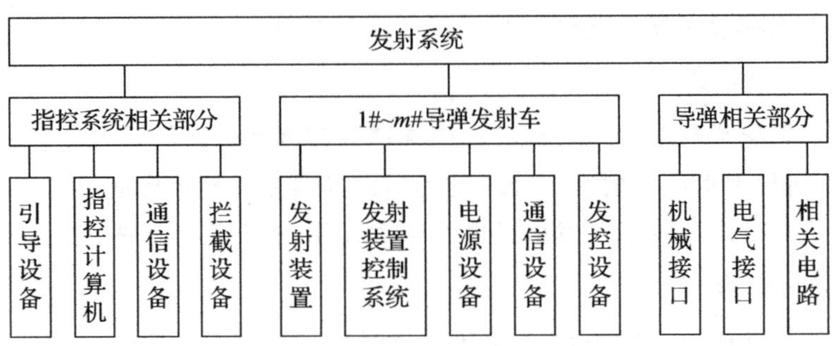

图 1 - 3　发射系统的组成

指控系统相关部分主要包括引导设备相关部分、拦截设备相关部分、指控计算机相关部分和通信设备。引导设备相关部分为导弹发射车或导弹提供目标位置信息。拦截设备相关部分根据目标和车弹状态信息为发射车或导弹分配目标，适时发送车弹准备指令、同步指令、发射指令；接收并显示发射车和导弹的状态信息；向发射车和导弹装订参数。引导设备和拦截设备的相关部分通过指控计算机相关部分依托通信设备与各发射车沟通联系。

导弹相关部分主要为导弹与发射装置的机械接口、与发射车发控设备的电气接口和导弹上与发控直接相关的电路。机械接口保证在发射车上的固定和发射时顺利滑离。电气接口在导弹射前检查和发射准备过程中沟通弹车之间的电气联系。弹上相关电路通过电气接口与发控设备相连，实现导弹的地面供电、检查和发射控制。

导弹发射车是发射设备的主体，由于地空导弹类型、发射方式、作战使命等不同，所以发射车的组成与结构也有较大区别。通常由发射装置及其控制系统、发控设备、通信设备和电源设备等组成。

发射装置特指“导弹发射架”或“导弹发射车”的结构主体，即常说的机械设备的总称，是电气、液压设备的安装载体和控制对象，为导弹（箱弹）的装退和固定、带弹起竖或者瞄准、导弹发射时的滑离和燃气防护提供条件，是发射车的重要组成部分。

发射装置控制系统以发射装置为控制对象，应用计算机控制技术、随动系统控制技术、液压系统控制技术，完成发射车的展开与撤收、导弹（箱弹）的装退、定向器的起竖或者瞄准等发射车控制功能。

发控设备接收指控系统的指令，按照规定的发射条件和程序，实施对导弹射前检查、发射准备、参数装订和发射控制，将导弹和发射车状态信息返回指控系统。通信设备沟通发射车与指控系统的联系。指控系统相关部分、导弹相关部分、通信系统和发射车发控设备共同构成导弹发射控制系统（发控系统）。

电源设备由发电供电设备和配电设备两部分组成，如图 1－4 所示。电源设备为导弹发射车各用电设备提供、变换和分配电源。导弹发射车一般可采用自主供电和外供电两种方式提供电源。自主供电利用发射车的汽车发动机或者配置在发射车上的柴油机、燃气轮机作为原动机驱动发电机工作，产生发射车所需的电源。外供电是发射车使用市电或外部电站（电源配电车）的电源。发电供电设备包括外供电控制组合、取力发电设备和机组电站设备。外供电控制组合接收外部电源，对外部电源进行检测、监测和接通/断开控制；取力发电设备包括取力发电控制组合、汽车底盘发动机、齿轮变速箱和发电机等，在底盘发动机起动并怠速运转后，操作变速箱手柄挂取力，带动发电机运转，同时取力发电控制组合对底盘发动机进行状态监测和油门控制、接收发电机电源输出和电压调整、控制电源的接通/断开；机组电站设备包括机组电站控制组合、柴油机或者燃气轮机、联轴器和发电机等，其各功能部分的作用与取力发电设备相对应，但是机组电站设备具有比取力发电设备更大的功率、更高的电压稳定性。配电设备接收发电供电设备提供的电源，按需求变换、控制分配给各用电设备，供部队作战或平时训练使用。当发射车的自主供电设备出现故障时，可使用电源配电车提供的电源。

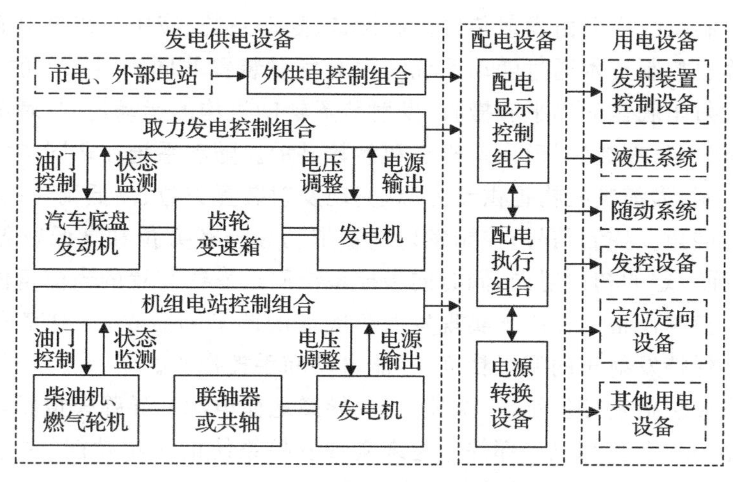

图 1－4　电源设备的组成

下面以一部导弹发射车为例，分别介绍倾斜发射系统和垂直发射系统的组成。

1.典型地空导弹倾斜发射系统的组成

典型地空导弹倾斜发射系统，除指控和导弹相关部分以外，其发射车一般由倾斜发射装置、发射装置控制系统、发控设备、通信设备和电源设备等五部分组成。典型地空导弹倾斜发射系统的组成及其功能联系如图 1－5 所示。

倾斜发射装置包括定向器、瞄准机构、运载体、定位定向设备等。定向器固定导弹，带动导弹在高低上俯仰运动，提供导弹射向和离架速度。瞄准机构是高低俯仰和方位回转的机械传动装置。运载体一般采用军用越野车底盘，保证发射设备的机动性能，在战斗状态下为导弹发射提供可靠平台。定位定向设备接受发射装置控制设备的工作状态设定、参数装订、误差修正，并将测量的定位定向导航数据发送给发射装置控制设备和发控系统。倾斜发射装置在导弹发射前，为导弹提供稳定的发射平台，安全可靠地支撑固定导弹，并在随动系统控制下，完成方位和高低两个射界内的运动，为导弹提供规定的初始射向；发射时，为导弹提供足够的轨上运动距离，使导弹具有一定的离轨速度，保证导弹发射的初始精度，同时对导弹发动机喷出的燃气流进行排导；发射后，可与装填设备配合，安全、快速、顺利地装退导弹。

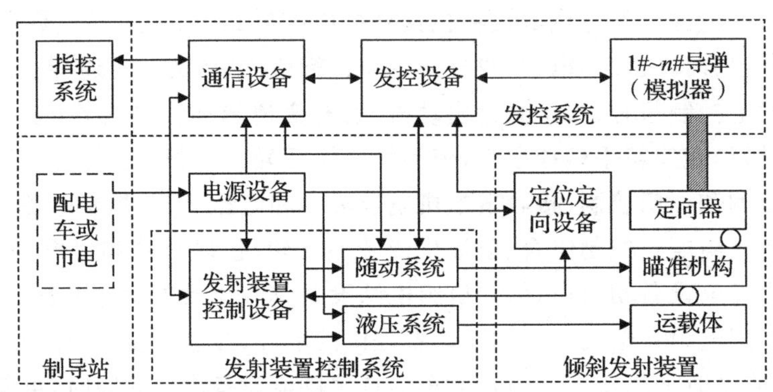

图 1-5　典型地空导弹倾斜发射系统的组成及其功能联系简图

发射装置控制系统主要由发射装置控制设备、随动系统、液压系统等组成。发射装置控制设备采用计算机控制技术通过随动系统实现对发射装置非同步状态下的调转控制；通过液压系统实现发射车底盘的调平和撤收、发射装置辅助机构的运动控制；对定位定向导航设备实现工作状态设定、参数装订、误差修正和参数显示。随动系统在非同步状态下接受发射装置控制设备控制，为瞄准机构提供动力源，实现发射装置方位、高低调转；在同步状态下根据指控系统给出的角度控制信号，控制发射装置带动导弹在方位和高低射界内进行自动跟踪瞄准，赋予导弹一定的初始射向，同时向指控系统回送发射装置的当前角位置信息。液压系统在发射装置控制设备的控制下实现发射车底盘的调平和撤收，主要完成导弹发射车的自动/手动调平，保持发射车的调平精度，并能自动和手控撤收。

发控设备主要包括发控控制器、执控组合、导弹地面电源和导弹模拟器等。发控设备通过一套逻辑电路与弹上控制执行部件一起来实现发控系统的各项功能，它是指控系统和发射装置上导弹之间的接口设备，通过它把指控系统和发射装置上的导弹连接在一起。发控控制器在指控系统的指挥和控制下，通过执控组合完成导弹的射前检查、发射准备和发射控制；当发射不成功时，能及时断开导弹供电电源，停止发射导弹。导弹地面电源是导弹准备过程中弹上设备使用的电源；导弹弹上电源是一次性使用电源，只有导弹发射时才会被激活使用，因此在发射车上需要设置导弹地面电源，在导弹准备过程中为弹上设备供电。导弹模拟器是导弹功能模拟装置，平时可代替导弹完成发控系统功能检查和装备操作人员训练。

通信设备主要是有线/无线数传设备和有线/无线话音设备。发射车在作战时通常处于无人值守的遥控状态，有线/无线数传设备主要用于保障发射车与指控车之间的数据通信，实现指控车对发射车的遥控操作及控制；有线/无线话音设备主要是在作战、训练或行军过程中，为武器系统各主战设备间提供话音通信保障。

2.典型地空导弹垂直发射系统的组成

典型地空导弹垂直发射系统中的电源设备、通信设备、发控设备、定位定向设备、军用越野车底盘等的功能和基本组成与倾斜发射系统大致相同，与倾斜发射系统相比，区别在于：

1）垂直发射装置没有瞄准机构，其瞄准工作由电气设备和导弹共同完成；但其液压系统除了完成发射装置调平功能外，还要完成定向器的起竖与回平、筒弹的下滑和提升、筒弹的锁定和解锁、行军固定器锁定和解锁等功能。

2）由于没有瞄准机构，发射装置控制系统中就没有了随动系统，发射装置控制设备就是液压系统的控制器。典型地空导弹垂直发射设备的组成及其功能联系如图1-6所示。

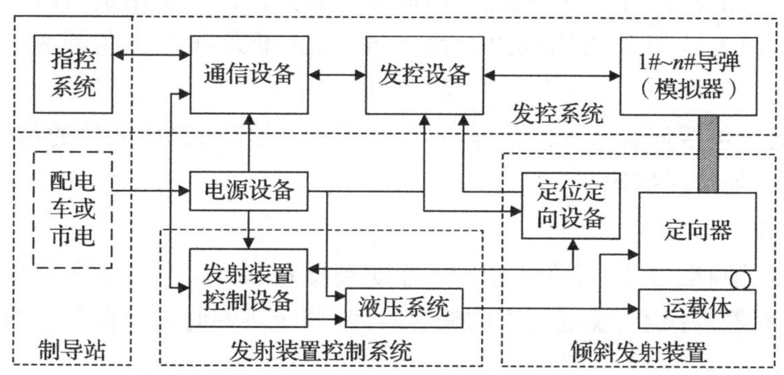

图1-6　典型地空导弹垂直发射设备的组成及其功能联系简图

垂直发射装置通常采用多联装方式，用于携带多枚筒弹，发射前可靠地固定、支承筒弹，以及起竖筒弹到发射位置；发射时赋予导弹初始姿态，为导弹提供发射基准；发射后与其他设备配合，完成筒弹装填等工作。

发射装置控制设备通过液压系统完成发射车底盘调平和撤收、发射装置起竖和回平、筒弹的下滑和提升、筒弹的锁定和解锁、行军固定器锁定和解锁等控制功能；完成定位定向导航设备的工作状态设定、参数装订、误差修正和参数显示。

液压系统在发射装置控制设备的控制下完成发射车底盘调平、调平支腿回收、定向器起竖和回平、筒弹的下滑和提升、筒弹的锁定和解锁、行军固定器锁定和解锁运动等。

三、战术技术性能

地空导弹发射系统完成作战任务的能力，通常用其战术技术性能来表征。发射系统的战术技术性能一般包括如下的功能和性能指标。

1.工作环境条件

工作环境条件通常包括发射车能正常、可靠工作的自然环境及使用条件，如作战阵地最大海拔高度、环境温度、最大太阳辐射照度、相对湿度、地面风速、降雨强度、防盐雾腐蚀和防霉菌生长能力等。

2.质量及外形尺寸

1）质量：通常包括发射车空载时的最大质量以及满载时的最大质量。

2）外形尺寸：通常包括发射车在行军状态下空载和满载时的外形尺寸（长×宽×高），以及发射车在展开（作战）状态的最大外形尺寸（长×宽×高）。

3.发射方式

发射方式通常包括导弹的联装数量、定向器的型式、发射动力、发射姿态等功能描述。

4.瞄准方式及瞄准参数

(1)瞄准方式

对于倾斜发射设备,瞄准方式可分为定角瞄准和伺服跟踪瞄准两种方式。按照高低角和方位角瞄准方式的异同有三种组合型式:高低角和方位角都采用定角瞄准方式,高低角采用定角瞄准方式而方位角采用伺服跟踪瞄准方式,高低角和方位角都采用伺服跟踪瞄准方式。

瞄准方式通常包括伺服系统的信号特点(如连续、数字)、组成元件的物理性质(如电气、液压、电气-液压)等功能描述。

(2)瞄准参数

对于伺服跟踪瞄准方式,通常包括伺服系统高低角和方位角的射角范围、跟踪速度和加速度、动态误差和静态误差、规定角度的调转时间、调转协调时的半振荡次数等技术指标。

5.起竖性能

对于垂直发射设备或高低角采用定角瞄准方式的倾斜发射设备,通常包括高低角的起竖角度、起竖角测量误差、起竖时间以及回平时间等技术指标。

6.调平方式

调平方式通常包括调平设备的调平控制方式、调平范围、调平精度、调平时间、调平精度保持时间等技术指标。

7.标定方式

标定方式通常包括发射车的标定方法(如绝对标定、相对标定、自动定向或寻北等)、标定精度、标定时间等功能和性能指标。

8.通信方式

通信方式通常包括话音通信和数传通信设备的通信方式(有线、无线)、通信距离、通信频率、数据误码率、信道带宽以及无线通信的环境条件等功能和性能指标。

9.发控系统性能

发控系统性能通常包括导弹准备时间、导弹准备完毕时间、导弹正常发射时间、导弹发射间隔时间、发射故障处理时间、导弹预定参数、导弹电池组激活电流、电爆管点火电流、高低角和方位角的发射禁区等性能指标。

10.电源系统

电源系统通常包括发射车的供电方式(如自主供电、电源车供电、市电供电等),供电频率和电压的参数、精度要求及接线方法,正常环境及湿热环境下的绝缘电阻值。

11.机动能力

(1)运输方式

运输方式通常包括发射车进行机动时的运输方式,如公路运输、铁路运输或水路运输等,以及各种运输方式下的运输里程。

(2)行驶速度

行驶速度通常包括发射车在各种等级公路上行驶的最大车速、平均车速。

(3)续驶里程

续驶里程通常包括发射车的主、副油箱加满油料后,一次能够连续行驶的最大里程。具有主机发电功能的发射车在完成一次连续行驶的最大里程后,还应具有规定时间的供电能力。

(4)通过能力

通过能力通常包括发射车的最小转弯半径、最小离地间隙、最大爬坡度、越垂直障碍高度、越壕宽度、涉水深度、制动距离、离去角、进入角等参数。

(5)起动性能

起动性能通常包括发射车的起步坡度、正常温度条件下的起动时间、低温条件下采用附加措施后的起动时间。

12.可靠性、维修性和测试性

可靠性、维修性和测试性通常包括发射车的工作寿命、连续工作时间、平均无故障时间(MTBF)、平均修复时间(MTTR)等可靠性、维修性指标;机内测试设备的实时检测、故障定位能力,以及故障检测率、故障隔离率、故障虚警率等测试性指标。

在导弹发射系统的战术技术性能中,一般还包括发射车的战斗准备时间、发射车的展开和撤收时间、装(退)导弹的时间等战术性能指标。

四、工作程序

虽然不同的地空导弹有不同的发射方式、作战使命及武器系统配置方式,但其工作程序一般可划分为战斗准备、战斗实施、战斗恢复与撤收三个阶段。

(一)战斗准备

本阶段的主要工作包括发射车展开、调平、本车检查,无线通信设备展开,发射车标定,装填导弹以及发射装置起竖等。

1. 发射车展开

发射车展开是指在指定的配置地点,将发射车定位、展开和连接,使其与其他作战装备构成一个整体。其具体过程如下:

(1)占领阵地

发射车进入预先选定的发射阵地,按阵地配置要求就位。

发射阵地事先将发射车停放点编上地标号或发射车编号,并用箭头标出其车头指向。在以发射车为中心的一定半径圆周内没有易燃物品堆放,在发射车侧旁留有一定宽度的路面供运输装填车装填使用,停放位置旁边应有潮湿松软土质地供打地桩用。发射车停放场地的面积、场地坡度、停放地面的硬度、停放位置的遮蔽角等符合指标要求。

(2)解除固定

拆除车辆运输时的伪装篷布和紧固绳索,放置车辆的人行梯。对于倾斜发射设备还需用手摇柄转动高低、方位手动轴,取下高低、方位行军固定销,解除行军固定。

(3)连接电缆

展开发射车电缆网,按要求连接发射车与其他作战装备(如指挥控制车、电源配电车等)之间的电缆。对于具有自主供电和无线数传设备的发射系统,紧急状态下可不用连接电缆,由发射车上的主机发电设备提供所需电源,发射车与指控车之间采用无线数传通信。

(4)打地桩、连地线

地桩应打入发射车底盘侧面预先选定的位置上,将金属屏蔽线连接车体和地桩。地桩入土长度符合指标要求。

2.发射车调平

根据发射车调平装置的指标要求,按照调平装置的操作程序进行调平操作,使发射车处于规定的水平状态。

3.发射车本车检查

检查发射车各部分的主要技术状况,具体内容包括检查开关初始位置、发射车供电情况、设备加电情况、发射车的加电自检以及动态功检等。

4.无线通信设备展开

对于具有无线通信设备的发射系统,按照无线通信设备展开的操作程序进行展开与连接操作,为发射车与指控车之间进行无线通信做好准备。

5.发射车标定

对于倾斜发射设备,通常采用绝对标定或相对标定的方式,根据发射车标定的指标要求,按照标定的操作程序进行方位角、高低角等的标定操作。

对于垂直发射设备,通常采用惯性测量装置或光学瞄准设备,根据发射车标定的指标要求,按照标定的操作程序测量发射车纵轴与正北方向的方位角。

6.装填导弹

按照装填导弹的要求及操作程序,与运输装填车的操作人员密切配合,进行装填导弹的操作。

7.发射装置起竖

对于垂直发射设备,按照发射装置起竖的操作程序,进行筒弹解锁、行军固定器解锁、发射装置起竖、筒弹下滑等操作。

完成战斗准备阶段的各项工作后,发射车置于遥控状态,发射车操作人员撤离到指定地点待命。

(二)战斗实施

发射车在战斗实施阶段通常处于无人值守状态。本阶段的主要工作是:发射车接收指控车的命令,自动完成对导弹的射前准备、发射实施和应急处理。

1.射前准备

准备导弹发射条件，不同的导弹控制方案有不同的发射准备要求，需要准备的发射条件可能有以下内容：

1)选择并接通指挥控制系统指定的导弹发射车，并进行指控系统与发控系统之间通信链路的建链和链路测试。

2)工作方式设置。指控系统发送工作方式设置指令(如作战、训练、测试等)，发控系统根据工作方式设置不同，进行不同方式的控制。

3)初始状态检查。检查导弹安装(在位)和通电情况，检查发控系统与弹上电气系统连接的正确性；检查导弹电爆管及电爆电路；对于垂直发射系统还应检查发射筒压力继电器初始位置以及筒弹初始状态的正确性。

4)给弹上某些部件(如弹上电池、惯性测量组合等)提前加温。

5)产生导弹的加电程序对导弹进行加电准备，并对加电进行管理、控制。

6)对导弹进行调谐或指令频率、编码选择。对于寻的制导的导弹，通过导弹调谐装置对导弹进行调谐，使导引头接收机的频率与对应的照射雷达频率相一致；对于指令制导的导弹，则根据指挥控制系统的指令选取制导指令的频率和编码。

7)根据指挥控制系统提供的导弹装定参数对导弹进行装定。不同制导体制的导弹的装定参数种类不同，综合寻的制导和指令制导，装定参数通常有如下几种：①导弹的自毁时间；②惯性测量组合的修改参数；③导引头天线的初始高低角和方位角；④导引头截获的多普勒频率。

8)对于倾斜发射系统，进行发射装置的同步调转和跟踪瞄准。

9)起动控制系统(如弹上控制系统的陀螺起动解锁、发控机柜解锁等)，接通“待发”电路。

2.发射实施

给出“发射”命令后，发控程序进入不可逆程序，发控电路按顺序完成以下动作：

1)激活弹上电池，或起动弹上能源(如液压能源系统)，断开地面供电，检查“转电”工作情况。

2)飞行准备命令，向弹上计算机装定飞行参数并检查回答数据的正确性。

3)导弹解锁。

4)发动机点火，导弹起飞；或导弹弹射出筒。

对于自力发射方式：发动机点火，导弹起飞，检查发射是否正常。如为正常发射，导弹已离架则使发射架复位。如为故障发射，则给出故障信号，进行故障处理。

对于弹射发射方式：先点爆副燃气发生器、检测筒压力信号，后点爆主燃气发生器、检测导弹出筒情况，并给出导弹的弹动信号。

5)解除发射。导弹起飞之前，由于导弹故障或其他原因，任何时候都可以人工或自动解除导弹的加电和发射。

6)向指控车报告发射车、导弹的技术状态及导弹的发射进程供控制和显示。

3.应急处理

在发射命令下达后的规定时间内,如果导弹未起飞,即作为故障弹处理,发控系统应自动切断电源,解除导弹的加电和发射,并使导弹转入安全状态。

在一发导弹出现发射故障或者处于发射禁区而不能发射时,为保证不失战机,发控系统应能自动切断该枚导弹的发控电路而接通另一枚导弹的发控电路,继续实施发射。

(三)战斗恢复与撤收

战斗恢复是指在战斗结束后,发射车遥控断电、关闭车上用电设备电源、关闭主机发电、关闭汽车发动机,并断开连接导弹电缆的过程。

撤收是指将发射车从战斗状态转为行军状态,并做好撤出阵地准备的过程。主要操作内容包括:发射装置回平;回平到位后,进行筒弹锁定、行军固定器的锁定;或安装方位和高低行军固定销;收起调平支腿、撤收电缆、安装电台天线、收地线地桩、盖上车体的伪装篷布等。

第四节　发 射 场 地

地空导弹均属陆基发射方式,对于陆基发射的导弹而言,除小型导弹对发射场地无特殊要求外,中、大型导弹都有供进行发射作业用的场地与之相匹配。发射场地为地空导弹武器系统完成作战任务提供作业平台。这类场地一般包括技术阵地和发射阵地。

一、技术阵地

技术阵地是指导弹运往发射阵地前,按规定程序进行导弹的验收、装配和检测等一系列技术准备的场所。机动技术阵地(或称野战技术阵地)上通常配置有专用拖车、起重设备、对接结合设备、检测设备、通用设备、人员掩蔽所及地面防御工事等。固定技术阵地(或称永备技术阵地)上除配置上述设备设施外,还包括一整套工程建筑物、专用设施和生活设施。

在技术阵地上通常要完成的基本工作有:启封导弹及其战斗部,对弹上仪器进行单元测试与综合测试,对导弹进行组装和级间对接,向弹体上结合战斗部,向导弹加注推进剂和充填压缩气体,作好向发射阵地的转运准备工作等。技术准备完毕的导弹由专用车辆(如起竖车、运输装填车等)送往发射阵地。

在发射阵地上因技术故障不能发射的导弹,要送回技术阵地,进行应急处理。

技术阵地与发射阵地的距离由武器系统总体要求决定。确定的原则是既要便于作战,又要间隔一定的安全距离,还要考虑到战场的实际地理条件。

随着导弹技术和贮运发射箱式发射技术的发展,有些导弹的许多准备工作均由制造厂在出厂前一次完成,这大大简化了导弹技术阵地的工作,使得导弹技术阵地的主要工作变为单纯的贮存保管备份导弹和向导弹发射阵地运送导弹。例如苏联研制的 SA－10 地空导弹系统,其永备技术阵地如图 1－7 所示,其野战技术阵地如图 1－8 所示。

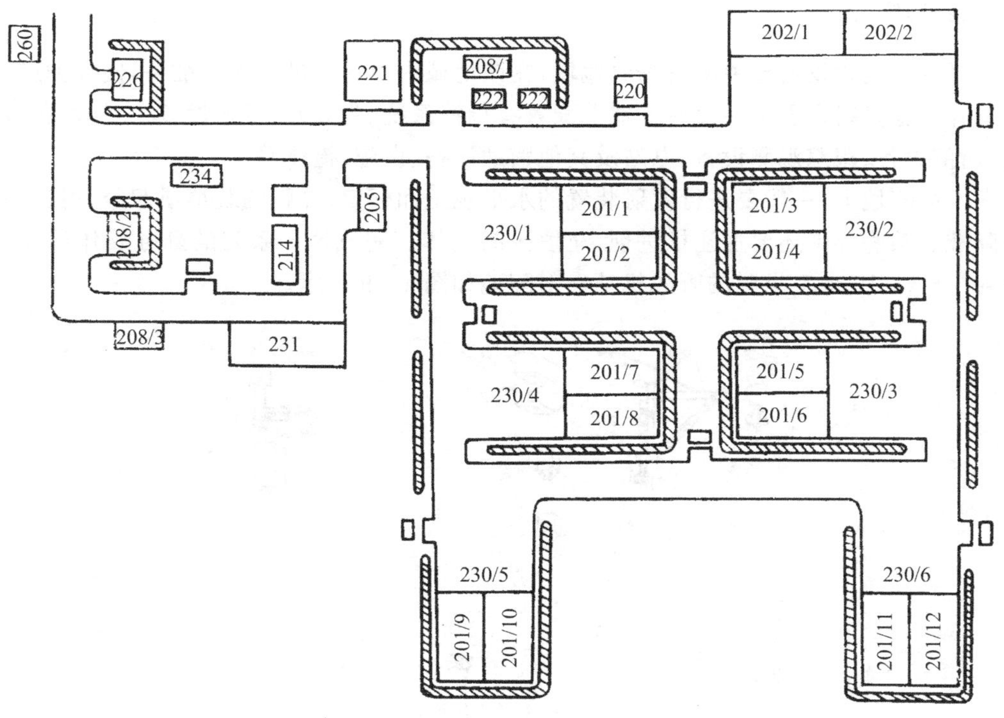

图 1-7　SA-10 永备技术阵地示意图

201—导弹库房；202—特种车辆库房；205—指挥所；208—油料库房；214—车辆清洗台；220—变电站；221—消防站；222—蓄水池；226—人员掩蔽所；230—导弹装卸作业场；231—汽车停放场；234—加油站；260—警卫室

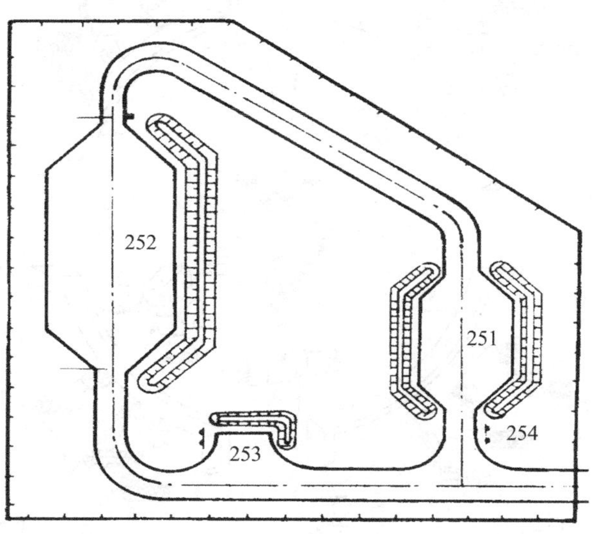

图 1-8　SA-10 野战技术阵地示意图

251—特种车辆场地；252—存放导弹场地；253—加油车辆停放场地；254—消防站

二、发射阵地

发射阵地是指发射导弹所占据的地域，在该地域内对导弹进行射前准备，使导弹进入待发状态并实施发射。通常在发射阵地上配置有指挥系统、制导站、发射设备、充气设备、加注设备、通信设备、跟踪观测设备、电站及其他辅助设备、设施、掩体等。

在发射阵地上，一般要进行发射装置的水平规正和标定、导弹的装填或起竖、射前检查、跟踪瞄准。某些导弹还要加注推进剂，充填压缩气体。完成这一系列的勤务操作后才能进行发射。SA－10 地空导弹的野战机动发射阵地如图 1－9 所示。

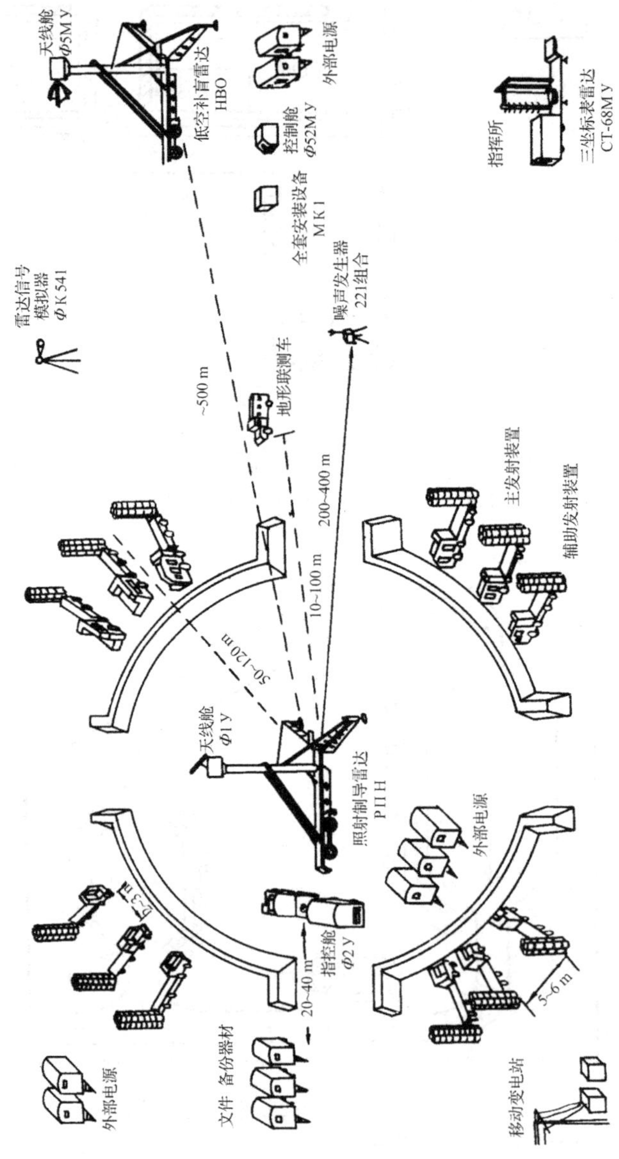

图 1－9　SA－10 地空导弹发射阵地示意图

习 题

1.发射技术的主要研究内容是什么？

2.导弹的发射、发射方式的含义是什么？

3.发射方式的分类有哪些？各有什么特点？

4.发射系统的功用、组成、战术技术指标和工作程序是什么？

5.发射场地的类型及其完成的主要工作是什么？

第二章　发射装置

自导弹武器面世以来，世界各国研制的地空导弹种类繁多，由于导弹的作战使命、弹体结构、外形、质量、动力装置和制导方式的不同，其发射装置的类型也不同。虽然地空导弹发射装置类型繁多，但其组成和功能基本相同，只是结构形式和复杂程度有所差别。本章主要介绍发射装置及其各组成部分。

第一节　概　　述

发射装置是发射车机械设备的总称，是发射设备中主要的承力、传动和运动部件，是电气、液压设备的安装载体和控制对象，为导弹（箱弹）的装退和固定、带弹起竖或者瞄准、导弹发射时的滑离和燃气防护提供条件，是发射车的重要组成部分。

一、功能及分类

1.发射装置的功能

1）可方便快速地实现状态转换，具有良好的快速反应能力。

2）可快速方便地实现调平，为导弹提供良好的发射平台。

3）可与装填设备配合安全、快速、顺利地装退导弹。

4）可在控制系统的控制下，完成导弹初始射角的调整，并在射角调整运动中保证导弹的可靠固定。

5）为导弹提供足够的约束运动距离，保证足够的离轨速度和发射精度。

6）有可靠的燃气流防护措施，保证发射装置自身及地面人员和其它设备的安全。

7）可安全可靠地带弹行军，具有良好的机动能力。

2.发射装置的分类

1）按照发射姿态的不同，可分为倾斜发射装置和垂直发射装置。

2）按照发射动力的不同，可分为自力发射装置、弹射发射装置和复合发射装置。

3）按照机动方式的不同，可分为机动式发射装置、半机动式发射装置和固定式发射装置。

4）按照瞄准方式的不同，可分为定角式发射装置和跟踪式发射装置。

5）按照发射装置装弹量的不同，可分为单联装发射装置和双联装、三联装等多联装发射装置。

二、组成

发射装置由定向器、瞄准机构、运载体和定位定向设备等组成。其中：定向器是赋予导弹初始射向和离轨速度的部件，在倾斜发射瞄准机构高低传动装置的驱动或者垂直发射联装架起竖装置的驱动下为导弹发射提供初始姿态；瞄准机构为倾斜发射装置传递动力、提供回转轴和改善工作条件；运载体保证发射设备的机动性和发射平台的良好性；定位定向设备解决发射装置的自动标定，保证导弹发射后进入制导雷达的截获矩阵或者使导引头能锁定目标。发射姿态对导弹发射装置的结构和组成影响很大，总体说来，倾斜发射装置的结构组成要比垂直发射装置复杂，下面对其分别介绍。

(一)倾斜发射装置的一般组成

地空导弹倾斜发射装置的一般组成如图 2-1 所示。

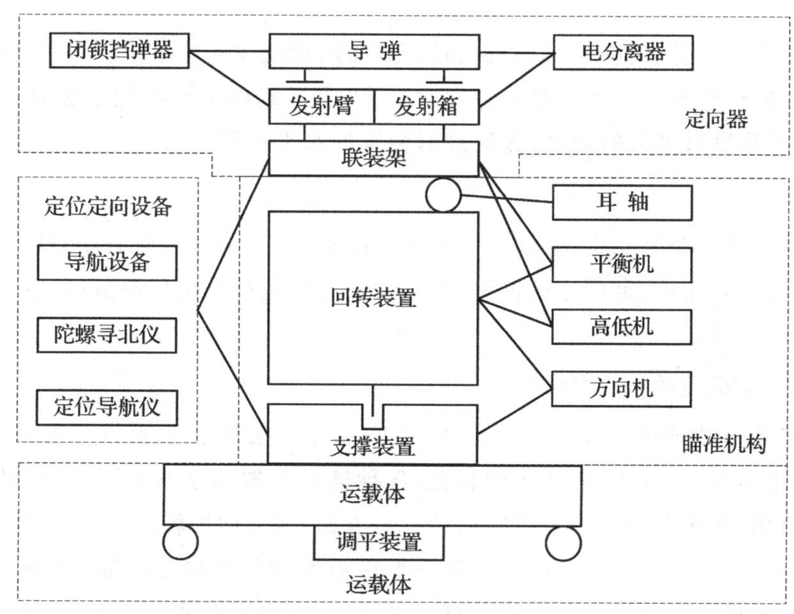

图 2-1　倾斜发射装置的一般组成与功能联系

按照各组成之间的功能联系，可将倾斜发射装置的组成分为如下 4 个部分。

1.定向器

定向器一般由定向器本体(发射臂或发射箱)、联装架以及安装在本体上的导轨、闭锁挡弹器和电分离器等组成，用于实现导弹的支承、固定、电气连接等，赋予导弹初始射向和安全离轨速度，保证导弹的正常发射。

有的导弹直接装在发射臂上，一个或多个发射臂通过联装架联接在一起；有的导弹装于贮运发射箱或发射筒内，一个或多个贮运发射箱安装于联装架上。不管何种方式，闭锁挡弹器与电分离器都是必不可少的机构。闭锁挡弹器对导弹在发射臂上的安装位置进行准确定位，并对导弹的支脚进行锁紧，保证导弹在整个瞄准过程中不会掉落；电分离器用来实现地面设备与导弹的电气连接。

2.瞄准机构

对于倾斜发射装置来说，不管是倾斜变角还是倾斜定角，均要在随动系统的控制下进行高低和方向两个射界内的运动，使导弹在发射时处于所要求的空间角度，这一过程称为初始瞄准。这种使发射装置以必要的速度和加速度完成初始瞄准任务的设备，称为瞄准机构。

倾斜发射装置的瞄准机构一般包括高低机、方向机、定向器、回转支撑装置和平衡机等。其中：高低机是定向器俯仰运动的传动系统；方向机是回转装置方向回转运动的传动系统；定向器通过耳轴装置安装在回转装置上，并绕耳轴作高低俯仰运动；支撑装置承受回转装置及上部定向器和导弹的全部重量，与回转装置之间通过立轴连接；回转装置是方向回转运动的回转体，同时也是高低机、方向机、定向器、平衡机等各种设备的安装载体；平衡机用以平衡定向器和导弹在不同射角上的重力矩，以减轻高低机的负载，使瞄准轻便和操作省力。

3. 运载体

运载体是整个发射装置的运载平台和发射平台，承受发射装置工作中的各种载荷，并满足发射装置的机动性要求。为满足导弹发射要求，在运载体上设置调平装置作为运载体的一部分，用以调整发射平台的角度，保证发射装置的水平精度要求。

4. 定位定向设备

定位定向设备主要有北斗、全球定位系统(GPS)、全球卫星导航系统(GLONASS)等导航设备，以及陀螺寻北仪、定位导航仪等设备，为发射装置提供定位参数(经度、纬度、海拔高度)和初始北向基准。

(二)垂直发射装置的一般组成

定向器在导弹发射时的角度固定为90°左右的发射装置称为垂直发射装置，与倾斜发射装置相比，定向器、运载体、燃气防护装置、各种辅助装置等基本相同，但是其瞄准机构得到了很大的简化，液压系统赋予了新的功能。一方面，与方向回转相关的回转装置、方向机、方向固定器等均不再设置；另一方面，定向器不再需要动态的跟踪瞄准，只需在发射准备阶段通过液压系统将定向器姿态调整为垂直即可，因此不再需要随动系统，而是在发射装置控制设备中增加了控制液压系统完成定向器姿态调整、筒弹下放/提升、行军固定器锁紧/解锁等控制功能，当然液压系统的功率需要进行相应调整。

地空导弹垂直发射装置的一般组成如图2-2所示。

倾斜发射装置需在随动系统的控制下，进行高低和方位调转、跟踪或者调定一个固定的空间角度，赋予导弹的初始射向，为导弹提供有利射向以减少导弹为攻击目标作大的机动过载。垂直发射装置不需进行调转跟踪等瞄准工作，只需由液压系统实现定向器的高低起竖，保证导弹的垂直精度，除此之外，与倾斜发射装置相同，垂直发射装置也必须实现状态转换、水平调整、导弹装填、燃气流防护、带弹行军等其他各种功能。因此本章将垂直发射装置视为倾斜发射装置的一个特例，即垂直发射装置可视为一种高低角为90°左右的定角发射装置，后文不再分别讨论，只介绍发射装置的共性内容。

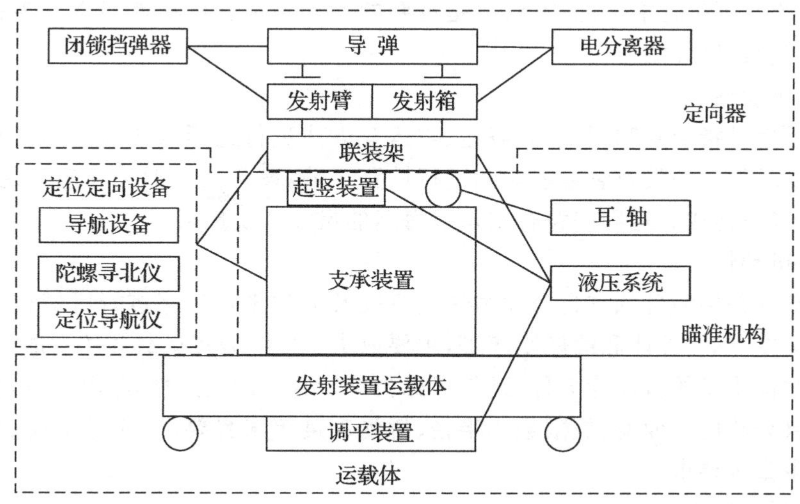

图 2-2　垂直发射装置的一般组成与功能联系

三、主要战术技术要求

发射装置的战术技术要求既要满足导弹发射方式和制导系统提出的发射精度等要求，又要不过多地影响发射装置性能，同时还要解决发射导弹时所产生的许多专门技术问题，一般包括性能、使用、安全、维修和经济等多个方面。

1.环境适应性

发射装置应具有良好的环境适应能力，在规定的环境条件下应能正常工作，在特殊环境条件下不被破坏，有足够的耐环境的能力。如果对环境因素给导弹发射装置的影响认识不足、措施不力，可能导致装备在恶劣环境条件下性能降低，甚至失效。

(1)自然环境

自然环境包括温度、湿度、风力、沙尘、淋雨、盐雾、霉菌、辐射、压力和电磁干扰等，这些环境将造成发射装置物理性能和化学性能的变化。发射装置应在一定的温度范围内、一定的湿度条件下、一定的风力条件下能够正常工作。

(2)力学环境

力学环境指使用中诱发产生动力学效果的环境，力学环境与导弹发射有关，主要包括加速度、振动、冲击、噪声等方面，影响最大的是振动、冲击和噪声。

(3)战场使用环境

战场使用环境包括核爆炸、生物、化学武器的作用与污染以及反侦察、隐身等问题。

必须对发射装置进行耐环境设计，即根据发射装置在实际使用时将会遇到的环境及其产生的效应，在设计时从物理和化学的角度来分析在这些环境条件下使用会遇到多大应力、故障和腐蚀，以便进行耐应力、抗振和耐腐蚀设计，采取耐环境的措施，以便提高整个武器系统的生存能力。

2.机动性

对现代地空导弹发射装置来说，应具有较高的机动性，机动性是导弹武器的重要性能指标，是提高导弹武器生存能力的关键，也是重要的设计指标。机动性通常分为战役机动性、战术机动性和快速反应能力。

(1)战役机动性

战役机动性是指装备利用铁路、海运、空运等方式进行远距离快速运输和转移的能力。战役机动性要求设计的发射装置能顺利进行铁路运输，设备的外形尺寸应满足机车车辆的限界，如果要能空运或海运则需符合空运或海运的尺寸和质量限制。

(2)战术机动性

战术机动性是指装备依靠自身动力快速行驶及通过规定道路进行区域机动的能力，其标志是行驶速度、越野性能和续航距离等，主要取决于发射装置运载体的性能。在选择运载体时除了运载体本身的机动能力外，还需考虑公路行驶时的通过性，车辆外形尺寸应使其能通过规定等级公路的路面宽、极限最小半径、桥涵高度等限界要求，质量也要满足规定等级公路的桥梁限重等要求。

(3)快速反应能力

快速反应能力是指地空导弹发射装置由行军状态快速转换为战斗状态、实施快速发射或撤收的能力，其性能主要受发射装置展开、标定、调平、瞄准、发射控制、撤收等主要战斗操作科目的自动化程度影响。提高此能力的手段主要包括提高发射装置的自动化水平、简化射前准备及发射程序、减小展开撤收及赋予射向、跟踪目标的时间。

3.稳定性

发射装置应具有足够的横向和纵向稳定性，特别是横向稳定性更要注意。在总体设计时应尽可能降低发射装置的重心高度、增大轮距，以保证在较大的倾斜路面上行驶而不倾覆。发射装置要保证发射时有足够的稳定性，同时还要考虑在非工作状态下的抗大风能力。

4.质量和外形尺寸

在发射装置总体设计时，应尽可能减小其外型尺寸和总体质量。尺寸和质量是选择运载车辆的重要参数。质量轻、尺寸小可提高其机动性和通过能力。当总体质量超过一般公路、桥梁所允许的负载时，机动能力将受到很大的影响。当总体外形尺寸超过铁路桥梁和涵洞所允许的尺寸时，将使武器装备战略转移发生困难。

5.瞄准角和瞄准速度

对某些地空导弹发射装置说，应具有瞄准和跟踪目标的能力，以扩大攻击目标的范围。地空导弹发射装置的高低角和方向角要大，瞄准速度也要大，以保证火力的灵活性和防止丢失战机。但是当瞄准速度太大时，其瞄准加速度也将随之增大，这时瞄准机的驱动功率也自然随之增加。另外，还会使瞄准机结构复杂，重量加大，这是不利的。

当导弹本身已具有全方向快速机动能力时，发射装置可取消相关的跟踪瞄准工作，即采用定角倾斜发射或垂直发射。

6.发射初始偏差

发射初始偏差是指导弹飞离发射装置定向器的瞬间弹体纵轴线对瞄准线的角偏量和角速度的大小。这些值越小，发射精度越高。角偏量和角速度偏差包括高低和方向角及角速度的偏差。对以波束导引的导弹来说，初始偏差较大时可能失去控制而使导弹丢失。设计发射装置时应适当控制其振动特性,以便提高发射精度。

7.对燃气流的防护

导弹发射时,发动机会喷射高温高速的燃气流,它对发射装置的作用时间虽短,但危害很大。如发射装置的非金属零部件和电缆等易受烧蚀。燃气流对发射装置的冲击将引起发射装置的振动并破坏其稳定性,影响发射精度,燃气流也会对发射阵地地面造成破坏。因此,应对燃气流进行防护和排导,以减少其不利影响。

8.伪装隐蔽性能

伪装隐蔽性能是采用遮蔽、融合、隐真、示假等方法,减少装备被敌方探测和识别概率的能力。地空导弹发射装置应采取伪装措施,使其在机动转移、隐蔽待命等过程中减小被发现及遭受攻击的可能性,是提高其射前生存能力的重要途径之一。

遮蔽是减弱发射装置信号的屏蔽措施,常用手段为将桥涵、隧道等地物,树林、烟幕、灯火管制及对传感器波段不透明物作为遮障。融合是降低发射装置与背景之间的对比度,采用迷彩和降低发射装置的雷达散射截面、控制发射装置表面辐射率等都是使发射装置混迹于环境背景中的常用方法。隐真是用改变、消除、模糊发射装置的识别特征,使之与背景特征相混或与次要目标特征相混。示假是设置假目标,制造假信号、假系统、假活动,引诱敌人攻击,起到消耗敌人、保存自己的作用。

9.可靠性、维修性、保障性、测试性和安全性等要求

可靠性、维修性、保障性、测试性和安全性简称“五性”,是现代地空导弹发射装置的重要战术技术指标,具体内容参见相关资料。

10.经济性要求

经济性问题在产品设计时应慎重考虑,以免造价昂贵。如所用材料应尽可能采用国产标准牌号,不用或少用特殊稀缺材料,结构应简单合理、容易加工,精度要求合理,尽量采用标准零部件等。应提高零部件标准化、系列化、规范化、通用化和模块化水平,降低研究、生产和维修费用。

第二节 定 向 器

定向器是发射装置的重要组成部分,定向器的长度、结构型式、质量和联装数量等对发射装置的总体结构、外形尺寸、受力情况和发射精度等有重要的影响。

一、功用

定向器是发射装置中与导弹直接联系的装置,必须完成如下工作:

1)与装填设备配合,安全、快速、顺利地装退导弹。

2)在发射前用以支承和固定导弹。

3)带弹实现初始射角的调整。

4)为导弹提供足够的约束运动距离,保证足够的初始速度和发射精度。

5)对于箱式发射装置来说,贮运发射箱即为其定向器,除上述功能外,还有贮存和运输

的功能。

二、类型

根据导弹在定向器上的位置不同，定向器可分为：

1)支承式：多用于质量大，助推器为串、并联的导弹发射。

2)下挂式：多用于质量小，助推器为串联的导弹发射。

根据结构型式的不同，定向器可分为：

1)导轨式：弹体定向件沿导轨轨道滑行，多用于有翼导弹倾斜式发射。

2)圆筒式：弹体定向件沿圆筒内壁滑行，多用于小型导弹发射。

3)贮运发射箱式：箱式发射有很多优点，已成为目前的主流结构类型。

根据导弹的前后支承定向件离轨的形式不同，定向器可分为：

1)同时离轨式：用于系统要求导弹头部下沉较小，离轨速度又不大的导弹的发射。

2)不同时离轨式：用于离轨速度较大、具有竖向推力作用，或系统对导弹下沉量要求不高的导弹发射。

采用同时滑离定向器发射导弹时，当前后定向件同时离轨后，弹体在重力和推力偏心等作用下将产生下沉和偏转。为了防止后定向件与定向器的前段相撞，前段定向器要让开一段距离。按照让开方式的不同，定向器可分为：

1)阶梯式：通过定向器前后段的高低差实现空间上的让开。

2)折合式：通过定向器前后段的相对折合运动实现空间上的让开，根据折合方向的不同又可分为上折合式和下折合式两种。

3)不等宽式：通过定向器前后段的宽度差实现空间的让开。

各种让开方式如图 2-3 所示。

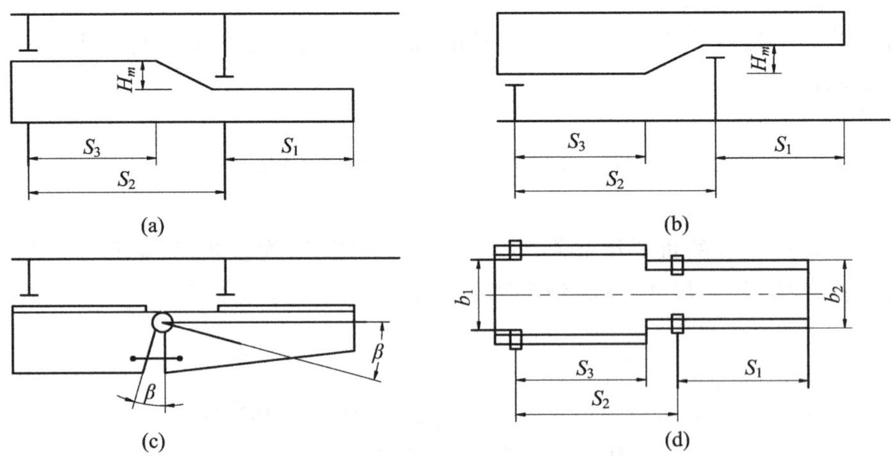

图 2-3　不同让开形式的定向器简图

(a)上阶梯式；(b)下阶梯式；(c)折合式；(d)不等宽式

阶梯高度 H_m 或折合式的让开量的具体数值都要大于导弹尾部的下沉量，即要大于弹体后定向件离轨后其后端到达定向器前端时的下沉量，确保发射安全。

三、基本组成

定向器的组成需根据导弹的结构特点和发射要求来确定。一般情况下，定向器由定向器主体、安全保险装置、电气连接装置、装弹限制定位装置和减振装置等5部分组成。

1.定向器主体

定向器主体用于支承导弹，并赋予导弹发射离轨时的初始飞行姿态，是导弹发射过程中的主要导向部件和承力部件，同时也是其他设备的安装载体。

定向器主体主要包括定向器本体、联装架、导轨和定向件。

(1)定向器本体

定向器本体常称为发射臂，是定向器的主要组成部分，主要用来安装导轨和定向器上的其它结构，并承受导弹的载荷。

定向器本体的具体结构形式随各型导弹的不同而不同，导轨式定向器本体的结构形式有多种。从其断面来看有长方形、方形、工字形、槽形和圆形等；从其纵向来看，有等断面、变断面和阶梯式等。定向器除用来安装导轨外，还承受弹体载荷。要求定向器本体要有足够的强度和刚度，同时还应有较轻的质量。

圆筒形定向器的本体一般为薄壁圆筒，内壁光滑。有的在内部安装筋条，也有的具有螺旋槽，在弹体滑行时获得低速旋转，以减小推力偏心对发射精度的影响。

定向器本体有板件构成的箱形梁或槽型梁，也有用杆件或管件构成的桁架，导轨安装在它的外面；还有箱式或筒式的，这时导轨安装在其内部。各种结构都各有其特点，主要根据导弹的外型、导轨的结构和受力情况等来选定。

(2)联装架

为了提高发射时的火力，常采用多联装的定向器。小型导弹一般采用多联装型式，联装数可达8～16枚。大型导弹地面机动发射时，一般采用2～4枚联装的定向器。

由于导弹的直径、翼展和质量不同，每台发射装置的联装数量及布置型式也不相同。要考虑发射车的总质量限制及运输时外廓尺寸的限制，典型的联装型式如图2-4所示。

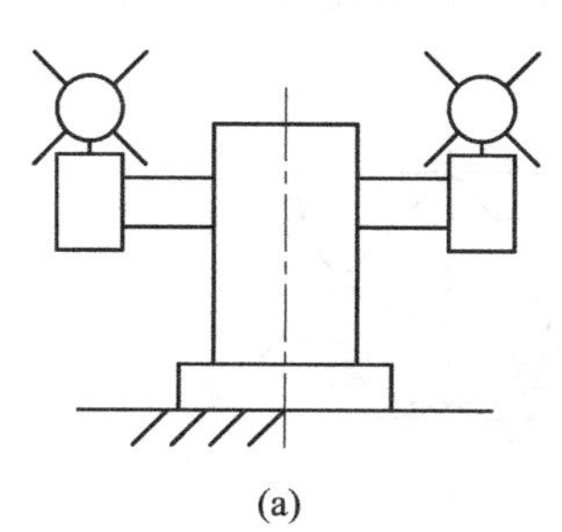

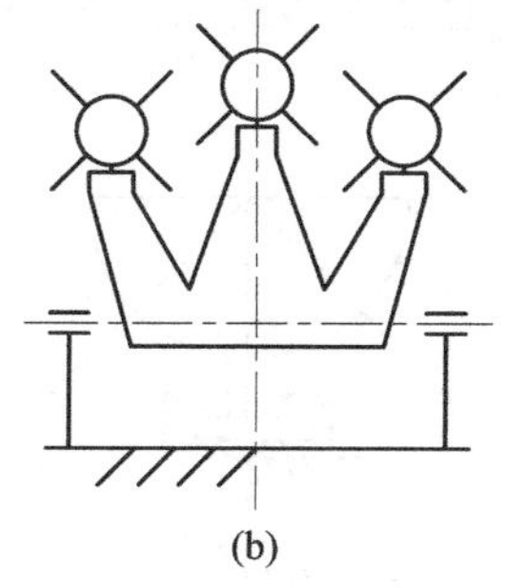

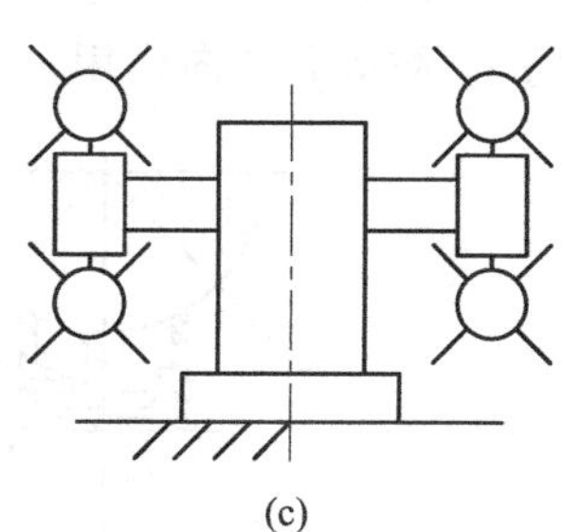

图2-4 定向器的典型联装形式

(a)双联装；(b)三联装；(c)四联装

多联装定向器的轴线一般都是互相平行的，因而导弹的发射方向也是平行的。如果制导系统要求导弹的初始弹道与瞄准线间的偏差小，则使制导系统更容易捕捉导弹，不致丢失；或使捕捉时间短，以免影响最小射程，这时也应使定向器有一交会角。交会角的大小由制导系统允许的开始控制飞行的距离而定。

采用多联装形式的发射装置在确定发射间隔和发射次序时必须考虑发射稳定性的要求，还要考虑控制初始扰动的要求。射序安排的一般原则是先上后下，左右交替，即先发射上排的，后发射下排的，在同一排则左右交替。发射间隔与弹-架系统的固有频率有关，不能与固有周期相同或成倍数。射速与射序要通过发射动力学的计算来确定最佳结果。

(3)导轨和定向件

导轨与导弹定向件相互配合，发射时导轨用来引导弹体沿一定的方向滑行，弹体的作用力通过定向件作用在导轨上，然后通过导轨传至定向器本体。导轨还能限制弹体跳起或滚动。

导轨一般有 2 条、3 条或 4 条，定向件通常有 4 个或 3 个，它们分别安装在弹体前后两处，具体导轨数量与定向件的数量相互匹配，导轨在定向器本体上的配置如图 2－5 所示，其中图 2－5(a)(c)为不同时滑离定向器，图 2－5(b)(d)为同时滑离定向器。它们分别为三点支承和四点支承。

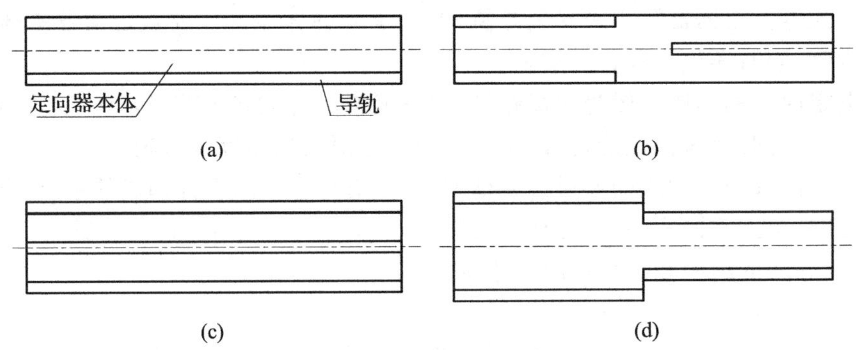

图 2－5　导轨的数量与配置

(a)不同时滑离定向器导轨配置 1；(b)同时滑离定向器导轨配置 1；
(c)不同时滑离定向器导轨配置 2；(d)同时滑离定向器导轨配置 2

常见的导轨断面与导弹定向件的结构形式如图 2－6 所示，它们相互配合，共同完成支承、防跳、防滚和导向作用。

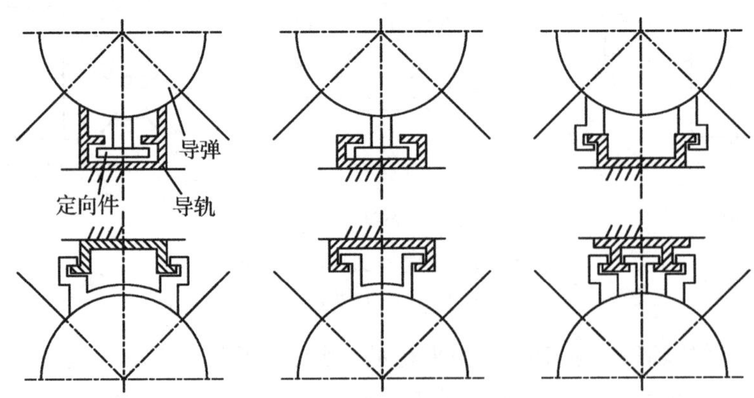

图 2－6　导轨与定向件的结构形式

导轨与定向件的配合，有支承面、导向面和限制面。限制面用以防止弹体跳起或滚动，为了保证顺利滑行，它们之间必须有一定的间隙。间隙过小可能会造成导弹装填困难，而且导弹在导轨上运动可能出现卡滞，不利于导弹的飞行，甚至出现严重事故。间隙过大可能会影响导弹发射精度和导弹在导轨上的固定，将产生较大的静态角误差。

2.安全保险装置

安全保险装置用于保证导弹发射的安全可靠，主要包括安全让开机构、闭锁挡弹器以及防止燃气流、灰尘和雨水侵蚀的护盖等。

导弹发射方式的不同和定向器的类型决定着定向器上是否设置相关的安全保险装置，其中闭锁挡弹器以及防止燃气流、灰尘和雨水侵蚀的护盖通常在地空导弹发射装置的定向器上都有设置，安全让开机构一般仅在同时滑离支承式定向器上设置。

(1)闭锁挡弹器

闭锁挡弹器的功能是为导弹的装填工作进行定位；在发射准备或行军过程中，用于锁定导弹的定向件，保证导弹安全可靠地支承在定向器上；在导弹发射时，保证导弹的正常滑离。

闭锁挡弹器的工作要可靠，闭锁力的大小应保持在所要求的范围内，确保弹体在发射准备阶段处于准确位置上，使电分离器能顺利连接；在发射时能自动开锁，且开锁动作不允许对弹体产生不良影响；另外，还应使装填和退弹的操作方便。

闭锁挡弹器的形式很多，按其结构特点可分为阻铁式、抗剪销式、抗张连杆式、摩擦式；按开锁动力可分为自力开锁式和外力开锁式。

1)阻铁式：由阻铁对导弹定向件进行约束定位，阻铁可以是固定式的，也可以是活动式的，可对弹体单向约束，也可双向约束。

2)抗剪销式：发射前导弹被固定，抗剪销被剪断后导弹才可向前运动。

3)抗张连杆式：发射前导弹被固定，抗张连杆被拉断后导弹才可向前运动。

4)摩擦式：发射前导弹被固定，克服一定的摩擦力后导弹才可向前运动。

5)自力开锁式：由导弹发动机产生的推力开锁。

6)外力开锁式：由弹体外的动力开锁，外动力一般为气压力或电爆管等。

自力开锁阻铁式闭锁挡弹器如图 2-7 所示，为一种弹簧式闭锁挡弹器，由活动阻铁、弹簧和固定阻铁组成。

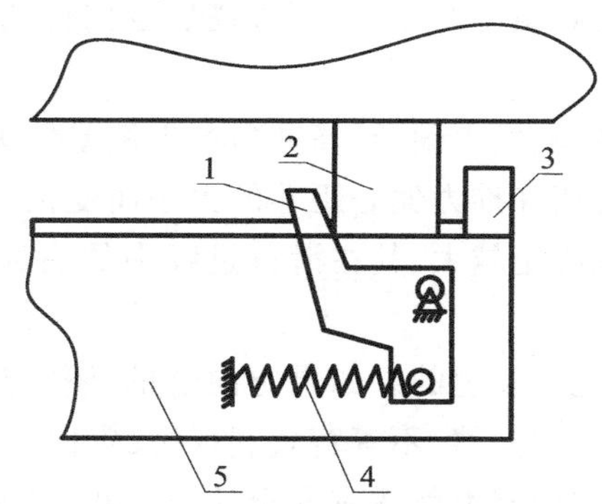

图 2-7　弹簧式闭锁挡弹器

1—活动阻铁；2—定向件；3—固定阻铁；4—弹簧；5—定向器

这种弹簧式闭锁挡弹器,导弹的后定向件位于两个阻铁之间,活动阻铁不能顺时针转动,在弹簧力的作用下,导弹被阻铁挡住不动。在发射时,当发动机推力大于闭锁力时,活动阻铁被迫逆时针方向转动,开始解锁,当转到一定位置时完成解锁。这种闭锁挡弹器一般用于闭锁力较小的情况,当闭锁力较大时,解脱瞬间激震较大;且结构简单,可反复使用。

自力开锁抗剪销式闭锁挡弹器如图 2-8 所示,抗剪销式闭锁挡弹器结构简单、作用可靠,实际应用较多。这种闭锁挡弹器采用一个抗剪销将导弹锁住;当发动机的推力达到所要求的闭锁力时,便将金属销剪断,导弹开始运动。

这种闭锁挡弹器的优点是闭锁力比较稳定,当抗剪销尺寸和材料一定时,剪切力变化很小;另外,定向滑块处于闭锁状态时前后无间隙,可减少冲击,简单可靠。

自力开锁抗张连杆式闭锁挡弹器如图 2-9 所示,拉杆的一端固定在导弹上,另一端固定在定向器上,当导弹发动机推力能够克服拉杆的拉伸力将其拉断时导弹才开始移动。将拉杆拉断的力即为闭锁力,其优缺点与抗剪销式闭锁器类似。

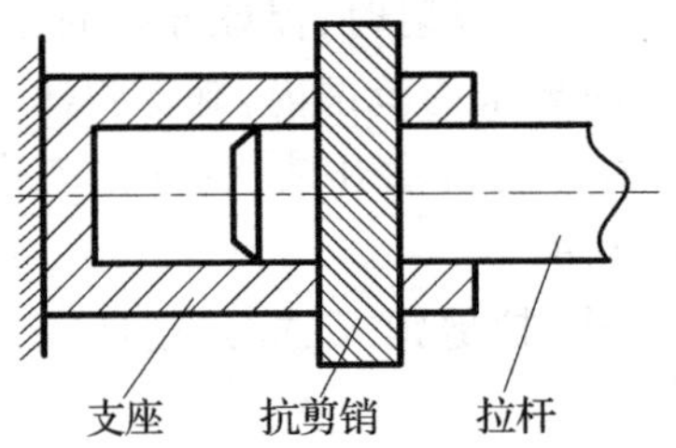

图 2-8 抗剪销式闭锁挡弹器

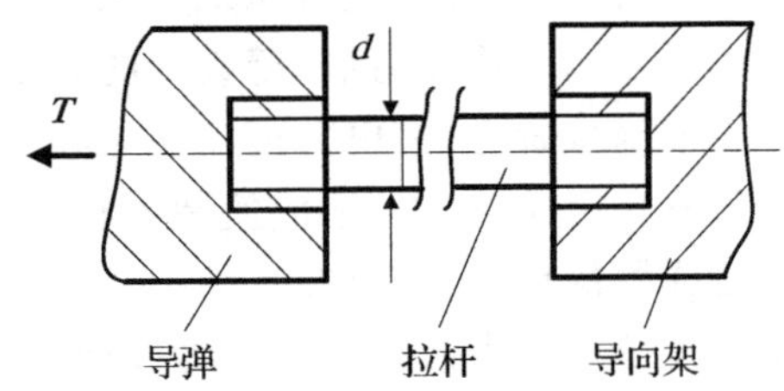

图 2-9 抗张连杆式闭锁挡弹器

(2)安全让开机构

如果采用同时滑离的方式,导弹从定向器上滑离后,在重力、可能的推力偏心及其他外力作用下会产生整体下沉和转动等运动;同时倾斜发射的定向器相当于一个受力点逐渐远离支座的悬臂梁,在导弹离轨瞬间,悬臂梁载荷的突然解除会引起定向器头部的上扬运动。因而导弹在定向器上空飞行期间,有可能发生弹体尾部与定向器头部的碰撞,妨碍导弹的正常发射。

对不同时滑离的导弹来说,当其前定向件离开导轨失去支承时,后定向件仍在导轨上滑行,这时弹体在重力和推力偏心矩等的作用下,将绕后定向件的支点向下偏转,这种现象称之为导弹的头部下沉。

弹体的头部下沉使弹体纵轴发生偏转、高低角产生偏差。头部下沉量的大小,随弹体滑行速度、前后定向件之间的距离和推力偏心距等的大小而变化。弹体滑行速度越小,前后定向件之间的距离越大,推力偏心矩越大,其在滑行过程中的头部下沉量也就越大,从而其偏差角和角速度也就越大。

上述干涉情况是绝对不允许发生的。如果定向器的结构能够留出足够的空间,则可以是结构比较简单可靠的整体式定向器,不等宽式、阶梯式定向器就是一种满足让开空间的整体式定向器;如果空间不够,定向器上就需有安全让开机构,使导弹离轨时定向器头部能够让开一个空间,以保证不会发生碰撞,折合式定向器就是此类。

安全让开机构用于使定向器在导弹离轨时能够让开一段空间,不与弹体碰撞,保证导弹的正常发射。

安全让开机构的具体结构在各种发射装置中差别很大,但不管具体结构复杂或简单,安全让开机构的工作一般应包括 3 个阶段:

1)让开阶段:定向器在导弹离轨时及时让开空间。

2)缓冲阶段:让开的部件能够逐渐停止运动。

3)复位阶段:导弹发射后,让开部件能及时恢复原位,以便再次装填。

3.电气连接装置

电气连接装置用于将地面电气信号与导弹连接,实现导弹的射前检查,保证导弹正常发射。

发射前,地面电源和控制导弹的电信号等都必须通过发射装置传递到导弹上,对导弹进行地面供电和控制,这些电气信号都通过导线进行连接传导。发射时,导线需要自动断开,不能妨碍导弹滑行和正常起飞。如果这些导线数量较少,实现电气连接与断开并不困难,无需专门机构。但是,地空导弹的对外信号线和电源线数目较多,一般有十几条到几十条,这样就需要将导线集中在一起,接入一专用插头上,由专门的结构来完成上述功能,这个机构称为电分离器。

电分离器用于实现电插头在发射准备时与弹上插座准确可靠的连接和发射时安全适时地分离。

电分离器主要由两部分组成:一是电插头即电连接器,用以实现电路连接;二是插拔机构,用以实现电插头的连接和分离动作。

电分离器的电插头按结构的不同,可分为接触式插头、裂离式插头和插拔式插头 3 类,与插头相配套的插拔机构也有不同的型式。

(1)接触式插头

接触式插头的特点是将电路接触器的两个半体分别装在导弹和定向器上,在弹簧力的作用下,使两个半体的接触点紧紧接触,以保证弹内和弹外之间电路的正常接通。接触式插头的优点是结构简单、在发射分离时没有冲击载荷,缺点是触点极易被锈蚀或者沾染了灰尘和盐分等,导致电路成为开路或者半开路,这种类型现在一般较少采用。

(2)裂离式插头

裂离式插头的特点是插头与插座做成一体,电插头机构没有插拔机构部分,在导弹起飞时,借助导弹的推力使整个电插头分裂为两半,一半随弹飞离,另一半则留在定向器上,实现电路的断开。在插头的金属盒中填充易断的塑胶,既能保证插头中的导线不互相接触,又能使分离时易碎裂。在分离后,也要保证插头中的导线不互相接触,因为它们一般还有电位。根据裂离的方式裂离式插头又可分为剪断式和拉断式。裂离式插头体积小,连接可靠,不会出现短路现象,装弹时电路接通方便,其缺点是只能一次性使用,每次发射导弹后都要更换电插头,现在也较少采用。

(3)插拔式插头

插拔式插头一般为针式插头,与常用的插销相似,插头与插座分别装在定向器和导弹上,两者相互移动一定距离后才能插入和拔出。在发射准备时通过插拔机构将电插头连接到导弹插座上,导弹起飞时电插头能够从插座脱离,避免燃气流的烧蚀,所以插头可重复使用。插拔式电插头由于插拔方便、可重复使用,是目前采用较广泛的电插头类型,其缺点是必须设置结构较为复杂的误差补偿机构和插拔机构。

导弹飞离时插拔式电插头必须在能够顺利分离不影响导弹起飞的同时避免燃气流的烧蚀。插拔机构的结构型式与插座在导弹上的安装方向和位置有关系，如插座在弹体的腹部或背部，就需要电插头在脱离的过程中随弹体的前移而前移，如果插座在弹体的尾部端面上，则没有上述要求。根据结构特点，插拔式插头的插拔机构可分为如下类型：

(1)转臂直插式

转臂直插式机构适用于插座位于弹体尾端面的情况，电分离器装于定向器尾部舱内，操作手柄转动转臂，转臂带动装于其头部的电插头转动一定角度后连接上弹体插座，导弹飞离时插头自动脱落，转臂带动电插头回舱。这种电分离器结构简单、操作方便直接，分离机构对导弹运动的激振小，也利于对燃气流的防护。

(2)平行四连杆式

平行四连杆式机构适用于插座位于弹体腹部的情况，电插头安装在平行四连杆式分离机构的连杆上，在平行四边形机构的摇臂转动过程中，插头始终保持与插座垂直，即导弹发射时装在连杆上的插头随导弹的向前运动边前移边远离弹体，实现了插头的垂直插拔动作，与导弹的向前运动不会发生干涉。这种电分离器的结构较复杂，分离回舱的动作对定向器的激振较大。

(3)模板式

模板式机构的核心是传动模板，模板的设计型面决定电插头的运动轨迹，保证电插头的准确连接和脱落后的回舱运动。

(4)电动分离式

电动分离式机构是在导弹发射前，接受指令将电插头先行拔出，断开电路，即电插头在电传动机构的带动下进行连接和分离运动。这种方式由于插头先行拔出后导弹才启动，所以分离机构的运动与导弹的运动无关，不会造成激振干扰。

4.装弹限制定位装置

装弹限制定位装置用于装退导弹时对接导向和定位，包括对接器、定位器、导向器等。

5.减振装置

减振装置用于使定向器呈弹性状态运输导弹，呈刚性状态发射导弹，主要包括刚性-弹性转换机构、固定座、减震器等。

上述各类部件只表明了要执行的各种任务，是地空导弹发射装置定向器的一般组成，并不是每个定向器都必须有这些机构。其中有些部件担负重要工作，结构比较复杂，如闭锁挡弹器、电分离器等，在本节中重点介绍。有些部件结构简单，只是辅助其他设备完成其功能的，如装弹定位装置和减振装置等。

四、箱式定向器

箱式发射是地空导弹发射技术的趋势之一，贮运发射箱的应用越来越广泛，已成为地空导弹武器系统中重要的组成部分。导弹在贮存、运输和发射时能得到有效的防护是非常重要的，只有采取措施使导弹经贮存、运输后保持完好的状态，才能提高导弹武器系统的快速反应能力。

(一)发射箱的功能

1.贮存

为了长期贮存导弹,保证导弹的寿命,发射箱是密封的,发射箱内充以氮气或干燥空气。平时要经常维护,检查发射箱的湿度和压力,当湿度和压力不合格时,可以对发射箱充压和换气。有的发射箱还装有调温装置,保证导弹在发射时有适合的温度。

2.运输

导弹生产完好后,装入发射箱,发射箱和导弹成为一体。导弹一般通过吊挂装置固定在发射箱的导轨上,有的导弹通过适配器固定在发射箱内部。导弹在发射箱内部的轴向位置是通过定位销来锁定的。为了减小导弹在运输中的振动载荷,发射箱内设有缓冲装置,尤其对较大的导弹更为需要。有的发射箱外部设搬运和减振装置,便于导弹的搬运和减振。

3.发射

导弹在发射时,发射箱起定向器的作用。有的发射箱内装有导轨,保证导弹出箱时的姿态,发射箱导轨有下挂式和上托式两种。有的发射箱不设导轨,设有适配器,这种发射箱适用于垂直发射。对垂直发射的导弹,为了防止导弹发动机意外点火时导弹飞离发射箱,发射箱设有绝对可靠的安全锁定装置,确保导弹及其他设备的安全。

(二)箱式发射的特点

贮运发射箱进行导弹发射的方式有以下特点。

1.获得了更好的环境条件

1)箱体内的自然环境条件更有利。有些贮运发射箱箱体有气密措施,盐雾及潮湿空气不会进入箱内锈蚀弹上器材;并充有惰性气体或干燥空气,使导弹有良好的贮运环境条件,延长了导弹的寿命,除平时检查箱内气压和湿度外,可贮存5～8年无需开箱检查。某些贮运发射箱有保湿隔热措施,可保持箱内湿度,防止环境及高温日照引起箱内湿度超过允许范围,改善固体燃料及电子元件的工作条件。

2)箱体内的物理环境条件更有利。贮运发射箱有屏蔽措施,能防止外界电磁辐射引起的意外事故。由于受箱体的保护,导弹不会受到机械碰撞。

3)箱体内的动力学环境条件更有利。在弹箱之间或装有适配器,或装有某种形式的弹性悬挂装置,或在箱体外部设有减振装置,贮运时可提供与导弹固有特性相适应的减振特性。装有适配器的发射箱发射时还能提供与发射散布相适应的初始扰动特性,以提高发射精度。还可用适配器实现同时滑离,改善导弹的气动外形。

2.提高了快速反应能力

弹箱作为一体平时固定在贮运发射箱支架(联装架)上,长期处于待发状态,随时都可发射,提高了快速反应能力。

3.提高了快速补给能力

带弹的贮运发射箱向贮运发射箱支架(联装架)上装卸迅速方便,可实现多次打击、连续作战和快速反击。

4.提高了密集布置能力

由于贮运发射箱可以保护其内部的导弹免受相邻贮运发射箱内的导弹发射时燃气流的

冲击，使导弹的密集布置成为可能，应用模块化设计，可将多个标准化的贮运发射箱组合成2箱、4箱和6箱等集装箱，也可将单个标准贮运发射箱直接装于贮运发射箱支架上构成多联装发射装置，以提高火力密度。

5.易于实现一箱多用、一架多用

可用一个标准贮运发射箱发射不同射程、不同弹径、甚至不同用途的导弹，实现一箱多用，提高设备的通用性。

(三)发射箱类型及其组成

贮运发射箱有轨式贮运发射箱、适配器式贮运发射箱和混合式贮运发射箱3种基本类型。

1.轨式贮运发射箱

轨式贮运发射箱的基本特点是箱内装有发射导轨，通过滑块支撑导弹，并起导向作用。靠导轨弹性悬挂或箱外减振垫防止运输和转载时的振动和冲击。轨式贮运发射箱的典型结构如图2-10所示，基本组成如图2-11所示。

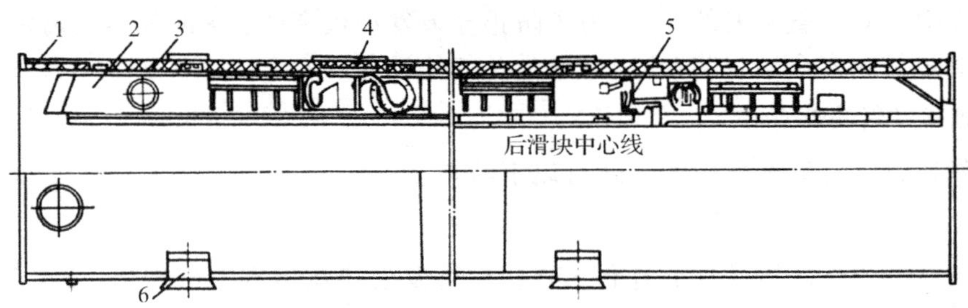

图2-10　典型轨式贮运发射箱

1—箱体；2—发射梁；3—弹性悬挂；4—插拔机构；5—挡弹机构；6—支座

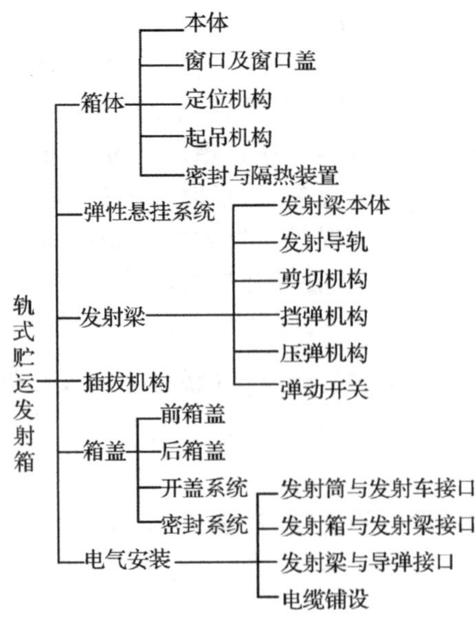

图2-11　轨式贮运发射箱的基本组成图

这种发射中的滑块式导向方式与普通定向器相同。导弹可以下挂，也可以上托，可以布置有前、后滑块，也可以布置有前、中、后滑块，导轨可直接固于箱体上，也可固于发射梁上，发射梁再挂在箱体上。有发射梁的发射箱往往用于重型导弹发射。

2.适配器式贮运发射箱

适配器式贮运发射箱的基本特点是：导弹通过前、后适配器支于发射箱内，导弹飞出箱体后适配器脱落，适配器本身有减振缓冲作用，并起导向作用。适配器式贮运发射箱的典型结构如图 2－12 所示，其基本组成如图 2－13 所示。

适配器导向方式多用于圆形断面的发射筒中，其优点是在贮运时能减缓对导弹的振动和冲击；发射时起导向作用，并能通过选择适当的结构参数控制导弹的初始扰动值；发射后分离的适配器还可改善导弹的气动外形。这种导向方式一般要求导弹的尾翼为弧形翼或折叠翼。

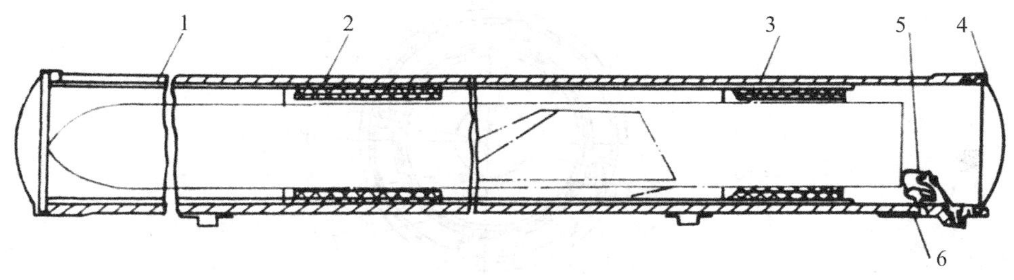

图 2－12　适配器式贮运发射箱

1—发射筒；2—前适配器；3—后适配器；4—筒盖；5—插拔机构 6—固弹机构

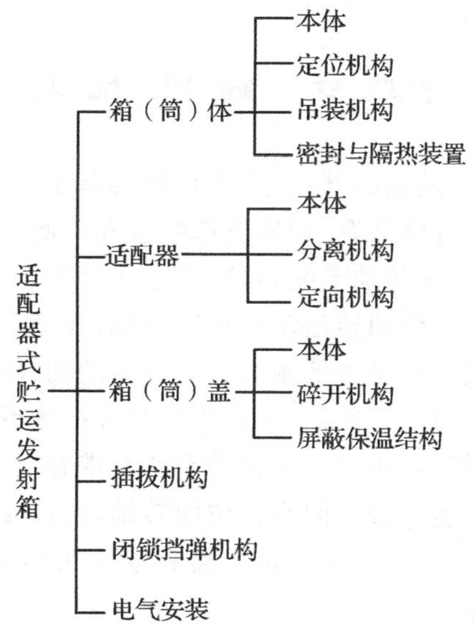

图 2－13　适配器式贮运发射箱的基本组成

3.混合式贮运发射箱

混合式贮运发射箱的基本特点是：导弹前部用适配器支撑于发射筒内，后部用定向件支撑于筒内导轨上，发射时适配器和定向件同时滑离，可避免头部下沉。用外设的减振垫缓冲运输和转载时的振动与冲击。混合式贮运发射箱典型结构如图 2－14 所示，它的基本部件有发射筒、导轨、前适配器、闭锁挡弹器、插拔机构、前后箱盖、吊装与定位机构。

混合式导向方式多用于同时滑离的发射筒中。这种型式较好地解决了导弹前后滑块同时滑离后，在筒内飞行时由于下沉而引起的与筒体碰撞的问题。由于发射筒的内径前段与后段相同，避免了筒内燃气流反射对导弹的扰动。

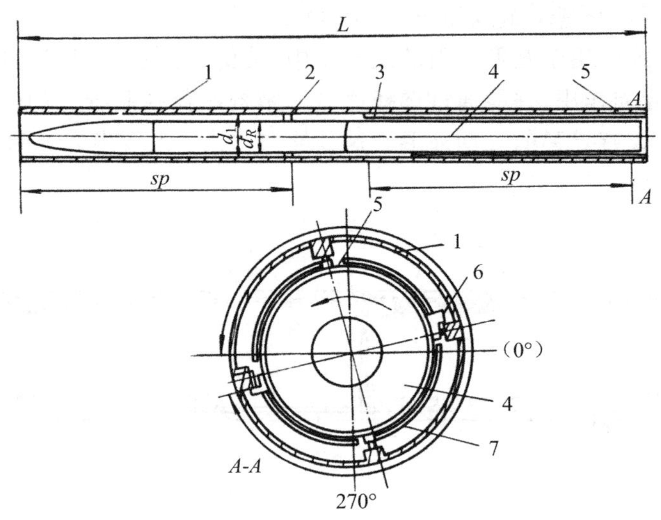

图 2－14　混合式贮运发射箱

1—筒体；2—前适配器；3—后导轨；4—导弹；5—滑块；6—闭锁挡弹器

第三节　瞄准机构

瞄准机构是导弹发射装置的核心部件，用来调整导弹的初始射角。瞄准机构一般由高低机和方向机组成的瞄准机、耳轴装置、回转支撑装置和平衡机组成。

高低机是定向器俯仰运动的传动系统，在随动系统控制下实现定向器在高低射界内的瞄准运动；方向机是回转部分方位回转运动的传动系统，在随动系统控制下实现回转部分在方位射界内的瞄准运动；耳轴装置是高低俯仰运动的转动轴，用以支承定向器实现高低俯仰运动；回转装置是高低机、方向机、定向器、平衡机等各种机械设备以及各种电气设备的安装载体以及方位回转运动的回转体，用以安装各种设备并带着定向器方位回转；支撑装置是方位回转运动的支承座，其与回转装置之间有方位回转轴，用以支承回转部分实现方位回转运动；平衡机是高低机的卸荷元件，用以平衡定向器和导弹在不同射角上的重力矩，减轻高低机的负载，使瞄准轻便及操作省力。

一、瞄准机

瞄准机用来使导弹在起飞时处于所要求的空间角度。这个空间角度由高低角和方向角(也称方位角)组成，赋予发射装置高低角的瞄准机称为高低机；赋予发射装置方向角的瞄准机称为方向机。

导弹发射装置的瞄准机是一套在随动系统控制下工作的机械传动系统，除了具有一般机械传动系统必备的动力装置、联接装置、减速装置、制动装置等传动环节外，由于工作目的和工作环境的特殊性，还有一些特别的组成和要求。瞄准机一般由动力装置、联轴装置、转换装置、减速装置、安全保险装置、反馈测量装置等组成，其功能联系如图 2-15 所示。

安全保险装置用来保证各种工况下传动的安全性，因为瞄准机传动对象的特殊性，安全保险装置在瞄准机中尤其重要，这也是发射装置的瞄准机传动系统与一般机械传动系统最大的不同之处。

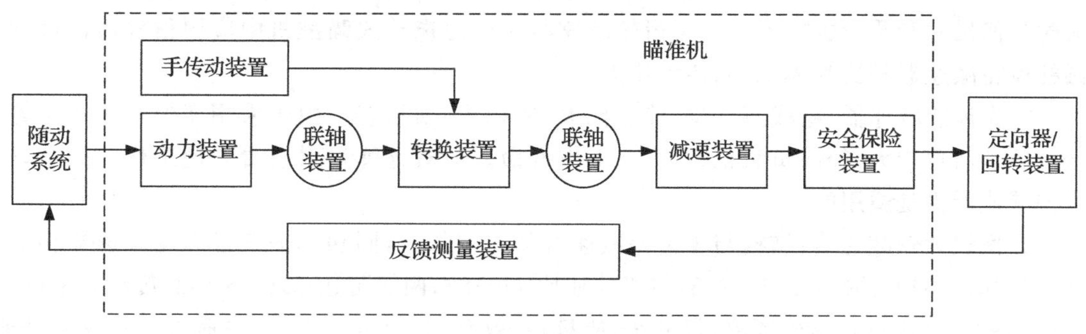

图 2-15 瞄准机的一般组成框图

1. 动力装置

动力装置用来给瞄准机提供动力源，一般有以下 3 种形式：

1）手动传动：是指由人力操纵的瞄准机，可用于定角发射的发射装置上，其优点是结构简单、重量轻。地空导弹发射装置的瞄准机常采用手动传动作为电力拖动或液压拖动的辅助传动方式，满足训练需求，或在电力传动系统发生故障时应急使用。

2）电力拖动：是采用一套电机设备，驱动一套机械减速装置来实现瞄准运动。其特点是瞄准速度高、调速范围大、传动平稳、布置方便，但结构复杂、维修不便、质量大、成本高。

3）液压拖动：是以液体为工作介质，通过能量的传递和控制实现瞄准运动，有承载能力大、结构紧凑、质量较小、便于大范围无级调速等优点，但在高压下系统密封困难、易泄漏、传动件的加工精度要求高。所以当传动所需功率较大或瞄准速度较高时宜采用电力拖动，当负载大而瞄准速度低时宜采用液压拖动。

2. 联轴装置

联轴装置用来将执行电机（或液压马达）轴与传动系统的输入轴（高速轴）连接在一起，或将两个齿轮变速箱的输出输入轴连接在一起。由于装配时很难将两轴中心对准，使两轴中心线在一条直线上，一般都有小的偏移和夹角。为了防止运转时产生振动或卡滞，要求采用可移性联轴器。常用的有弹性圈柱销联轴器、星形弹性件联轴器和十字滑块联轴器等。

3. 转换装置

转换装置用来完成手动和电动的转换，并具有互锁功能，用来保证电动时不能手动，手动时则不能电动。转换装置一般以离合器形式出现，通过拨叉杠杆来操纵，转换后将杠杆固定。常用行程开关来保证手传动系统接通时断开电机的启动电路。

4. 减速装置

减速装置是瞄准机的主要减速部件，有以下几种类型：

1)蜗轮蜗杆减速器：是高低机常用的一种型式，其优点是传速比比较大、结构简单而且较紧凑，一般采用单头圆柱蜗杆，传速比最大值一般为 30 左右。当蜗杆导角较小时有自锁性，在传动系统中就不需另外设置制动器，其缺点是传动效率低，在有自锁的条件下传动效率不大于 50%。

2)多级圆柱齿轮减速器：结构简单、加工装配较容易、成本也较低，其缺点是在传速比较大时几何尺寸和质量也较大。行星齿轮减速器在电力拖动式瞄准机中应用很普遍，与多级圆柱齿轮减速器相比其体积小、传动比大。

3)少齿差减速器：组成零件少、传速比大、体积小、质量轻。由于采用变位渐开线齿轮，变位后啮后角增大，径向负载也大，影响工作寿命。但对导弹发射装置来说工作时间短，少齿差减速器仍是适用的。

4)摆线针轮减速器：结构与少齿差减速器基本相似，与同功率的普通齿轮减速器相比，其质量和体积均可减少 1/2～2/3；单级传速比 11～87，两级可达 121～5 133；传动效率可达 0.9～0.97。其优点是结构紧凑、尺寸小、质量轻、效率高、承载能力大、寿命长。其缺点是加工困难、精度要求高、散热条件较差。

5)谐波齿轮减速器：是通过柔轮材料所产生的弹性变形，从而使柔轮与刚轮齿相互啮合来实现传动。其优点是组成零件少、结构简单、体积小、质量轻、传速比范围大，一般单级传动比可达 75～500，双级传动比可大大增加；啮合齿数较多，承载能力较大；传动精度比普通齿轮可提高 4 倍左右，运动平稳而无冲击，齿侧间隙可调，甚至可以获得零侧隙的啮合运动；传动效率高。其缺点是加工和装配工艺较复杂。

5. 执行机构

执行机构是瞄准机和被控对象之间的机械连接形式，如图 2－16 所示，有以下 3 种形式。

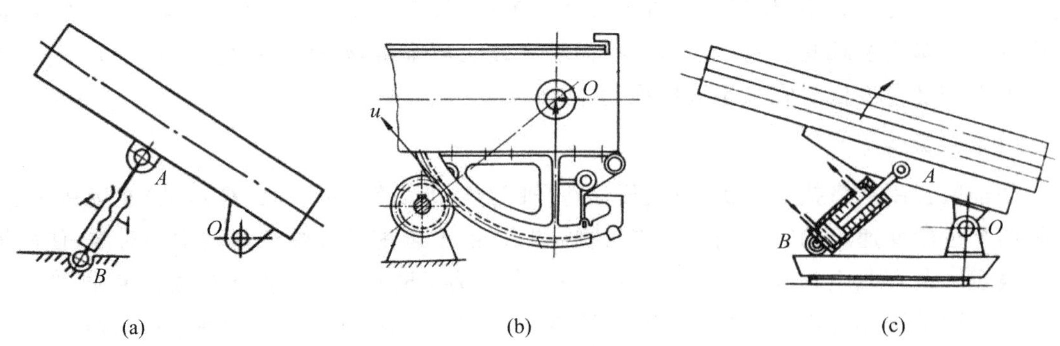

图 2－16 高低机执行机构

(a)螺杆式高低机；(b)齿弧式高低机；(c)液压作动筒式高低机

1)螺杆式。螺杆式瞄准机的特点是结构简单、工作可靠、传动平稳、加工制造容易、成本低、有自锁性，但刚性较差、对反传动有自锁作用时传动效率低、运动副间磨损严重、运动精度降低很快，适用于瞄准角度范围小和瞄准速度低的发射装置的高低机。

2)齿弧(齿圈)式。当要求瞄准角度范围较大和瞄准速度较高时一般都采用齿弧式高低机，方向机一般采用齿圈式以满足周向 360°的回转工作要求。齿弧(齿圈)式瞄准机的优点是瞄准速度较高、射界较大、传动效率较高、传动平稳、机械可靠性较好，因此在良好的使用条件下寿命较长；其缺点是构造复杂、制造成本高、安装调整困难、外廓尺寸大、布置不太方便、抗冲击性能较差。

3)液压作动筒式。液压作动筒是液压拖动式高低机的执行机构，结构简单、承载能力大，其缺点是易泄漏、加工精度要求高。

6. 安全保险装置

安全保险装置用来保证各种工况下传动的安全性，因为瞄准机传动对象的特殊性，安全保险装置在瞄准机中尤其重要。安全保险装置有以下几种部件：

1)制动器：保证传动部分确定停止在瞄准后的位置上，防止意外的外力矩作用引起转动部分自行转动。制动器的形式有自锁蜗轮传动制动器、摩擦式制动器、带式制动器等。

2)过载离合器：是瞄准机传动系统中的一个过载保险环节，当发生卡滞或电机负载超过允许值时过载离合器产生滑动，这样既保证电机不被烧毁，又能防止各传动件不受损伤。过载离合器通常有单片和多片摩擦式两种。多片组合式过载离合器的尺寸较小，但结构较复杂。

3)制动缓冲器：常设置在高低机传动系统中，无论是自锁或用制动器制动都应有缓冲机构，以减少惯性冲击载荷，保护传动系统的传动精度，也防止损坏传动件。制动缓冲器的形式有弹簧式和摩擦式两种。

4)自动断路器：在高低瞄准达极限角时自动将执行电机电路切断，防止发生撞击，以保护传动系统的安全。自动断路可通过杠杆机构和行程开关来完成。

5)速度限制器：用来限制起落部分最大转速，即在起落部分转速超过允许值时速度限制器自动使传动系统减速，以免在制动时产生更大的惯性过载。起落部分转速可能有两种情况超过允许值，一种情况是当从大角度向小角度瞄准时由于受起落部分重量力矩的作用转速迅速增大，另一种情况是制动器失效时传动系统突然断电，起落部分向下转速也迅速增加，另外在调转时也可能出现转速过大的现象。速度限制器通常是利用离心力带动摩擦盘移动后进行摩擦实现限速。

6)极限角缓冲器：用在高低机传动系统中，高低极限角位置可设三道保险机构。第一道是射角限制器，定向器运动至射角限制器安装角度时自动转换电路，使其反向从而实现制动。第二道是自动断路器，如果第一道失灵，定向器运动到机械极限角位置时自动断开电路，制动器工作。第三道是极限角缓冲器，是在最恶劣的情况下工作的，即第二道保险机构也失效的情况下，定向器以一定的速度撞到极限角缓冲器上，此时要求缓冲器能吸收动能，防止撞击时导弹过载过大。

7. 反馈测量装置

反馈测量装置通过齿轮传动将发射装置的速度和位置信息进行采集，反馈至随动系统。

瞄准机的机械传动链一般可分为三部分：一是电机驱动定向器高低运动或驱动回转装置的方位运动的传动链，其传动比应在控制系统控制下，满足自动跟踪的瞄准速度要求，是主传动链；二是定向器或回转装置到控制系统的反馈测量传动链，作测量反馈用；三是手传动的传动链，供训练、维修保养时使用。

例如，某导弹发射装置方向机的主减速器为行星减速器，由减速器、方向齿轮、执行电机、受信仪、联轴器、带式制动器和手传动系统等组成，其传动系统如图 2－17 所示。

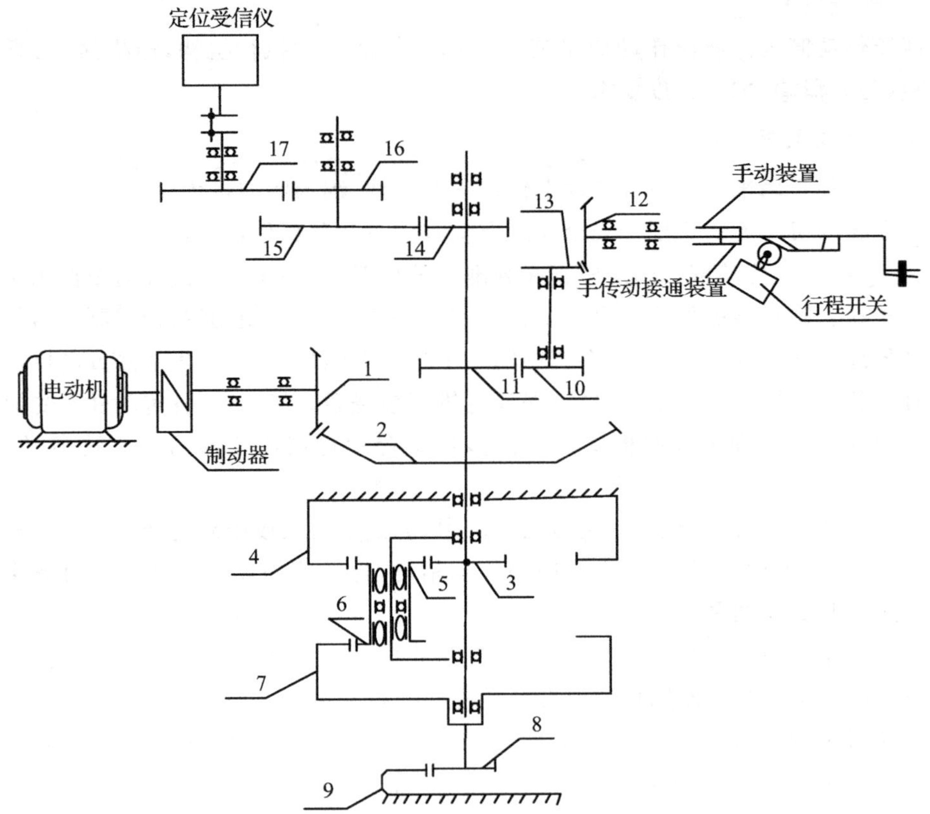

图 2－17　行星减速器方向机传动系统简图

1，2，…，17—齿轮编号

电力随动系统的传动比 i_a 由三级减速器所组成，即

$$i_a = i_1 i_2 i_3 = \frac{Z_2}{Z_1} \cdot \frac{1+\dfrac{Z_4}{Z_3}}{1-\dfrac{Z_4 Z_6}{Z_5 Z_7}} \cdot \frac{Z_9}{Z_8} = \frac{68}{16} \times \frac{1+\dfrac{84}{18}}{1-\dfrac{84\times 30}{33\times 81}} \times \frac{161}{14} = 4\ 838.625 \tag{2-1}$$

手传动比

$$i_b = i_5 i_6 i_2 i_3 = \frac{20}{20} \times \frac{52}{20} \times 99 \times \frac{161}{14} = 2\ 960.1 \tag{2-2}$$

受信仪传速系统传速比在已知受信仪的传速比 $i_9 = 120$ 时，有

$$i_c = i_7 i_8 i_9 i_1 = \frac{69}{20} \times \frac{55}{20} \times 120 \times \frac{68}{16} = 4\ 838.625 \tag{2-3}$$

可以看出 $i_c = i_a$，即受信仪方向分划盘上的指针与导弹方向转动是同步的。在使用前，使两者进行协调都指向一个方向。此时其指针所指的方向，就是导弹所指的方向。瞄准精度≤5 mil，跟踪瞄准速度为 0.5°/s，最大速度为 3.5°/s，其方向瞄准极限角为±174°。

图 2－18 所示为液压随动齿弧式高低机的传动系统，采用少齿差减速器。

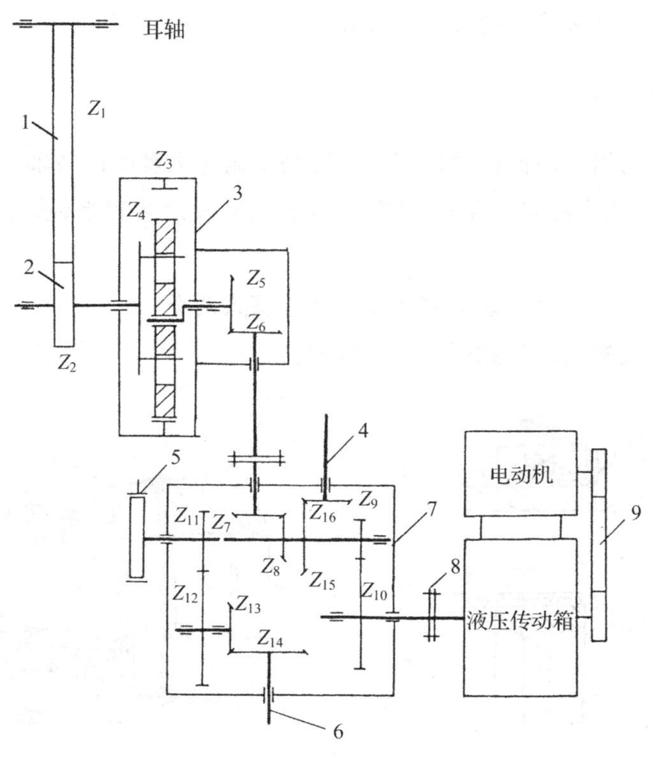

图 2－18 液压随动齿弧式高低机(少齿差减速器)

1—高低齿弧；2—高低齿轮；3—少齿差减速器；4—手传动轴；5—制动器；
6—受信仪轴；7—变速箱；8—联轴器；9—传动链条

图 2－18 中的齿弧式高低机也是由三条传动线组成。主传动线除高低齿弧和高低齿轮外还有两对锥齿轮(Z_7、Z_8、Z_5、Z_6)和一对直齿轮(Z_9、Z_{10})。两对锥齿轮只用以改变传动方向，其中 Z_7 和 Z_8 的传速比为 1。另外，有两个联轴器和一个制动器。直齿轮 Z_{10} 轴通过联轴器 8 与液压传动箱中液压马达相连接，主传动在液压随动系统操纵下进行跟踪瞄准。

机械反馈传动线由两对直齿轮(Z_9、Z_{10}、Z_{11}、Z_{12})、锥齿轮(Z_{13}、Z_{14})和受信仪中齿轮减速器组成。受信仪输出轴与轴 6 相连接，此传动线的传速比与主传动线传速比相等。

手传动线是由传动轴 4 带动高低齿弧传动，即由锥齿轮 Z_{16} 带动 Z_{15}，Z_8，…，Z_1。

各传动线齿轮的齿数如下：

$$Z_1 = 172、Z_2 = 30；Z_3 = 102、Z_4 = 100；$$

$$Z_5 = 24、Z_6 = 36；Z_7 = Z_8 = 22；$$

$$Z_9 = 20、Z_{10} = 60；Z_{11} = 30、Z_{12} = 60；$$

$$Z_{13} = 20、Z_{14} = 83；Z_{15} = 83、Z_{16} = 20。$$

少齿差减速器的传速比可按下式计算，即

$$i_2=\frac{Z_4}{Z_3-Z_4} \tag{2-4}$$

式中：i_2 为少齿差减速器的传速比；Z_3 为外齿圈齿数；Z_4 为内齿轮齿数。

传动系统中少齿差减速器的 $Z_3=102$，$Z_4=100$，则 $i_2=50$。

二、耳轴装置

耳轴装置是定向器在高低机的作用下进行高低俯仰运动的回转轴。对于单联装发射装置来说，耳轴装置一般直接安装在发射臂上，对多联装发射装置来说，耳轴装置通常安装在定向器的联装架上。

耳轴的结构形式可分为滑动摩擦式和滚动摩擦式两类。

几种典型耳轴装置的结构如图 2-19 所示。

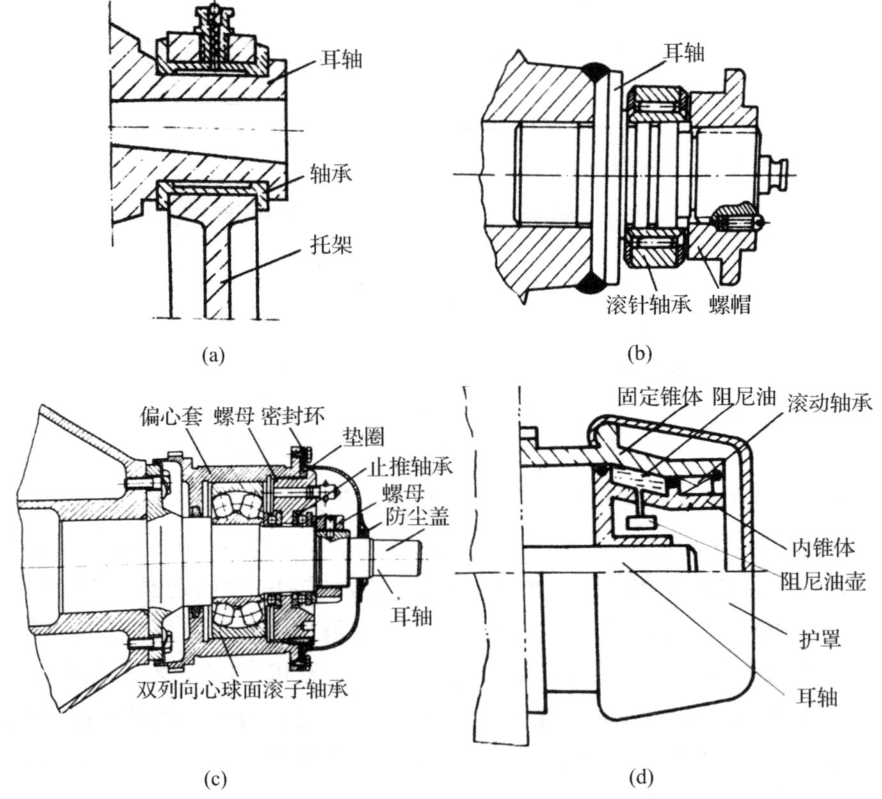

图 2-19　耳轴的典型结构

(a)滑动摩擦式耳轴；(b)滚针轴承式耳轴；(c)可调滚动式耳轴；(d)带阻尼器的滚动式耳轴

图 2-19(a)为滑动摩擦式耳轴。这种耳轴结构简单，但摩擦阻力较大，为了减少滑动式耳轴的摩擦阻力，应加润滑油润滑，多用于低速手动式瞄准的发射装置上。

图 2－19(b)为滚针轴承式耳轴。其优点是滚针轴承转动灵活、消耗功率小,其缺点是不能承受轴向载荷。

图 2－19(c)为可调滚动式耳轴。其由耳轴、径向轴承、轴向止推轴承、偏心套和螺母等所组成,可承受径向和轴向载荷,同时又转动灵活。偏心套的作用是使耳轴的中心线在上下方向可以微调。其目的是保证高低机主齿轮与高低齿弧之间的啮合性能。装配时应保证定向器中心线对准托架中心线(纵向),由于偏心套在托架支承座上不能轴向移动,所以可采用调整和修锉垫圈的厚度使耳轴左右移动,以使两中心线相重合,实际装配时可根据调整好后测量的结果来确定垫圈的厚度。另外可通过螺母来调节耳轴的轴向松动量。

图 2－19(d)为带有黏性摩擦阻尼器的滚动式耳轴。阻尼器是两个金属锥体结构,其间留有一定的间隙,并充有黏性流体。当固定在耳轴上的锥体相对另一锥体转动时,流体之间形成剪切阻力矩,此剪切力矩的大小是高低转动速度的函数。速度越大阻尼力矩也越大,这样一来,可使高低回转速度不至于产生突变。

三、回转支撑装置

回转支撑装置在倾斜发射装置中要求方位角可调时采用。它是倾斜发射装置完成方向瞄准运动的回转轴和主要承力、传力部件。对于垂直发射装置来说,其方位角由运载体决定,因此,不设方位瞄准机构,也就不需要设置回转装置。

在倾斜变角式导弹发射装置中,要求在较大范围内自动跟踪瞄准目标进行攻击,因此发射装置设置了回转部分。为了支承回转部分并与发射装置瞄准机构中的方向机配合,赋予发射装置回转部分在水平面内的角度转动,实现预定方向射角的要求,在回转部分和运载体之间装有支承装置。方向机的大部分组件安装在回转部分上,其余部分则安装在支撑装置上。回转部分常称为托架,支撑装置常称为座架。

发射装置的高低机、定向器等其他装置均安装在回转部分上随其做方位回转运动,回转部分固定在回转座圈上,而回转支撑装置的固定座圈则与运载体固连。在回转时固定座圈与回转座圈之间的摩擦力矩即为方向瞄准的载荷。回转部分与支撑装置的连接件应能承受回转部分所受的作用力,即能承受垂直力、水平力和翻倒力矩的作用。

当瞄准范围较大或圆周瞄准且载荷较大时,托架与座架之间则采用滚动支承座连接,滚动支承座直径大,一般是非标准件,实质上是一个特殊大型止推轴承。

滚动支承座按承载性质可分为简单式、半万能式、万能式等 3 种形式。

(1)简单式滚动支承座

简单式滚动支承座如图 2－20 所示。其工作特点是受力单纯,水平力由立轴承受,垂直力由止推轴承承受,翻倒力矩则由防撬钣承受,滚珠在上、下座圈滚道上滚动。防撬钣与座架之间有一小间隙,在翻倒力矩作用下间隙消失,在跟踪瞄准时防撬钣与座架之间将产生摩擦阻力。

简单式滚动支承座的优点是承载能力大,易于制造。其缺点是结构较复杂,由于防撬钣不是均匀分布，在各方向承受翻倒力矩的能力是不相同的。

(2)半万能式滚动支承座

半万能式滚动支承座如图 2－21 所示。半万能式滚动支承座的工作特点是只能承受水平和垂直两个方向的载荷，翻倒力矩则由防撬钣来承受，或者能同时承受垂直力和翻倒力矩，而水平力由立轴来承受。

半万能式滚动支承座的优点是承载能力大，摩擦力矩小，方向机跟踪瞄准轻便。对图 2－21(b)所示的结构来说，因没有滑动摩擦阻力，更适用于连续跟踪的发射装置，其缺点是结构比较复杂。

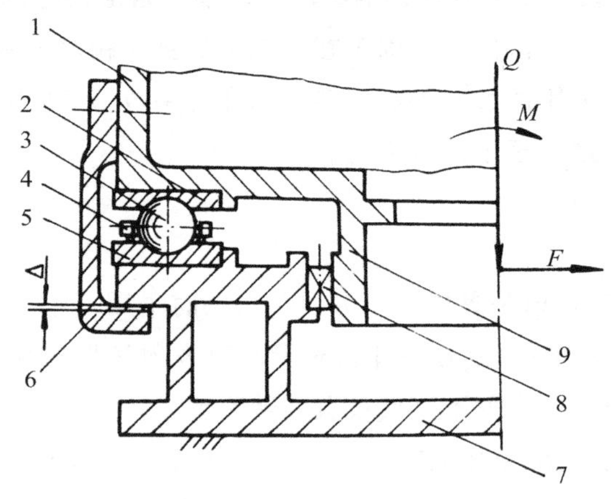

图 2－20　简单式滚动支承座简图

1—托架；2—上座圈；3—滚珠；4—隔栏；5—下座圈；6—防撬板；7—座架；8—滚珠轴承；9—立轴

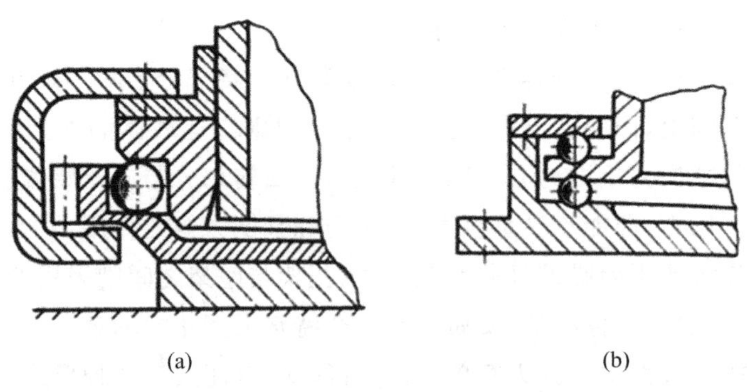

图 2－21　半万能式滚动支承座简图

(a) 单排滚珠；(b)双排滚珠

(3)万能式滚动支承座

万能式滚动支承座如图 2－22 所示。其特点是由一排滚珠(或滚柱)同时承受垂直力、水平力和翻倒力矩，不需另外设置防撬钣和立轴。其结构简单，但受力复杂；摩擦阻力矩较大，对工艺要求较高。

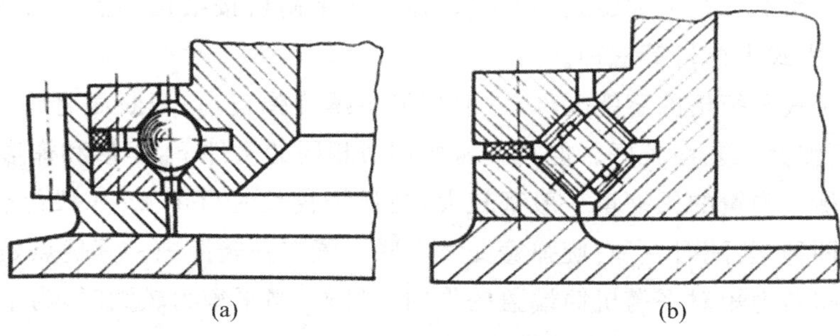

图 2-22　万能式滚动支承座简图

(a)滚珠式;(b)双排滚子式

四、平衡机

对于倾斜发射装置来说,定向器通过耳轴装置安装在托架上,并在高低机的驱动下做高低俯仰运动,以使导弹处于所需要的高低角位置上。在发射装置总体设计时,为防止燃气流在最大射角时通过地面的反射影响导弹的正常起动,必须使导弹尾部距地面保持一定距离。因此,耳轴的位置常常远离起落部分的重心,这样就使带弹的定向器成为了一个以耳轴为支点的悬臂梁,其重量对耳轴产生了一个重量力矩。

如果不做任何处理,该重量力矩就是瞄准过程中高低机的主要负载。若高低机为液压传动或气压传动的形式,负载的大小和变化对运动的平稳性都不会有太大的影响;若高低机为齿轮传动或蜗轮蜗杆传动等机械传动形式,则负载过大会造成高低机功率的增加,而负载的变化对高低机传动系统的影响也很大,不仅影响瞄准运动的平稳性,也会影响传动系统的寿命。

为了减小上述影响,可采取如下方法:

(1)减小重力矩

要减小重力矩,可移动耳轴的位置,即缩短导弹和定向器的重心到耳轴中心的距离。但由前述可知,耳轴位置受发射装置总体布置的限制,此方法的效果有限。

(2)施加一反向力矩

此方法的思想是对耳轴施加一个反向力矩,使合力矩减小,从而减小高低机的负载,这种方法简单有效,经常被采用。

平衡机就是采用第二种方法而设置的,用来产生一个平衡力矩,以减小高低机的负载,且使负载的变化尽可能小,以提高瞄准过程的平稳性。

平衡机的类型按蓄能方式可分为气体式平衡机和弹簧式平衡机两种。

气体式平衡机是由被压缩的气体产生平衡力矩的平衡装置,其特点是体积小、质量相对较轻,但其平衡性能不稳定,气温对它影响较大,维护麻烦。另外,当气体压力较高时则不易密封,因此,气体式平衡机在地空导弹发射装置中很少使用。

弹簧式平衡机是由弹性元件的变形产生平衡力的平衡装置,根据弹性元件的不同可分为螺旋弹簧式平衡机和扭力弹簧式平衡机。弹簧式平衡机按结构特点可分为拉式平衡机、推式平衡机、扭力式平衡机等三种。

弹簧是弹簧式平衡机的蓄能元件，一般都采用螺旋弹簧，弹簧断面有圆形、矩形和梯形三种，圆形断面弹簧工艺性较好。但在弹簧作用力相同的条件下，矩形和梯形断面弹簧结构尺寸较小。平衡机弹簧的压缩量一般都较大，当弹簧较长时可由 2～4 段组合，并把弹簧分为左旋和右旋两种，装配时左、右旋弹簧交替串联放置在弹簧筒内。其优点是当弹簧被压缩时可减少弹簧扭转力矩对平衡机筒端盖的作用。另外，当平衡力较大时，为了减小平衡机的结构尺寸，可做成一对并列安装在回转支承装置上。

弹簧式平衡机结构简单，不受环境温度变化的影响，维护方便，在实际中应用较多，但当平衡力矩较大时其结构质量大。图 2－23 所示为拉式和推式弹簧平衡机。

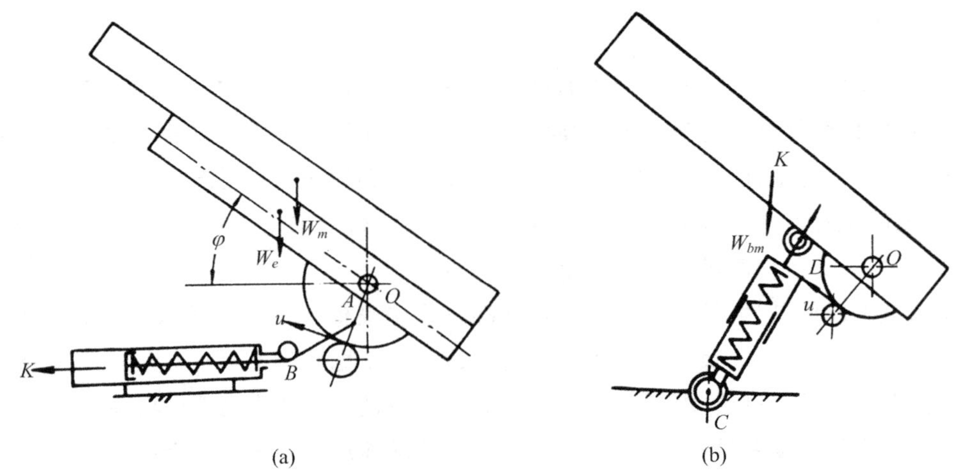

图 2－23　弹簧式平衡机简图

(a)拉式弹簧平衡机；(b)推式弹簧平衡机

推式平衡机结构简单，布置容易，但配置位置较暴露，易受损伤，一般适用在最大射角小于 60°的发射装置上。拉式平衡机配置较隐蔽，结构紧凑，对燃气流的防护性较好，但不易布置，一般用于射角大于 60°的发射装置上。

扭力弹簧式平衡机也常称为扭杆平衡机，是利用扭转杆件的弹性作为平衡机的弹性元件的。扭杆扭矩与扭角大小和扭转刚度成正比，与扭杆长度成反比。当扭杆尺寸和材料确定时，扭矩的大小随扭角的大小而改变。扭杆平衡机的工作原理就是将扭杆的扭矩通过传动件转化为平衡力矩。这个平衡力矩的大小随定向器高低角的变化而变化，以减少高低机工作时所承受的负载。

扭杆平衡机如图 2－24 所示，主要由扭杆和传动件组成。扭杆的一端固定在回转装置上，另一端可转动并装有传动件，传动件作用在起落部分耳轴的前方。作用力的方向向上，其大小取决于扭矩和扭力臂的长度。

扭杆平衡机扭杆的扭力通过传动机构作用在定向器上，把扭矩转化为平衡力矩。其传动机构类型如图 2－25 所示，有轴位扭杆式、齿弧对式、四连杆式和凸轮摆杆式等四种类型。

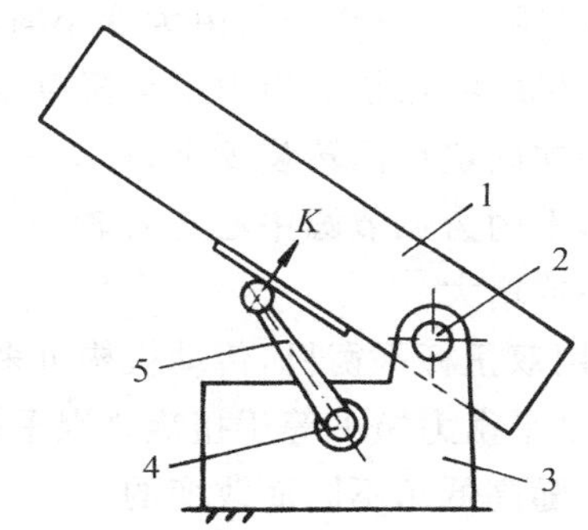

图 2-24　扭杆平衡机简图

1—定向器；2—耳轴；3—托架；4—扭杆；5—传动件

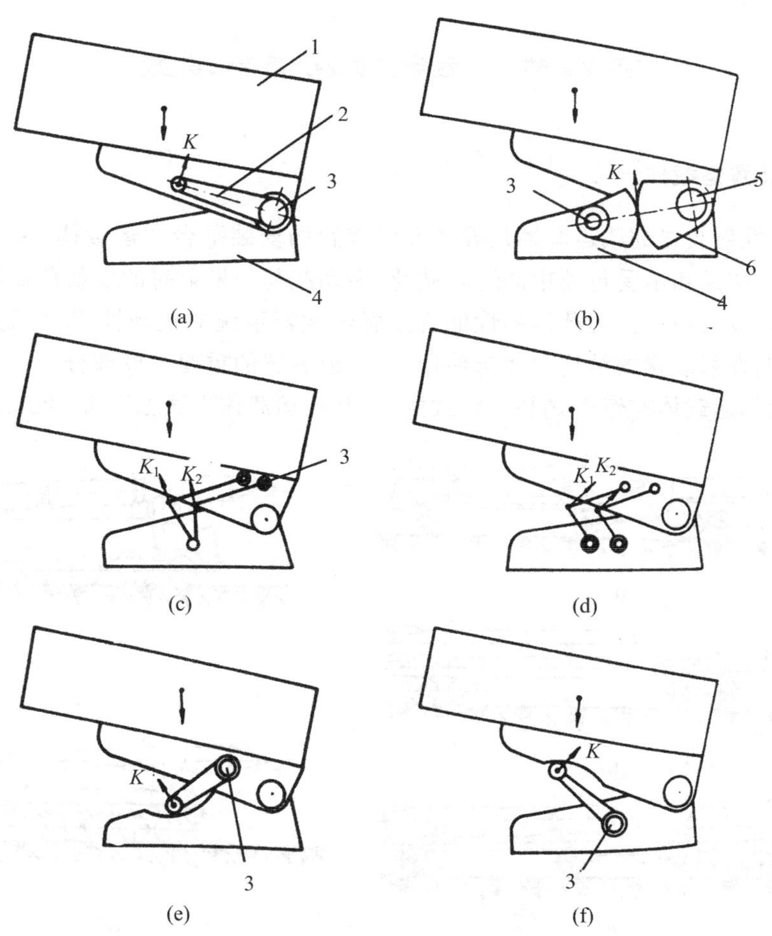

图 2-25　扭杆平衡机传动类型

(a)轴位扭杆式；(b)齿弧对式；(c)四连杆式 1；(d)四连杆式 2；(e)凸轮摆杆式 1；(f)凸轮摆杆传动机构 2

1—定向器；2—扭力臂；3—扭杆；4—回转装置；5—耳轴；6—齿弧

轴位扭杆式平衡机的扭杆轴线与耳轴中心线同位，扭杆的一端与回转装置固定连接，而另一端则通过传动件作用在定向器上。当高低角由大变小时扭矩增大，平衡力矩也相应增加；反之则减小。轴位扭杆平衡机的特点是平衡力矩与扭矩相等，结构简单紧凑。

齿弧对式平衡机，扭杆的一端固定在回转装置上，而另一端装有传动齿弧，并与固定在定向器上的齿弧相啮合，定向器上的齿弧节圆中心与耳轴中心相重合。当定向器的高低角增大或减小时，扭矩则随之减小或增大。

当所需扭力矩较大时可采用双扭杆平衡机，传动机构可采用四连杆式。

凸轮摆杆式平衡机的特点是平衡力矩不等于扭矩。因平衡力臂长度不等于扭力臂的长度，扭力臂对定向器的作用点是随高低角不同而改变的。

与螺旋弹簧式平衡机相比，扭力式平衡机的优点是配置容易、结构紧凑、防护性能好、制造成本低、拆装简单，其缺点是采用双平衡机时实现对称配置困难，另外对扭杆的热处理工艺要求较高，对扭筒的加工精度要求也较高。

第四节　运载体及调平装置

一、发射装置运载体

地空导弹发射装置的载运车辆是导弹发射装置的安装平台和运载体，用于承担发射装置的全部质量，传递和承受行驶中的综合载荷、振动载荷和发射时的发射载荷与燃气流的冲击，保持发射装置的稳定。运载体的性能直接影响武器系统的机动性、生存能力、战斗能力和经济性，影响发射装置的结构形式与使用，是发射装置的重要组成部分。

发射装置的运载体有牵引式和自行式两种，常见运载体形式如图 2－26 所示。

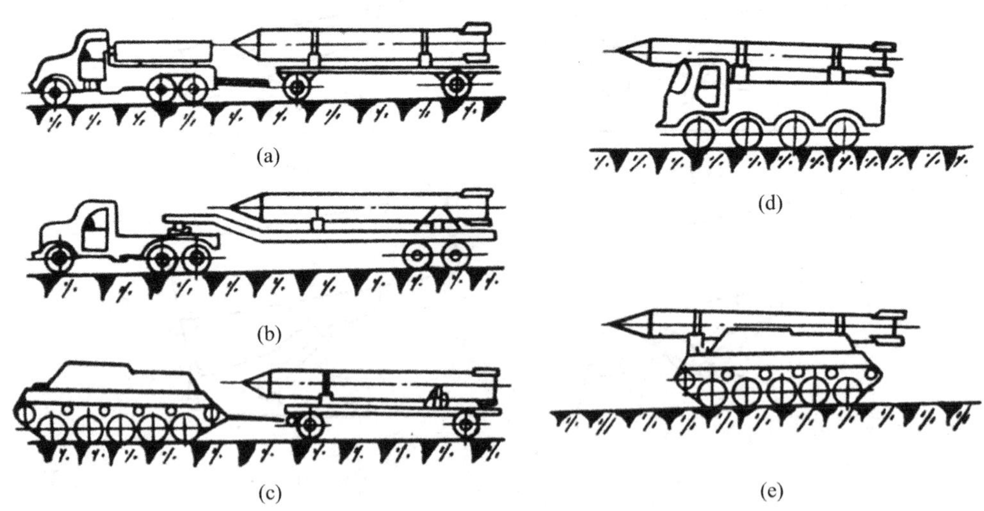

图 2－26　常见运载体类型

(a)牵引式拖车 1；(b)牵引式半拖车；(c)牵引式拖车 2；(d)轮式车；(e)履带车

牵引式按与牵引车的连接方式可分为拖车和半拖车：拖车通过牵引杆与牵引车铰接，牵引车不承受发射装置和导弹的质量；半拖车通过牵引车上的鞍形座与半拖车车架上的专用支承联接，牵引车承受发射装置和导弹的部分质量。自行式按行走机构分为轮式车和履带车。

同一型号的导弹发射装置可以选用多种类型的运载体以适应不同地形的使用要求。同一种载体也可装备不同类型的导弹发射装置，以适应攻击不同目标的需要。

1.牵引式拖车

牵引式拖车底盘在早期的地空导弹发射装置中经常采用，现代的中高空、中远程地空导弹发射装置由于体积和质量较大，也有采用。如苏联的SA-2采用了全拖车，美国的爱国者采用了半拖车。

地空导弹发射装置采用牵引式拖车作为运载体，有如下优、缺点：

1)容易满足发射装置的总体布置要求，对发射装置的质量、体积限制较少。

2)可选用汽车标准组件，生产周期短、成本低。

3)承载能力大，行驶和发射时的稳定性较好。

4)对倾斜发射装置的方向调转没有阻碍，方向射界大。

5)转弯半径和通过半径较大，机动性较差。

6)展开撤收工作的操作较多，时间较长。

2.履带车

履带车作为发射装置的运载体也得到了广泛的应用，如苏联的SA-6和SA-13、法国为沙特研制的猎鹰、德法合研的罗兰特等。

地空导弹发射装置采用履带车底盘有如下优、缺点：

1)车体为装甲钢焊接结构，利于防原子、化学、生物武器的污染和燃气流的冲击和烧蚀，防护能力强，野战的生存能力较高。

2)通过性及稳定性好，转向灵活，越野性能好。

3)结构复杂，成本高，维修不方便，寿命短。

4)质量大，振动和噪声大，油耗高。

3.轮式越野车

轮式越野车作为运载车底盘的优、缺点如下：

1)选用现有汽车底盘改装，生产周期短、造价低、承载能力取决于汽车自身的承载量。

2)可选用汽车标准组件，维修性好、寿命长、可靠性好。

3)可充分利用道路行驶，机动性好、速度快、行程远、耗油少。

4)越野性能较履带车差。

5)由于驾驶室的限制及燃气流的影响，方向及高低射角均受到限制。

二、调平装置

导弹发射装置进入发射阵地后，要用适当方式支承于地面，使发射装置由行驶状态转换为战斗状态。发射阵地虽然经过平整，但往往还有一定的坡度，达不到导弹发射所要求的水平精度。如果水平精度达不到要求，则会影响导弹发射装置的射向标定、跟踪瞄准以及导弹发射时弹道的初始精度。因此发射装置必须设置调平装置，通过调平操作，调整发射装置的基准平面与当地水平面平行，或满足水平精度要求。

1.功用

调平装置的功能是在规定的时间内将导弹发射装置的水平精度调整到允许范围，并能保持足够长时间的调平精度，使发射装置处于刚性支撑之下，为导弹的射前标定及发射提供水平基准。

早期地空导弹发射装置的支承部分和调平部分是分开的，如苏联的SA-2通过基座直接坐落在地面上，而调平装置位于基座与座架之间。现代的地空导弹发射装置为了提高机动性，大多采用车载的型式，支承装置和调平系统合而为一，通称调平系统。

2.类型

发射装置中常用的调平装置有多种类型。

1)按支撑调平方式可分为三点支撑调平、四点支撑调平和六点支撑调平三种。载荷大小、外形大小是选择支撑方式的主要考虑因素。一般情况下，较轻载荷选用三点支撑方式；20 t左右的载荷适合选用四点支撑方式；如果负载达数十吨，而且外形尺寸相对较大，为了提高刚度，避免基准平面变形过大导致精度超出允许范围，应选用六点支撑方式。地空导弹发射装置的载荷一般在20 t左右，运载体长度不会超长，且载荷作用点较集中，所以通常采用三点或四点支撑方式。

2)按调平工作方式可分为手动调平和自动调平。其中手动调平又可分为机械手动调平、机械手控调平、液压手动调平和液压手控调平；自动调平又可分为机电自动调平和液压自动调平。各类调平装置原理如图2-27所示。

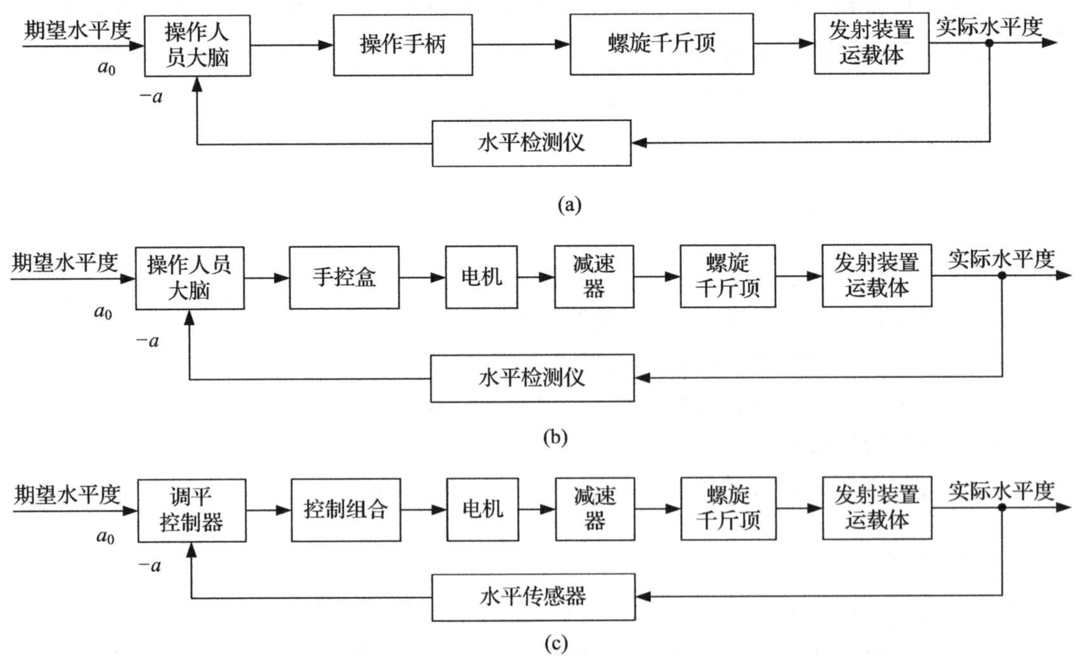

图2-27 各类调平装置原理图

(a)机械手动调平；(b)机械手控调平；(c)机电自动调平

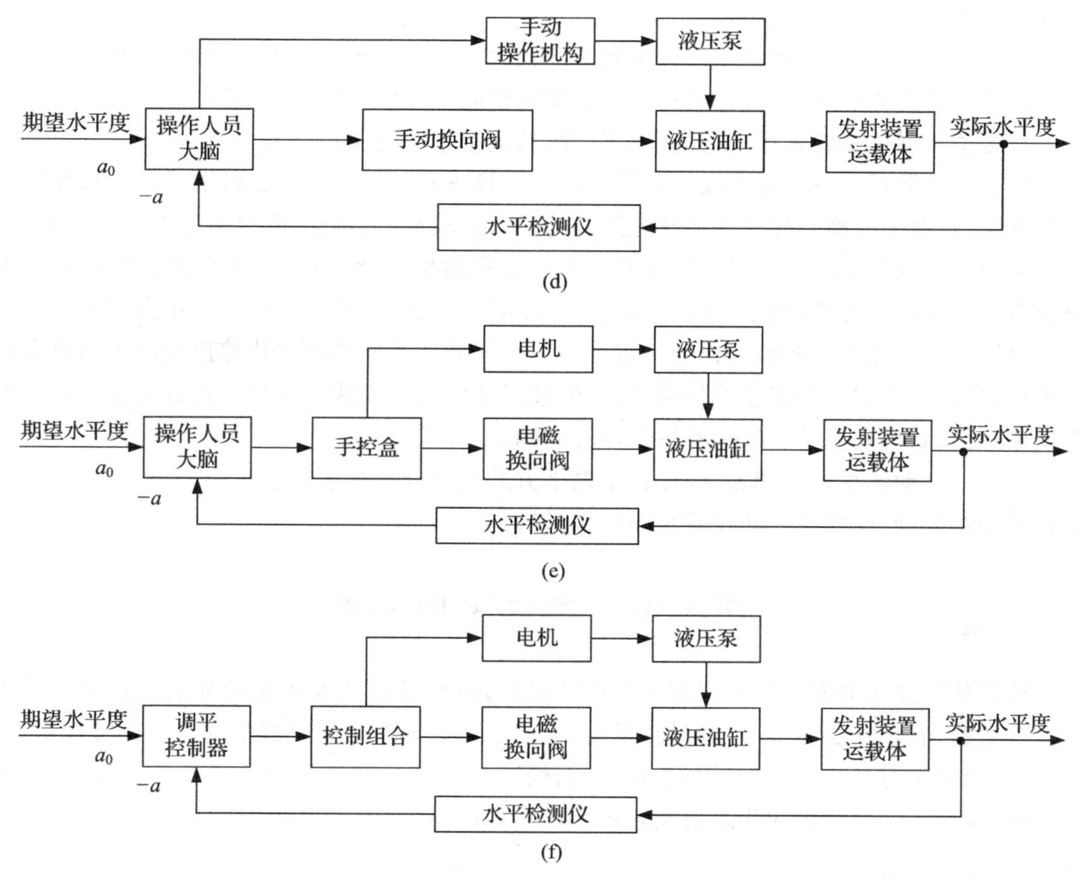

续图 2-27 各类调平装置原理图

(d)液压手动调平;(e)液压手控调平;(f)液压自动调平

机电自动调平由电机、减速器和螺旋千斤顶组成,由于其自身的自锁特性可以使系统在完成调平后长时间保持水平精度,且成本低、稳定性好、适宜在恶劣的环境下工作,维护修理容易。

液压式调平装置主要通过液压油缸实现支腿的伸缩动作,液压传动有便于过载保护,能传递较大的力或力矩,便于大范围无级调速,同等功率下装置体积小、质量轻、惯性小、结构紧凑等特点。

3.关键技术

发射装置手动调平的操作比较复杂、费力、费时,目前应用越来越少,通常只作为自动调平的辅助手段,机电自动调平不适用于大负载,因此快速液压自动调平是应用的主流和未来的发展方向。但快速液压自动调平有一个技术上比较复杂的自动控制问题,主要表现在以下几个方面:

1)被调整的对象通常是轮式或履带式车辆,被调量为一个平面。理论上三点确定一个平面,但工程实践中不能简单地这么处理,还必须考虑被调整对象的具体结构和发射装置总体设计的要求。目前普遍采用四点支撑调平的结构,即通过调整四个支撑点的高低使发射装置达到水平。

2)调平负载比较大,要求执行机构能输出较大的功率。比如发射车的质量约 20 t,采用液压四点支撑的调平方式,执行机构必须选用功率质量比较大的液压油缸。

3)为了实现较高的调平精度,必须选用高精度的水平检测传感器。

4)自动调平系统一般是非线性系统,在设计、校正和理论分析上比较困难。如果设计成线性系统,对水平检测元件及变换放大元件的要求就较高,成本会高,且可靠性有可能较低。例如采用两级电液伺服阀取代三位四通电磁换向阀的情况就是如此,因为伺服阀不但比电磁换向阀的价格高得多,而且对液压油的洁净度要求也很高,使用中故障率也会较高。

5)调平的快速性和系统工作的稳定性是一个矛盾。武器系统对快速反应能力的要求越来越高,这就要求调平的速度要尽可能快,但液压系统的高压快速可能会造成液压冲击和气穴现象,使系统出现振动、噪声、易发故障等问题。

与机电自动调平方式相比,液压自动调平方式在地空导弹发射装置中的应用越来越多,其技术相对复杂,我们将在液压系统中详细讲解。

第五节　定位定向装置

随着侦察技术的发展和武器打击精度的提高,地空导弹武器系统的战场生存能力受到严重的威胁,有依托、固定阵地的导弹发射,已无法适应未来信息化战争的需要。实现机动、任意点、随机发射是提升发射设备生存能力、快速反应能力的重要途径。为此,发射装置自主定位、定向和导航技术成为发射技术的一项重要内容。

一、定位技术

定位技术用于确定导弹发射点的大地坐标(经纬高),是实现机动无依托发射的关键技术之一,且定位精度直接影响导弹的命中精度。

目前,国内外定位技术主要有卫星定位、惯性定位、无线测量定位、地理信息定位及组合定位等。

1.卫星定位

卫星定位具有定位精度高、设备简单、操作方便、成本低等特点。目前卫星定位有美国的 GPS、俄罗斯的 GLONASS 和正在建设中的欧洲的伽利略系统及中国的北斗系统。卫星定位受电磁干扰及其他因素制约,在军事领域的应用受到一定程度的限制。

2.惯性定位

惯性定位系统是由惯性平台、计算机、控制显示器和车载电源等组成的车载定位导航系统。惯性定位系统的一般工作原理为:首先对平台系统通电加温,20～40 min 后,启动平台,当达到规定温度后,平台自动调平。利用平台上的陀螺水平轴与北向对准,用 5～10 min 的时间对平台进行测漂和补偿。补偿结束后,平台进入导航状态。从一个已知坐标点出发,每隔一个时间周期停车进行零速修正。零速修正的基本原理是:停车时,车速为零,计算机输出的导航速度也应为零,如不为零便是零速误差,以零速误差为观测量,应用相应的计算方法进行补偿。

惯性定位的显著特点是不受外界因素的影响，实现全自主定位，这对于实现机动无依托发射导弹至关重要。但其结构复杂，成本高，定位精度随车辆行驶时间（或距离）的增大而降低，需进行零速修正，给使用带来了不便。

3.无线测量定位

无线测量定位依据电磁波的恒定传播速率和路径可测性原理。无线电导航技术在航海和航空领域应用广泛，但由于无线信号容易受到地面障碍物的干扰，产生信号衰减和多径误差，导致定位失效或精度下降，在车载导航系统中应用很少。

4.地理信息定位

在公路上适宜导弹发射的地段上，通过平时大地测量的手段，预先测量出若干个发射坐标点，并设立标志提供战时使用。标志点可以专门设立，并标于电子地图上。这种定位方法成本低，平时用 GPS 测量速度也很快，精度比卫星、惯性定位高。平时一般也不需要进行专门管理和维护，这种方法适用于预选点发射。

5.组合定位

为提高定位系统的实用性和降低装备成本，卫星定位和惯性定位组合加高精度电子地图校正的组合式定位，已成为一条有效的技术途径。

将 GPS、GLONASS、北斗相结合使可视卫星数目增多，提高了系统的有效性、完整性和精度。利用惯性导航部件（INU）组成的航位推算系统，保证卫星信号丢失时车辆位置输出，利用地图匹配技术进一步提高定位精度。

地图匹配是一个伪定位系统，它必须和其他传感器组合在一起才能构成一个完整的车辆定位系统。正常地图匹配的前提是车辆行驶的道路存在于数字地图数据库中，车辆行驶受到数字地图库内道路网络的约束。地图匹配技术是利用数字地图数据库中的精确数据，修正传感器采集的车辆位置信息中的误差，从而得到精确的车辆位置信息。

在未来一段时间内，组合定位系统将得到倡导和发展。预先测量并埋设有感应器件的坐标点，发射车接近地标点时，定位系统扫描到地标点内的感应器件，通过修正信息数据库自动进行点位修正，是组合定位系统提高定位精度的一种有效方法。

6.基于航迹推算的惯性定位系统

基于航迹推算的惯性定位系统是应用比较多的惯性定位系统，这主要是因为它的技术比较成熟、价格较别的定位系统便宜、定位精度适中等。

基于航迹推算的惯性定位系统一般由寻北仪、方位保持仪、里程计、高程计和导航显示控制器等组成。其组成框图如图 2－28 所示。

寻北仪在车辆静止时完成寻北，得到载车与真北的夹角。方位保持仪实时测量载车方向与初始行车时的夹角，它一般由陀螺、旋转变压器和计算机等组成。一般方位保持仪中的计算机还承担着航迹推算的任务。里程计同联在载车的车轮上，车轮转动就能反映在里程计上，里程计能测量出载车行驶的里程。里程计一般采用光学原理，由光电器件、码盘光电接收器件和有关电路组成。高程计通过测量大气的压强推算得到当地的海拔高度，把高程信息传递给方位保持仪。导航显示控制器是一个定位系统的人机界面，显示定位系统的测量信息和工作信息，可进行人机对话，进行人工数值装订等。

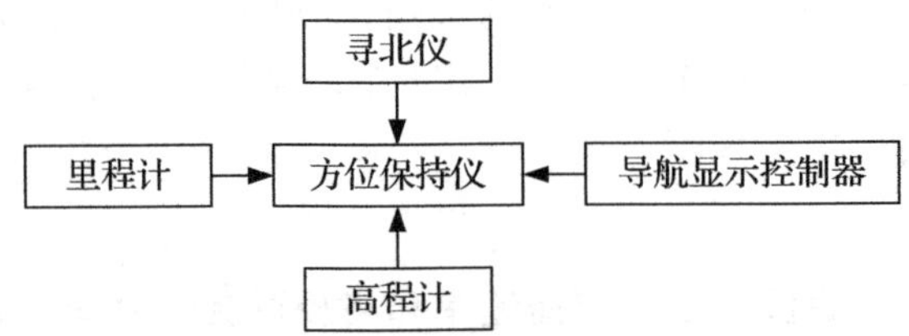

图 2-28　基于航迹推算的惯性定位系统

方位保持仪中的计算机实时地采集载车的方位信息、高程信息和里程信息，以一定的规律进行航迹推算，从而实时地得到载车的航向和位置。

二、定向技术

实现导弹武器的准确打击，需要精确地确定射向。快速、精确地测出真北方向是确定射向的基准。在固定阵地有依托的导弹发射方式中基准方向一般是通过大地测量法或天文测量法事先确定好的，然后通过同定磁标、棱镜及平行光管将基准储存。

在机动、无依托、任意阵地发射方式中，只能采用自主定向。一般而言，洲际弹道导弹的机动发射要求定向时间小于 10 min，定向精度 10″左右。战术导弹机动发射要求定向时间小于 5 min，定向精度小于 40″。某些兵种要求定向时间小于 3 min，定向精度 1 密位左右（1 密位＝3.6′）。

从定向设备工作时依赖的对象来划分，定向方法大体上可分为以下 3 种。

1.地磁法定向

地磁法定向通过测量当地地球磁场方向来确定北向方位。基于此方法的有磁罗盘及电子磁罗盘，但由于磁偏角的影响及受到应用场区铁磁性物质的影响，磁罗盘定向精度不高。磁罗盘定向常用在对定向精度要求不高的场合。

2.天文法定向

天文法定向通过观测天体位置来进行定向，例如通过观测北极星来定向，可以来建立高精度基准方向，可作为弹道导弹、远程战略轰炸机等空中辅助定位手段。但是，其测量过程复杂，测量周期长，这对于需要提高武器系统快速反应能力的陆基机动发射来说不宜采用。

3.陀螺经纬仪

陀螺经纬仪利用陀螺仪敏感地球自转角速度的原理来定向。陀螺盘工作不依赖于地磁场，也不受外界磁场、地理位置、环境、气象条件等影响。而且测量时间短、精度高，因而在地面机动武器系统中得到了广泛应用。

在地面使用的陀螺经纬仪有多种，按寻北方式可分为摆式、捷联式及平台式，按精度等级可分为低精度（精度低于 1 密位）、中精度（精度为 20″～1 密位）、高精度（精度高于 20″）。

摆式陀螺经纬仪按摆的构成又分为悬丝摆式、磁悬浮摆式、液浮摆式、气浮摆式等。摆式寻北仪的特点是其由常规陀螺马达构成、结构简单、定向精度高，常用在对定向精度要求较高的地方，如中远程弹道导弹、战术导弹的初始定向等。高精度摆式陀螺经纬仪，也可作为低等级寻北仪的战地校准装置。但陀螺经纬仪工作时必须架设在稳定的基座上，且对调平精度要求较高。

捷联式陀螺经纬仪常采用扰性陀螺仪构成，它的特点是在倾斜状态下仍能工作。其常为车载型，精度一般为中低等级。

陀螺寻北技术是信息化战争中确保武器系统快速、精确打击的重要保障技术之一，国际上众多国家均在研制高性能战略、战术武器的同时，投入大量的人力、物力研制开发高精度的快速寻北系统。

三、定位定向设备

（一）定位导航仪

定位导航仪一般装在导弹发射车驾驶室内，用于实现定位定向信息的显示、控制和通讯。

1.功用

定位导航仪的具体功用包括：

1)利用射角传感器 GPS＋北斗获取发射车经度、纬度、高程信息并显示，具有自动将上述参数装订给射角传感器(用于射角传感器寻北)的功能。

2)预留手动装订经度、纬度、高程信息的界面，具有手动为射角传感器装订上述参数的功能。

3)定位导航显示功能。

4)射角传感器状态显示和数据存储功能。

5)整机自检功能。

6)具有与夜视仪通信的功能，可以显示夜视图像。

2.组成

定位导航仪一般由电源板、计算机板、视频切换板、液晶显示屏(含驱动板)、触摸屏(含驱动板)、电连接器、箱体、面板和安装支架组成，内部驻留定位导航仪软件。

定位导航软件运行在计算机板上，其主要功能包括：

1)实时显示射角传感器的各个组件故障状态、导航信息、系统信息以及射角传感器的状态。

2)给射角传感器装订标准点，发送寻北、标定、导航等指令，实现对射角传感器的控制。

3)实时存储射角传感器的导航信息、系统运行的故障信息等。

3. 基本工作原理

定位导航仪的原理框图如图 2－29 所示。

前面板安装的带触摸屏的液晶显示器是定位导航仪的人机交互接口。通过触摸屏可以输入、装订射角传感器的经度、纬度，控制射角传感器进行寻北、导航定位、里程计标定等操作，液晶显示器上实时显示射角传感器的状态信息和定位导航信息。

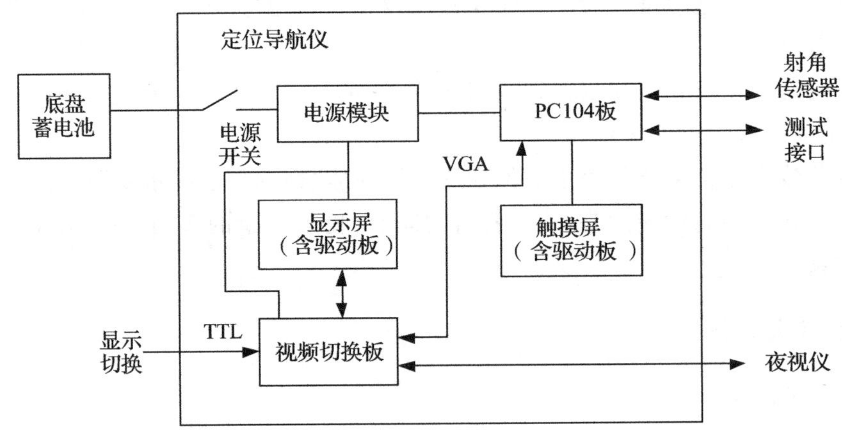

图 2-29　定位导航仪的原理框图

(1)开机

接通电源开关，电源模块将蓄电池提供的直流转换为所需直流电压，作为计算机板、视频切换板和液晶屏的工作电源。

定位导航仪启动后，自动加载定位导航仪软件，显示系统状态、射角传感器当前状态和定位信息。定位信息包括经度、纬度、高度信息，空间直角坐标系下的 X 坐标和 Y 坐标，车辆的车速和航向。

在串口正常启动后，接收到射角传感器的状态信息后，相应的各自子设备故障为红色，正常为绿色。

(2)标准点装订

标准点装订的含义是装订本车当前位置的经度、纬度和高度。装订方法有两种，一种是通过卫星定位设备输入，另一种是人工手动输入。

在装订界面选择卫星，则定位导航仪给射角传感器发送获取卫星数据命令，射角传感器回送当前卫星数据给定位导航仪；选择输入标准点，点击屏幕上的键盘，可以输入经度、纬度、高度数据。

(3)定位和寻北

在开机启动界面按钮区点击“定位”按钮，给射角传感器发送定位导航命令，射角收到该命令后进入位置测量状态。“定位”按钮仅在射角处于寻北结束状态后有效，否则该按钮无效，状态显示区提示射角传感器不处于寻北结束状态。射角在进入位置测量状态后，将实时给定位导航仪发送位置测量数据。

点击“寻北”按钮，定位导航仪软件给射角传感器发送寻北命令，此命令仅在单独控制射角传感器时使用，当车控设备加电时，不要使用此命令。

点击“地图”按钮，定位导航仪软件进入地图显示界面，定位导航仪将射角传感器传递的位置信息显示在地图界面上方。

(4)里程计标定

里程计标定的含义是已知精确的位置信息对射角传感器的定位导航精度进入标定。里程计标定基本方法是在射角传感器寻北结束进入定位导航状态后，输入发射车起始位置的精确的经度、纬度、高度信息，然后发射车行军机动一定距离，再输入发射车当前位置的精确的经度、纬度、高度信息，与射角传感器的定位导航的结果进行比较，消除偏差，从而实现里程计的标定。

点击“标定”按钮，进入里程计标定。点击“开始标定”，给射角传感器发送开始标定命令(此时并不会将界面上的位置信息发送给射角传感器)，点击后该按钮变为“结束标定”，在点击“结束标定”按钮前应输入结束点位置信息，点击“结束标定”按钮将结束标定指令和结束标定位置信息发送给射角传感器。

(5)数据存储

在开机启动界面下，点击“开始采集”按钮，按钮变为“停止采集”，定位导航仪软件将自动调用数据存储进程记录射角传感器发送的位置信息，数据存储于系统 C 盘根目录下的 Data 文件夹内。点击“停止采集”，则系统不再记录位置信息。如点击“开始采集”按钮和“停止采集”按钮时，无法打开或关闭文件，则状态显示区提示启动或关闭存储失败。

(6)视频切换

视频切换板可以实现定位导航仪显示界面和夜视仪图像的切换。开机后默认显示的是本机的显示界面，通过面板上方的显示切换开关可以切换显示夜视仪的图像画面。

(二)北斗导航设备

北斗导航设备安装在发射车上，用于导航和定位。

1.功用

北斗导航设备通过卫星组合导航模式实现载车定位，引导载车按照规划的路径到达目的地，并在行进中实时显示载车位置、速度，与目标航路点的相对距离、方位，相对路径的偏航距离和方位等信息。北斗导航仪集成路径管理、地图管理、航路点管理和航迹管理功能。BDⅡ调零抗干扰天线可以接收 GPS 的频点，GLONASS 的频点，BDⅡ的 B_1、B_3 频点四个频段信号，同时具备 BDⅡ的 B_3 频点抗干扰功能。

北斗导航设备具有以下功用：

(1)定位功能

北斗导航设备能够接收三星四频点的卫星信号，完成以北斗为主，GPS、GLONASS 为辅的定位功能；能够实现雷达指控车和垂直发射车定位，实时显示车辆位置的经纬高，并给垂直发射车发送定位结果。

(2)军用导航功能

北斗导航设备能够通过数据传输器下载通用定位定向车勘测完成的阵地路线并进行导航，指引车辆到达指定位置；可输入指定目标点坐标或经纬高，进行航向、距离和时间导航，同时具有模拟导航功能；支持目标点设置、航线上传、航线导航、航迹记录和下载、航迹管理和目标点管理；实时显示当前位置和时间速度信息、与目标点的相对距离和位置以及与航线的偏航距离和方位，通过北斗导航仪的语音提示指引车辆驶向规划航线。

(3)地图功能

北斗导航设备支持军用电子地图并对地图进行管理，支持数字地图的缩放、漫游等功能，实现目标点的导航。

(4)民用导航功能

北斗导航设备可装载民用导航软件，进行城市导航，通过触摸屏操作。

2.组成

北斗导航设备由北斗导航仪、BDⅡ调零抗干扰天线、配套电缆和卫星导航定位软件等组成。北斗导航仪组成框图如图2-30所示。

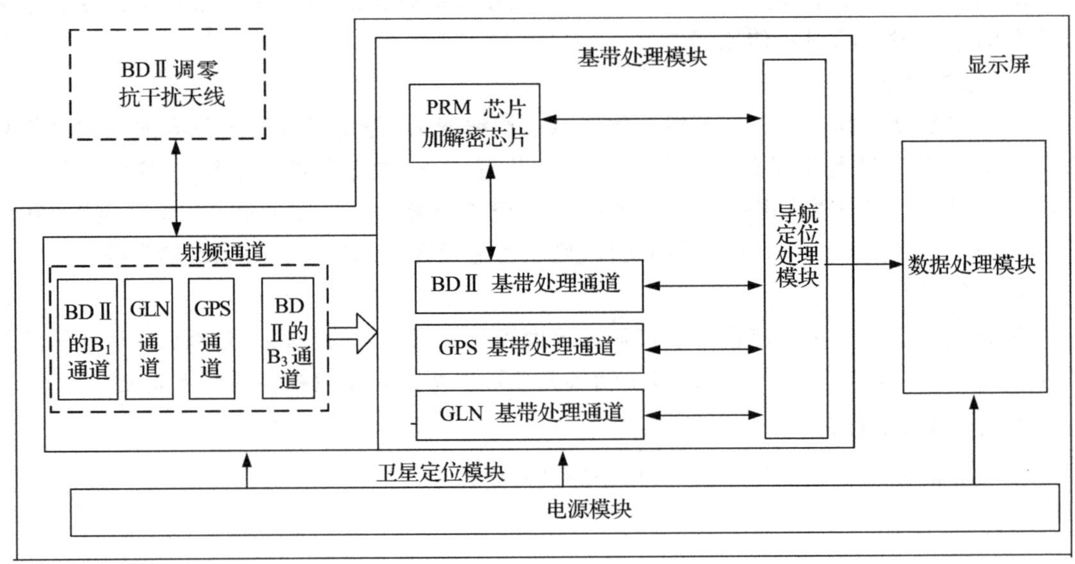

图2-30 北斗导航仪组成框图

3. 工作原理

北斗导航仪由北斗接收机、数据处理模块和电源模块组成，北斗接收机包括射频通道模块、基带处理模块、导航定位处理模块和伪随机噪声调制(PRM)芯片。北斗导航仪通过射频电缆与天线相连，天线接收来自空间段北斗、GPS和GLONASS卫星播发的高频信号。

(1)射频通道模块

射频通道模块完成接收信号的射频处理功能，实现接收信号射频到中频信号的转换，提供基带处理模块的输入。在射频模块设计中应主要考虑的方面有放大器的线性和多星座通道的相互隔离等。

(2)基带处理模块

基带处理模块包含A/D转换、数字下变频、基带信号的捕获跟踪等功能。

基带处理模块将射频输入的信号进行A/D转换，然后输入到现场可编程门阵列(FPGA)中完成卫星信号的数字下变频、伪码相关、捕获、同步等功能，完成卫星信号的接收，最终输出伪距、多普勒、载波相位等观测量信息给导航定位输出单元。

(3)导航定位处理模块

导航定位处理模块从基带处理模块获得观测量信息，对观测量数据进行处理，完成多星数据的融合，并实现多星座的定位、速度功能，输出各个卫星的状态信息和定位、速度结果，同时根据卫星接收情况对基带处理模块的工作流程、通道的参数等进行设置。

(4)数据处理模块

5 V 电源输入后经电源转换芯片转换成 1.3 V 和 3.3 V 电压，1.3 V 供处理器内核使用，3.3 V 供处理器输入输出(I/O)口和存储器使用。

路径规划方案通过 RS422 接口传输，数据传输器发送传输申请，数据传输模块选择要接收的方案数据进行接收。

通过 232 串口接收全球导航卫星系统(GNSS)模块送来的定位信息包，解析定位信息数据包得到定位时间、三维位置、三维速度、卫星位置精度因子(PDOP)值和卫星信噪比等，经换算格式转换将这些信息通过 422 串口输出给外部用户设备，同时将这些信息格式转换送到液晶屏缓冲区供液晶屏显示使用。

通过处理器 I/O 口读取键盘信息，确认键值，响应用户命令。

处理器有专门的外围设备——以太网控制器，在操作系统以太网驱动的支持下读取外部设备数据，如地图数据等。

(5)电源模块

电源模块实现隔离电源转换，并具备瞬态过压保护、防反接、电磁干扰抑制等功能。

(三)车载陀螺寻北仪

车载陀螺寻北仪(简称寻北仪)用来确定发射架方位基准与正北方向的夹角，提供给指挥控制系统进行坐标标校。

1.功用

车载陀螺寻北仪主要为发射车和雷达车提供初始北向基准，可在上述作战车辆展开时(包括车内人员走动、发射臂和雷达起竖、雷达舱位转动以及阵风条件)进行寻北且不影响寻北精度。寻北仪内置转位装置，采用多位置寻北法，并通过转位装置及内嵌自标定算法实现惯性器件误差自标定。

2.组成

寻北仪一般由惯性测量单元(IMU)组件(包括激光陀螺、加速度计、本体和减振器)、转位装置(包括轴系和锁紧机构)、电子线路(包括二次电源、主控板、I/F 板、驱动板、锁放板)和箱体等组成，如图 2－31 所示。

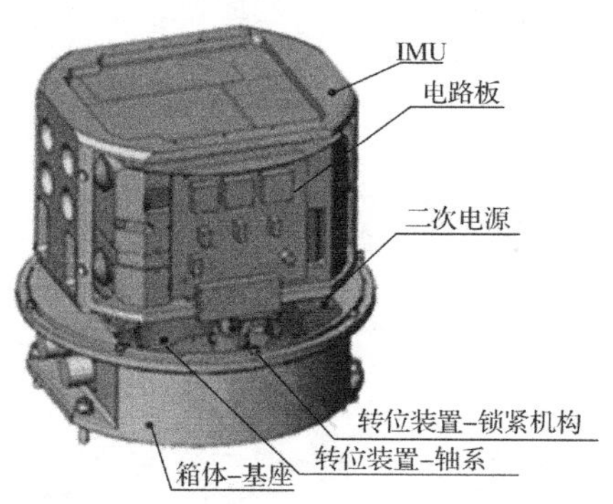

图 2－31　寻北仪系统构成图

3. 工作原理

寻北仪采用抗扰动动基座寻北方式,其通过对地球重力的测量来进行寻北解算。由于地球重力一直向下,当地球转动时,重力加速度矢量在惯性空间下作圆锥运动。该圆锥的切线即为当地的地理东向,重力的反方向即为当地天向,上述两个矢量的叉乘即为地理北向。在晃动基座寻北过程中,寻北仪中的加速度计可以实时测量上述两个矢量的变化,陀螺测量载体的角运动并对加速度计的测量值进行补偿,消除载体运动对加速度计信息采集的影响。寻北仪只按照开陀螺→自检→寻北→关陀螺的单一流程工作。

习　　题

1.发射装置的功用、组成和主要战术技术要求是什么?
2.定向器的组成及各组成部分的典型结构和原理是什么?
3.发射箱的类型及其组成是什么?
4.瞄准机构及其各组成部分的典型结构和原理是什么?
5.发射装置运载体的类型和特点是什么?
6.调平装置的类型和特点是什么?
7.定位定向系统及其原理是什么?

第三章　发射装置控制技术

发射装置控制技术是近年来随着发射技术的发展，尤其是发射车自动化程度的不断提高而形成的一门技术，发射装置控制设备与车上其他设备配合，实现发射准备阶段对发射车部件的运动控制功能，为导弹准备和发射提供良好条件。本章主要介绍发射装置控制系统、发射装置控制设备及其控制技术、随动系统及其控制技术、液压系统控制技术、发电配电技术。

第一节　概　　述

一、功用

发射装置控制系统是发射车重要的组成部分之一，能够在联机或本地状态下，以程控或手控方式实现发射车底盘调平与支腿回收、行军固定器锁定与解锁、天线杆的伸出与收回、箱弹的锁定与解锁、垂直发射装置或者倾斜定角发射装置定向器的起竖与回平、筒弹的提升与下滑，实现倾斜变角发射装置非同步状态下的方位、高低调转和同步状态下的自动瞄准，同时具有自检、通信、角度测量、控制量计算与状态信息显示等功能。

二、组成

发射装置控制系统由发射装置控制设备、随动系统、液压系统、发电配电设备等四部分组成。发射装置控制系统的组成和功能联系如图 3-1 所示。

发射装置控制设备由控制器、控制面板、键盘鼠标和信息显示等部分组成。以控制器为核心，在其软件的控制下，接收控制面板、键盘鼠标、发射装置各行程开关和水平传感器、压力传感器、倾角传感器的状态信息和数据，控制液压系统完成发射车调平与撤收、行军固定器锁定与解锁、通信天线杆的升降、筒弹的锁定与解锁、联装架的起竖和回平、筒弹的提升与下滑等功能，向随动系统伺服控制器装订位置和速度参数、控制随动系统启动和停止以及紧急状态下的急停、恢复等。

随动系统是倾斜变角发射设备特有的重要组成部分之一，由伺服控制器、功放组合、执行电机和传感器等组成，给瞄准机构传动装置提供动力。在同步状态下，接受指控系统的控制参数，控制瞄准机构完成导弹的跟踪瞄准，为导弹发射提供良好条件；在非同步状态下，接受发射装置控制设备的控制参数，控制发射装置在方位和高低上的调转。

液压系统是发射车调平支腿和发射装置其他运动部件的动力源和执行机构，由继电器板、液压泵站、阀组、油路和油缸、支腿、压力传感器等组成，在发射装置控制设备的控制下完成相应运动功能。

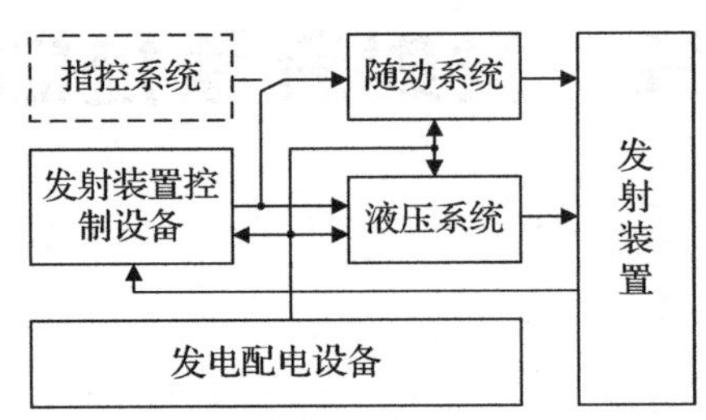

图 3-1　发射装置控制系统的组成和功能联系

三、主要技术指标

发射装置控制系统首先应满足武器系统的各项战术技术指标，同时满足环境条件和使用维护要求。

1.发射装置控制系统的总体性能要求

发射装置控制系统针对不同的发射方式应满足的性能指标不同。对发射装置控制系统的总体性能要求主要有以下三方面：

(1)系统稳定性好

稳定性是指系统受到外界输入干扰作用，能经暂短的调节过程后达到新的或者恢复到原有的平衡状态的能力。如果发射装置控制系统在受到扰动后偏离了原来的工作状态，控制装置再也不能使系统恢复到原先的状态，而是越偏离越远，这样的系统称之为不稳定系统。显然，稳定是发射装置控制系统正常工作的前提。一般要求发射装置控制系统受到干扰后经过短暂调节后能准确地恢复到稳态运行状态。

(2)快速响应性好

快速响应是发射装置控制系统动态品质的标志之一，即要求发射装置控制系统能快速响应输入信号的控制。一方面，要求响应过程的时间短；另一方面，还应要求满足系统稳定性要求。若系统响应过程持续时间很长，将使系统长久地出现大偏差和处于运动状态调节，也说明系统响应很迟钝，难以响应快速变化的输入信号的控制。一般地说，当系统的响应很快时，系统的稳定性将变坏，甚至可能产生不稳定的工作状态。在设计发射装置控制系统时，应该特别注意。

(3)控制精度高

控制精度是度量发射装置控制系统输出量能否控制在目标值所允许的误差范围内的一个标准。它反映了发射装置控制系统控制过程后期的稳态性能，指的是控制发射装置的输出响应输入控制的能力，是衡量发射装置控制系统技术水平的最重要的指标。一个高质量的系统，在整个运行过程中，其输出响应输入信号作用的偏差应该很小。对于随动系统，系统中被控量与输入量的偏差就应该很小，所要求的精度通常比较高，允许的偏差小于几密位，当放大器的增益为无限大时，控制误差为零。对于垂直发射装置起竖系统来说，其发射筒(箱)起竖的角度应满足精度要求。

2.倾斜发射装置随动系统的主要技术指标

倾斜发射装置随动系统有定角和变角两种方式。采用定角发射,发射装置的方向角和高低角固定不变;采用变角发射,有发射装置的方向角和高低角都可变或方向角可变而高低角固定两种情况。对于变角,无论是方向角还是高低角可变,都离不开随动系统,所以倾斜发射装置控制系统都有随动系统。随动系统使发射装置带弹稳定跟踪目标,赋予导弹初始射向。

倾斜发射装置随动系统主要技术指标有:

1)方向和高低两个射界的工作范围。

2)方向角和高低角测量精度。

3)方向和高低两个射界的最低稳定跟踪角速度。

4)方向和高低两个射界的最大跟踪角速度、最大跟踪角加速度。

5)阶跃输入信号作用下的过渡过程指标,即超调量、稳态误差、调节时间、振荡次数。

6)斜坡输入信号作用下的稳态误差。

7)正弦输入信号作用下的跟踪误差。

8)方向和高低两个射界调转时的最大调转角速度、最大调转角加速度。

9)方向和高低两个射界的最大调转角度、最大调转时间。

3.垂直发射装置控制设备的主要技术指标

1)弹射角及其精度。

2)起竖角控制精度。

3)起竖时间及回平时间。

4)调平时间及调平精度。

4.液压系统主要技术指标

1)额定功率。

2)额定压力(低压、高压)。

3)额定流量(低压时、高压时)。

4)环境温度。

5)单根调平油缸最大输出力。

6)车体调平后静止状态保持时间。

7)辅助俯仰油缸最大输出力。

8)单根俯仰油缸轴向最大输出力。

9)系统用电体制。

10)调平及回收时间。

11)调平精度。

12)调平范围。

第二节　发射装置控制设备及其技术

发射装置控制设备采用计算机控制技术，接收上位机、输入设备和传感器的信息，由处理器完成运算，经输出设备控制随动系统和液压系统的工作。

一、功用与组成

1.功用

发射装置控制设备以其控制器为核心，配以控制面板、键盘鼠标和信息显示部分，在其软件的控制下，接收发射装置各行程开关和水平传感器、压力传感器的状态信息和数据，控制液压系统在发射车展开和撤收时完成发射车调平与支腿撤收、行军固定装置锁定与解锁、通信天线杆的升降，在装退导弹时完成箱弹的固定和解锁，在导弹发射准备时完成联装架的起竖和箱弹的下放，发射装置控制设备在此过程中作为液压系统控制器；对于倾斜变角发射装置，发射装置控制设备在没有指控系统同步指令的情况下，向随动系统伺服控制器装订位置和速度参数，控制发射装置在方位和高低上的调转，对随动系统进行功能检查和维护。有的地空导弹武器系统发射装置控制设备还具有对定位定向导航设备工作状态设定、参数装订、误差修正、定位定向导航数据显示和导弹模拟器的操作与显示等功能。

2.组成

发射装置控制设备在不同地空导弹武器系统中的称谓也不尽相同，有的称为车控设备，有的称为车调设备，有的称为控制机柜，有的称为显控组合。

发射装置控制设备由控制器、控制面板、键盘鼠标、信息显示和控制软件等部分组成，其中控制器部分由总线板、电源板、CPU 板、网卡、通信板、A/D 板、D/A 板、I/O 板和功率板等组成。

控制面板、键盘鼠标、信息显示部分均为控制器的输入、输出设备。

发射装置控制设备的控制器一般以组合的形式出现，为了提高可靠性，采用总线方式将各功能模块构成一个功能整体。在总线板上安装电源板为控制器提供工作电源；安装 CPU 板，具有处理器、内部存储器和外部存储器，完成存储和运算；安装网卡和通信板，构成与指控系统、发控系统和其他设备的通信；安装 A/D 板、D/A 板、I/O 板和功率板，构成输入、输出通道，接收传感器的信号，为控制对象提供控制指令。

二、基本工作原理和工作过程

(一)基本工作原理

发射装置控制设备主要有本地和遥控两种工作状态。在本地工作状态下，可以根据信息显示的状态，操作控制面板上的按键开关，调用对应软件模块，实现对液压系统、随动系统、定位定向导航设备和导弹模拟器的控制功能。其中对液压系统的控制可以选择本控、程控和手动控制等三种工作方式。

1.本地工作状态本控工作方式

本地工作状态本控工作方式下，控制器根据操作面板上的按键开关操作完成发射车各项功能的控制。接通发射装置控制设备的电源，控制器启动并完成自检，显示其状态信息；操作功能按键，经开关量输入板向控制器输入指令，控制器调用各功能模块，接收经鼠标键盘、网卡、通信板输入的数据或开关量输入板、A/D板接收的各传感器反馈的信息，由控制器完成逻辑运算，经开关量输出板和D/A板发出控制指令，完成对用于各用电设备电源控制的继电器、接触器控制，对液压系统、随动系统、定位定向导航设备和导弹模拟器的控制。在动作执行过程中，发射装置控制设备可以根据发射车上的传感器和行程开关状态确定动作是否完成，进而停止对应的动作；如果有关动作过程中出现问题，按下操作面板“紧急”按钮，停止系统的工作。

发射装置控制设备本控方式完成的功能一般包括：

1)启动/停止发射装置控制设备的工作。

2)启动/停止通信设备、定位定向导航设备、伺服控制器的工作。

3)控制液压系统的工作，完成发射车的展开、撤收。

4)控制定位定向导航设备的工作，完成参数装订、设备校准、定位定向。

5)控制随动系统工作，完成随动系统本控功能检查。

6)控制液压系统的工作，完成导弹装退。

7)控制液压系统的工作，完成联装架起竖回平、筒弹下滑提升。

2.本地工作状态程控工作方式

本地工作状态程控工作方式下，控制器根据操作面板上的按键开关操作，调用专用程序，控制液压系统完成一键展开和撤收功能。控制器能够根据开关按键操作信息和传感器、行程开关反馈的状态信息，通过D/A板和开关量输出板完成液压系统启动、发射车调平/撤收、联装架起竖/回平、筒弹下滑/提升等自动控制。

发射装置控制设备程控方式完成的功能一般包括：

1)液压系统电机的启/停控制。

2)发射车调平和支腿回收功能。

3)行军固定器锁定和解锁功能。

4)联装架起竖和回平功能。

5)发射筒锁定和解锁功能。

6)筒弹下滑和提升功能。

3.本地工作状态手动工作方式

本地工作状态手动工作方式下，控制器不参与手动功能的实现。手动时，仅根据操作面板上的开关、旋钮的操作信息，直接控制液压系统电源继电器、比例调速阀控制器、电机启动接触器、定位定向系统电源继电器，完成对发射车液压系统的控制和定位定向系统工作控制。这种方式是对液压系统的单步操作，常用于设备的检查维护。

发射装置控制设备手动方式完成的功能一般包括：

1)液压装置电机的启动控制。

2)发射车调平和支腿回收功能。

3)行军固定器锁定和解锁功能。

4)发射装置起竖和回平功能。

5)发射筒锁定和解锁功能。

6)筒弹下滑和提升功能。

4. 遥控工作状态

在遥控工作状态下,发射装置控制设备可以处于无人值守状态,通过通信设备接受指控系统的控制指令,完成发射车展开撤收战勤操作科目中的发射车调平与撤收、联装架起竖与回平、发射筒锁定与解锁、筒弹下滑与提升等控制功能,并同时向指控系统回传发射车的状态信息。

(二)工作过程

1.设备加电自检

接通发射装置控制设备的电源,设备加电后首先进行设备自检。自检发现故障,报警并在本地显示故障信息。自检时能够对发射车是否需要重新寻北进行检测,如需重新寻北,能够对操作人员进行提示。

2.与发控系统建链

发射装置控制设备自检正常,接通通信设备、定位定向导航设备、伺服控制器、发控控制器、导弹模拟器的电源。

在本地状态下,发射装置控制设备控制器为主机、发控控制器为从机。各计算机启动自检正常后,发射装置控制设备主动与发控系统、定位定向设备、供电设备等进行通信建链,接收各设备的自检结果,并在本地显示各设备的状态信息。发射装置控制设备收到发控系统自检正常的信息后启动实时监测程序,对发射车的工作过程进行实时监测。

在联机状态下,发控控制器为主机、发射装置控制设备控制器为从机。发控系统主动向发射装置控制设备发送命令;发射装置控制设备等待、接收发控系统的命令。发射装置控制软件检测到外部状态变化,主动将采集到的实时监测结果向发控系统发送。

收到发控系统自检正常信息,并且在联机状态下,发射装置控制设备首先对发射车是否具备联机条件进行判断,如果具备联机条件,本地显示联机允许信息。转入联机操作,向发控系统报送联机信息、自检结果、发射车定位定向参数。

发射车的联机至少具备以下条件:

1)发射车水平调平完毕。

2)天线杆完成起竖工作。

3)行军固定器解锁。

4)箱弹模块锁紧机构锁紧(箱弹在位情况下)。

5)发射装置控制设备与发控系统通信建链成功。

发射车进行作战任务时,操纵员看到联机允许信息并转入联机操作后,可撤离发射车。

如果不具备联机条件,在本地进行报警,显示故障信息,并向发控系统报不具备联机条件。操纵员发现联机故障信息后,根据显示的故障类型,在本地进行操作,使发射车满足联机条件要求。

3.战斗状态转换

通过本地或者遥控方式，将发射车从行军状态转换为战斗状态。主要工作包括天线杆起竖、发射车调平、行军固定器解锁、导弹装填、筒弹起竖、随动系统检查、定位定向等。

(1)天线杆起竖

通过按钮向控制器输入天线杆起竖指令，控制器判断到该指令有效，通过开关量输出板接通天线杆起竖电机电源继电器的工作，电机工作，驱动天线杆起竖。

(2)发射车调平

通过按钮向控制器输入启动电机指令，控制器判断到启动电机指令有效，通过开关量输出板接通电机电源继电器的工作，液压泵站电机启动，开始建压。

通过按钮向控制器输入调平指令，控制器判断到调平指令有效，调用调平程序，实时接收水平传感器的倾角信号和压力传感器的支腿压力信号，经运算后通过开关量输出板和 D/A 板控制换向阀和伺服阀工作，使调平支腿解锁伸出，将发射车调平。

(3)行军固定器解锁

通过按钮向控制器输入行军固定器解锁指令，控制器判断到该指令有效，通过开关量输出板控制行军固定器解锁换向阀和电磁阀工作，锁紧油缸收回，行军固定器解锁；解锁到位后，行程开关将监测到的到位信号反馈给控制器，控制器停止输出控制指令，行军固定器解锁完成。

(4)导弹装填

导弹发射车调平后，就可以配合装填设备进行导弹装填。此过程中，发射装置控制设备仅将放置到位的导弹通过液压系统归位和锁紧。

在液压系统启动正常后，通过按钮向控制器输入归位和锁紧指令，控制器判断到指令有效，调用相应程序，实时接收行程开关的信号，经运算后通过开关量输出板控制换向阀工作，使筒弹归位和锁紧。

(5)筒弹起竖

对于垂直发射装置或者高低定角方位随动瞄准的倾斜发射装置而言，液压系统启动正常后，通过按钮向控制器输入起竖指令，控制器判断到指令有效，调用相应程序，实时接收行程开关的信号，经运算后通过开关量输出板控制换向阀工作，使联装架起竖到位。

(6)随动系统检查

对于高低定角方位随动瞄准的倾斜发射装置或者高低、方位都随动瞄准的发射装置而言，发射装置控制设备在本地工作状态或联机工作状态的导弹准备开始阶段(发射车未收到同步指令)将装订的高低、方位角控制值传送给伺服控制器，对发射装置进行定位。

本地工作方式下，可通过键盘或者按键组合向发射装置控制设备装订高低角、方位角、高低角速度、方位角速度数据，并通过按键控制随动系统启动和紧急情况下的急停及恢复，以检查随动系统的工作性能。

(7)定位定向

定位定向设备启动正常后，默认状态下发射装置控制设备将本身装订的发射车位置数据(经度、纬度、海拔高度)或者将接收到指控系统送来的发射车位置数据经与导航设备的数据修订后，传递给定位定向设备，定位定向设备据此信息和本身传感器信息计算获得联装架（也就是导弹）的方位角、俯仰角和横滚角数据，并将这些定位定向数据送发射装置控制设备进行显示和送发控系统向导弹装订、送指控系统进行显示。

发射装置控制设备也可以通过操作面板上的按钮，调用定位定向设备管理软件，对其进行参数装订、误差修正、工作状态设置等。

发射装置控制设备一般在本地工作方式下完成以上工作内容，也可在具备条件时通过遥控工作方式完成发射车调平和起竖，以便快速进入战斗状态。进入战斗状态后，发射装置控制系统和发控系统均应转入遥控状态，此时，导弹的接电准备和发射控制按指控系统指令控制完成。

三、发射装置控制技术

发射装置控制设备采用计算机控制技术，具有一般计算机控制系统（Computer Control System，CCS）的特点，是应用计算机参与控制并借助一些辅助部件与被控对象相联系，以获得一定控制目的而构成的一种复杂控制系统。

（一）计算机控制系统的基本组成及结构特点

1. 计算机控制系统的基本组成

一般计算机控制系统由硬件和软件两部分组成，其中硬件主要包括计算机、系统总线、外部设备（包括操作台）、输入/输出通道、接口、检测设备及执行机构等。

（1）计算机（主机）

计算机是整个控制系统的核心，由中央处理器（CPU）和内部存储器（ROM、RAM）组成。它主要根据输入通道送来的被控对象的状态参数，进行数据处理、分析判断、计算和做出控制决策，并通过输出通道发出控制命令。

（2）系统总线

系统总线分为内部和外部总线两大类，其中：内部总线在计算机的内部，为计算机内部各模块之间传送各种控制、地址和数据信号，并为各模块提供统一电源；外部总线在计算机的外部，为计算机系统之间或计算机系统与外部设备之间提供信息通信。

（3）外部设备

外部设备是实现计算机和外界的信息交换的设备，按功能分为输入设备、输出设备和外存储器三类。其中：输入设备是计算机系统中的人机接口，主要用来输入程序和数据等，常用的输入设备有键盘、扫描仪等；输出设备是将各种信息和数据提供给操作人员，以便了解系统的控制过程，常用的输出设备有显示器、打印机和绘图仪等；外部存储器是用来存储程序和数据的设备，常用的外部存储设备有硬盘、U 盘等。

（4）输入/输出通道

输入/输出通道是计算机与被控对象实现信息传送与交换的通道，按照传送信号的形式可分为模拟量输入/输出通道和开关量（数字量）输入/输出通道。数字信号可直接通过数字量输入/输出通道进行传送，模拟信号则需要通过模拟量输入/输出通道进行传送。

（5）接口

接口是连接通道与计算机的中间设备，通常是数据接口，可分为并行接口和串行接口。目前计算机都有配套的通用可编程接口芯片，如 8255 并行接口芯片、MAX232 和 MAX485 串行接口芯片等。当多个计算机之间需要相互传送信息或与上层计算机通信时，每个计算机控制系统就必须设置网络通信接口，如 RS－232、RS－485 通信接口，以太网接口和现场总线接口等。

(6)检测设备及执行机构

在计算机控制系统中，为了采集和测量各种参数，采用了各种检测元件及变送器，其主要功能是将被检测参数的非电量转换成电信号，这些信号经过变送器转换成统一的标准电信号(1～5 V 或 4～20 mA)，再通过输入通道送入计算机。执行机构直接连接于被控对象的控制或驱动部件，其功能是根据计算机输出的控制信号，产生相应的动作，以调节或改变被控对象的某些状态，使控制对象的工作状态符合期望的要求。

(7)计算机控制系统软件

计算机控制系统软件是指控制系统中使用的所有程序的总称。软件可分为系统软件和应用软件。

系统软件是用来管理计算机内存、外设等硬件设备，提供计算机运行和管理的基本环境，方便用户使用计算机的软件。它主要包括操作系统、语言加工系统、数据库管理系统、计算机诊断系统等通用软件，由计算机生产厂家提供，无需用户自己设计。

应用软件是在系统软件支持下用户为解决实际问题编写的实现各种应用功能的专用程序，是实现信息采集、处理及输出功能的各种程序的集合，一般包括控制算法程序、过程控制程序、数据采集及处理程序等。

在计算机控制系统中，只有计算机硬件和软件两者有机配合和协调运行才能取得良好的控制效果，满足预期的控制目的。

2.计算机控制系统的结构特点

计算控制系统是指控制器由计算机来实现的控制系统，和传统的控制系统一样可以是开环系统也可以是闭环系统。无论是开环还是闭环系统，由于计算机的输入和输出均为数字信号，而被控对象的被控量及执行机构的输入信号一般为模拟量，因此，需要设置将模拟信号转换为数字信号的 A/D 转换器，以及将数字信号转换为模拟信号的 D/A 转换器。按信号形式分类时，计算机控制系统亦为采样控制系统。

由于引入了计算机与数字信号，从本质上来看，计算机控制系统的控制过程可以归结为以下三个基本步骤。

1)实时数据采集：对被控对象进行实时检测，并输入计算机。

2)实时控制决策：对采集到的被控参数进行处理、分析，并按预先规定的控制规律决定需要采取的控制策略与控制信号。

3)实时控制输出：根据控制决策，实时地对执行机构发出控制信号，完成控制任务。

上述采集、决策、控制三个步骤不断重复，使整个系统能按预定的性能指标要求进行工作，同时对系统出现的异常现象及时做出处理，达到预期的控制目标。

上述三个步骤在时间上有明确的先后顺序。完成一次循环称为一个工作周期。同时，由于每个步骤均需要一定的计算机处理时间，所以从信号的输入到控制作用的产生就会有一定的延迟时间，为了达到期望的控制效果，这个延迟时间必须足够小，即要求“实时”。这里的所谓“实时”，就是指信号的输入采集、分析与处理和输出控制都要在一定的时间范围内，即计算机对信号的采样与处理要有足够快的处理速度，并在一定时间内做出反应或实施控制。

随着计算机网络技术的发展，信息共享和管理也介入到控制系统中，因此在计算机控制系统的控制过程中也应具有信息管理能力。

(二)数据采集技术

1.模拟量采集

若被控对象的过程参数是连续变化的非电量，则在模拟输入通道中必须通过传感器将过程参数转换为连续变化的模拟电信号(如电压、电流、温度、压力等)，再通过 A/D 转换器变换为计算机可以接受的数字量送给计算机。模拟量输入通道一般包括信号调理、多路转换开关、信号放大电路、采样保持器，A/D 转换器及其接口电路等，一般组成结构如图 3－2 所示。

这种结构采用的是多路模拟量输入公用一个 A/D 转换器的结构，其主要优点在于可降低过程通道的硬件成本。但是，当各路模拟量的输入信号差异较大，同时又对系统采样频率要求较高时，则应采用各路独立的 A/D 转换器结构。

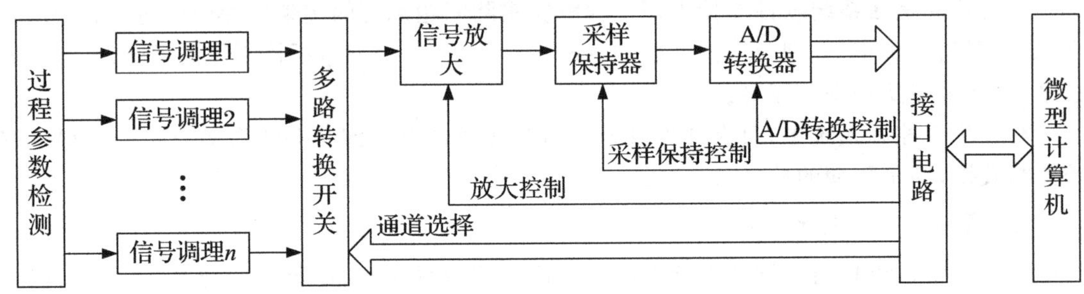

图 3－2　模拟量输入通道的一般组成结构图

多路转换开关之后公用的信号放大器电路一般为一个可编程增益放大器，可将来自前级处理的各路检测信号放大到 A/D 转换器所要求的电平范围。如经前级处理的各路信号均已在所需的电平范围内，则可不必设置该放大电路。采样保持器则是在采样时刻进行快速采样，然后在 A/D 转换过程中保持该采样信号不变，以确保转换的准确度。目前，绝大多数 A/D 转换器均包含了相应的采样保持功能。

2.开关量采集

在计算机控制系统中，为了获取系统的运行状态或设定信息，经常需要进行开关量的输入。开关量(数字量)输入通道用于输入反映系统或设备状况的开关信号(如开关状态、继电器触点信号、行程开关信号等)、脉冲信号(如流量脉冲、旋转码盘脉冲信号等)。

(1)开关量输入的类型

开关量输入有以下基本类型：

1)一位的状态信号：如开关的接通与断开、阀门的开启与闭合、电机的启动与停止、触点的接通与断开、一些仪器仪表和设备输出的极限报警信号等。

2)成组的开关信号:如用于设定系统参数的拨码开关组、组合开关等。

3)数字脉冲信号:许多数字式传感器(如转速、位移、流量的数字传感器)将被测物理量值转换为数字脉冲信号,这些信号也可归结为开关量。

(2)开关量输入通道

针对不同性质的开关量输入,可以采取不同的方法输入计算机并进行处理。一般的系统设定信息和状态信息可以采用并行接口输入,极限报警信号采用中断方式处理,数字脉冲信号可以使用系统的定时/计数器来测量其脉冲宽度、周期或脉冲个数。成组的开关信号可以采用扩展的外部并行接口进行输入。图 3-3 是开关量输入通道的典型结构,具体接口电路应综合考虑实际信号、选用的计算机等方面进行设计。

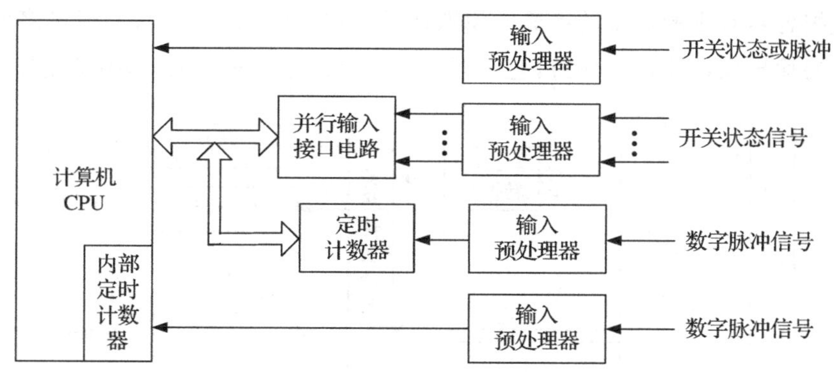

图 3-3　开关量输入通道的典型结构

另外,出于安全或抗干扰等方面的考虑,现场的开关量输入至计算机接口前,一般需要进行预处理,然后再送至接口。常用的预处理方法有信号转换处理、安全保护处理、滤波处理、消除触点抖动处理等。

(三)控制输出技术

1.模拟量输出

若被控对象需要模拟量控制,则计算机输出的数字信号需要通过 D/A 转换器转换为连续变化的模拟量(电压或电流)去控制执行机构。因此模拟量输出通道的任务是把计算机输出的离散数字量变换成连续模拟量,这个任务主要由 D/A 转换器来完成,因此 D/A 转换器是模拟量输出通道的关键部件。

计算机控制系统中,模拟量输出通道有各路独立配置 D/A 转换器和多路公用 D/A 转换器两种结构形式。

各路独立 D/A 转换器结构如图 3-4 所示,计算机和输出通道之间通过独立的接口缓冲器传送信息,在新的数字量到来之前,本次数字量将在该缓冲器中维持不变,因此这种结构是数字量保持方案。其优点是转换速度快、工作可靠,每条输出通路相互独立,不会由于某一路 D/A 转换器故障而影响其它通路的工作。但由于使用了较多的 D/A 转换器,因而硬件电路成本相对较高。

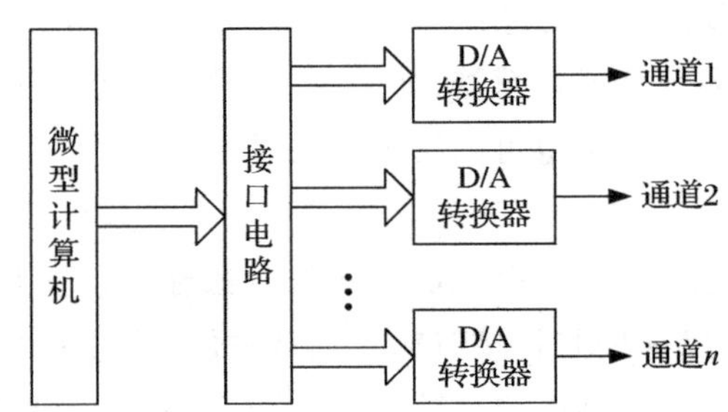

图 3-4　各路独立配置 D/A 转换器多通道模拟输出结构

多路公用 D/A 转换器结构如图 3-5 所示，必须在计算机的控制下分时工作，即 D/A 转换器依次把各路对应的数量转换成的模拟信号（电压或电流信号），并通过多路模拟开关传送给相应的输出保持器进行保持，直至下一轮输出信号到来之前，即模拟量保持方案。

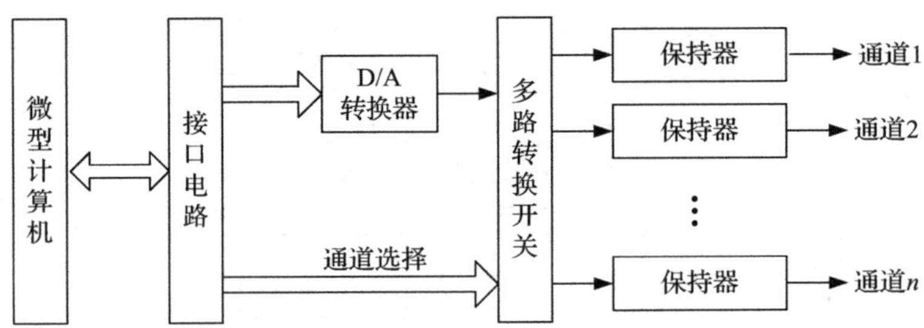

图 3-5　多路公用 D/A 转换器多通道模拟输出结构

2.开关量输出

在计算机控制系统中，经常需要控制执行机构的开/关（如对电磁阀的控制）或启/停（如各种交、直流电机的控制）等，这些控制是通过开关量输出通道来实现的。开关量（数字量）输出通道用于控制那些可以接受开关信号（数字信号）的执行机构和指示装置（如继电器线圈、指示灯等），功能是根据计算机输出的数字信号，经适当的电平变换或功率驱动去控制相应执行机构的通/断或启/停等。这类输出通道一般由输出接口与输出信号处理电路构成。

（1）输出接口

输出接口有输出锁存器、并行输出接口电路和定时/计数器等。

（2）输出信号的处理

在计算机控制系统中，开关量输出信号用于控制各种现场设备，因此要考虑电平转换、功率放大、抗干扰及安全等问题。

当计算机控制系统的开关量输出用于控制较大功率的设备时，为防止现场设备的强电磁干扰或高电压通过输出控制通道进入计算机系统，一般需要采取光电隔离措施隔离现场设备和计算机系统，通常采用光电隔离的开关量输出电路，主要有集电极开路门（OC）输出和晶体管输出两种方式。

计算机通过并行接口电路输出的开关量，往往是低压直流信号。一般来说，这种信号无论是电压等级还是输出功率，均无法满足执行机构的要求，因此应该进行电平转换和功率放大，再送往执行机构。

对于低压小功率开关量输出，可采用晶体管、OC门或运放等方式输出，一般仅能提供几十毫安级的输出驱动电流，可以驱动低压电磁阀、指示灯等。

继电器经常用于计算机控制系统中的开关量输出功率放大，即利用继电器作为计算机输出的执行机构，通过继电器的触点控制较大功率设备或控制接触器的通/断以驱动更大功率的负载，从而完成从直流低压到交流（或直流）高压、从小功率到大功率的转换。

使用继电器输出时，为克服线圈反电动势，常在继电器的线圈上并联一个反向二极管。继电器输出也可以提供电气隔离功能，但其触点在通/断瞬间往往容易产生火花而引起干扰，一般可采用RC电路（电阻和电容组成的电路）予以吸收，或者采用固态继电器。

第三节　随动系统及其控制技术

随动系统是用来控制被控对象的某种状态，使其能自动地、连续地、精确地复现输入信号的变化规律，通常是闭环控制系统。发射装置随动系统是倾斜变角发射设备特有的重要组成部分之一，一般由方向和高低两套相互独立的随动系统组成，主要用于按照指控系统送来的目标方向和高低信息控制发射装置转动，完成导弹对目标的瞄准跟踪，赋于导弹初始射向，为导弹发射提供良好条件。方向和高低随动系统都是位置随动系统。

一、功用与组成

（一）功用

1）在有“同步”指令状态下，接受指控系统送来的发射架的方位、高低角度和速度控制参数，控制瞄准机构转动，赋予导弹一定的射向，当同步跟踪位置误差小于8 mil时，产生并向指控系统反馈“同步”信号和随动系统状态信息，完成导弹的跟踪瞄准，确保导弹发射后准确地射入制导雷达波束内。

2）在无“同步”指令状态下，接受发射装置控制设备的控制参数，控制发射装置在方位和高低上的调转，并向发射装置控制设备反馈发射架实际角位置、角误差及其他状态信息，对随动系统进行标定、检查和维护；紧急状态下，接受发射装置控制设备的随动急停和急停解除指令，控制随动系统的工作，防止发生装备和人员损伤；导弹发射以后，在发射装置控制设备控制下，自动返回装填角位置，方便再次装填导弹，进行连续作战。

（二）组成

随动系统由伺服控制器、功放组合、电源设备、执行电机、传感器、电磁铁等硬件和随动系统软件组成，如图3-6所示，用于给瞄准机构传动装置提供动力。

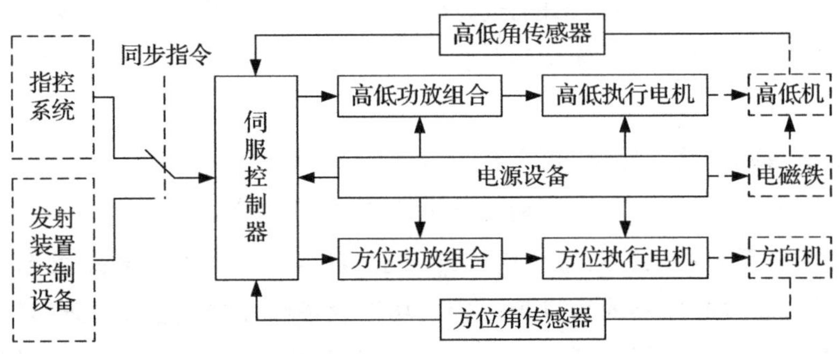

图 3-6 随动系统组成及功能联系图

1.伺服控制器

伺服控制器是随动系统的核心部件,承担着同步指令的接收与处理、误差计算、比例-积分-微分(PID)控制算法等实时数据计算与处理、脉冲宽度调制(PWM)控制信号产生、执行电机换相控制、对外数据通信以及“随动急停”和“急停解除”指令的处理等功能。

2.功放组合

功放组合是随动系统的功率放大部件,发射装置随动系统目前广泛采用 PWM 放大器作为放大元件,对伺服控制器输出的执行电机三相控制信号进行功率放大,保证输出可以驱动执行电机转动。

3.电源设备

电源设备的功能是分时接通高低、方位功放组合的工作电源和动力电源,同时实现电磁铁控制以及随动系统的急停和急停解除等功能。

4.执行电机

在随动系统中,使用执行电机作为执行元件来驱动被控对象,其作用是将控制作用转换成被控负载的位移信号。执行电动机是系统组成中一个非常重要的环节和关键的组成部件,要求电动机具有尽可能大的加速度、转子惯量小、过载转矩大。随动系统的静态特性、动态特性和运动精度均与执行电机性能有着直接的关系,要求执行电动机应能连续、平滑、快速、准确地控制被控对象跟随输入规律运动。

目前发射装置随动系统广泛采用的是永磁式直流无刷电动机。永磁式直流无刷电动机既具有直流电机优良的控制品质,又具有交流电机结构简单、容量大、运行可靠和维护方便的优点。执行电机不仅完成电能向机械能的转换,其内部还有转子位置和转子速度的传感器。

5.传感器

发射装置随动系统高低角和方位角传感器包含了角度测量元件(旋转变压器)和速度测量元件(直流永磁测速发电机),用于测量发射架实际的高低角和方位角及高低、方位角速度,构成随动系统的反馈通道。

6.电磁铁

电磁铁是高低机制动机构的控制元件。在高低随动系统工作过程中,电磁铁加电,松开电磁制动器的抱闸;随动系统断电时,电磁铁断电,电磁制动器对高低机进行抱闸制动,防止定向器带弹下滑。

7.随动系统软件

随动系统软件在每个周期内完成所有输入信号的检测,形成相应的控制信号,并完成控制信号输出。其主要功能如下:

1)伺服控制器的初始化。

2)与指控系统引导计算机通信,接收随动控制指令,根据自主定向系统测量信息完成发射车真北角标定。

3)实时对方位角、高低角、方位角速度、高低角速度、主电路电流和电压等信号进行采样及数据处理。

4)根据发射装置控制设备的本控指令,完成本控信息装订。

5)按控制指令控制高低、方位调转,实现本控位置定位。

6)按随动跟踪规律对高低、方位进行同步跟踪控制,赋予导弹预定射向。

7)按外部提供的状态信息,确定工作状态或控制程序流向。

8)将控制信号、状态信号通过相应输出接口传送给相应的设备。

随动系统软件功能流程图如图 3-7 所示。随动系统软件主要由控制模块、采集模块及通信模块等三个模块组成。

控制模块是随动系统软件的核心部分,其主要功能是伺服控制和工作逻辑控制,具体工作过程是:接收采集模块送来的位置值、速度值、电压值和电流值等数据,接收通信模块送来的位置装订量、速度装订量、方位测量数据和控制指令等信息,实时完成控制量的计算和控制逻辑运算,并根据控制量的大小调整输出 PWM 控制信号的占空比;实时将控制指令送到采集模块,将位置误差值、状态信息等通过通信模块送到指控系统和发射装置控制设备。

控制模块伺服控制功能包括高低角控制和方位角控制两部分,两部分原理相同,其具体功能有:

1)接收通信模块传递目标位置装订值、接收采集模块传递当前位置值及当前速度。

2)采用 PID 控制算法计算控制量,对位置环及速度环进行调节控制。

3)根据计算所得控制量的大小调整功率放大器 PWM 信号的占空比,控制执行电机转动的速度和方向。

4)实时采集用于执行电机转子位置检测的霍尔传感器的输出,并根据霍尔传感器输出的开关状态序列值,控制无刷直流伺服电机三相定子绕组进行电子换向,适时改变通电相序。

5)传递当前位置值及计算所得的位置误差至通信模块。

采集模块是随动系统软件的重要组成部分,其功能是实时采集传感器的输出,检测直流电源母线上的电压和电流、发射架的转速及角位置等信息,形成随动系统控制的状态反馈信号。其具体功能有:

1)启动 A/D 转换器,检测直流电源母线上的电压和电流。

2)读取高低、方位系统轴角编码器的数值。

3)读取高低、方位执行电机内部光电码盘输出的速度编码器信号,计算高低、方位执行电机的转速和转动方向。

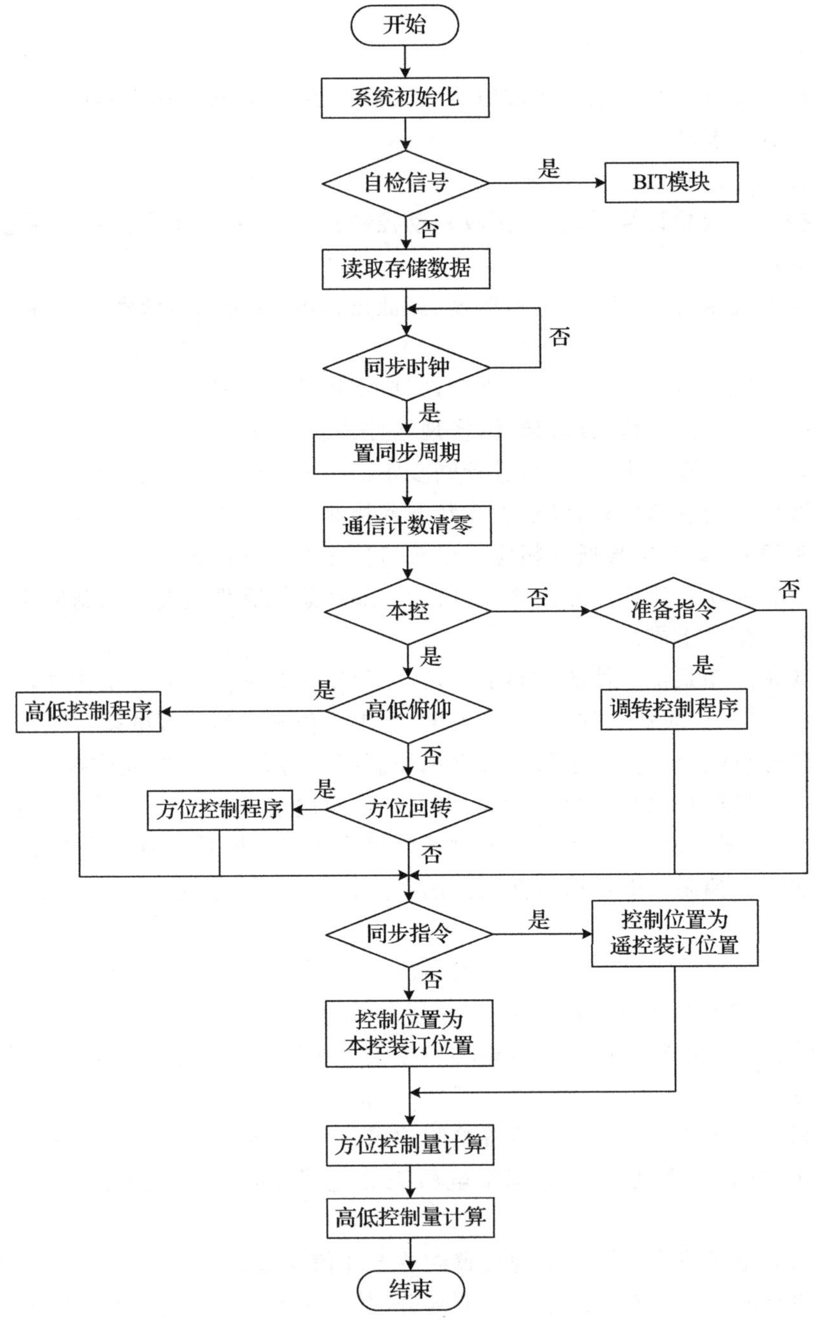

图 3-7　随动系统软件功能流程图

通信模块是随动系统软件对外联系的接口，其主要功能是：

1）对数字信号处理器（DSP）通信模块进行初始化，设定串行通信数据格式及波特率等。

2）接收指控系统送来的控制指令，完成指令的解算与分配。

3)将伺服控制器的工作状态、发射架当前的角位置、角速度及角度误差等信息,通过串行通信传送到指控系统和发射装置控制设备。

4)将发射架当前的角位置、角速度送给控制模块。

二、基本工作原理和工作过程

随动系统一般采用双闭环结构,外环由双通道的粗、精示旋转变压器检测发射架的高低与方位角位置,送到伺服控制器,作为位置环反馈信号。内环由测速发电机检测发射架转动的角速度,送到伺服控制器,作为速度环的反馈信号。速度反馈不仅改善了系统的动态品质,还克服了单纯采用位置负反馈降低系统稳态跟踪精度的缺点。

1.基本工作原理

随动系统一般包含高低和方位两套随动系统。两套随动系统共用伺服控制器和电源设备。

伺服控制器、高低功放组合、高低执行电机和高低机构成高低随动系统的前向通道,高低传感器或者执行电机内的转速传感器输出速度信号,形成高低随动系统的速度反馈,高低角传感器内的旋转编码器输出位置信号,提供高低随动系统的位置反馈。

伺服控制器、方位功放组合、方位执行电机和方向机构成方位随动系统的前向通道,方位传感器或者执行电机内的转速传感器输出速度信号,形成方位随动系统的速度反馈,方位角传感器内的旋转编码器输出位置信号,提供方位随动系统的位置反馈。

随动系统启动后,在一个工作周期内,伺服控制器根据有无同步指令,选择接收指控系统或者发射装置控制设备的控制信息,进行误差计算,根据 PID 算法产生 PWM 控制信号送功放组合。

功放组合中三相整流模块对三相交流动力电源进行整流,为功率逆变电路提供直流高压电源,功率逆变电路根据 PWM 控制信号产生执行电机驱动电流;其中的电压和电流传感器用于对随动系统进行过压和过流保护。

执行电机得到功放组合的驱动功率,按其控制方向带动瞄准机工作,发射架在高低、方位上带弹瞄准。同时,传感器获得高低、方位转动位置和速度信号并反馈给伺服控制器。

2.工作过程

随动系统有本控和遥控两种工作状态。两种工作状态的划分是以随动系统有无同步指令为界:当随动系统接收到同步指令时,按照指控系统引导设备给出的控制值进行协调工作;当随动系统没有接收到同步指令时,按照发射装置控制设备给出的控制值进行协调工作。

当导弹发射车未与指控系统连接,或者导弹发射车需要独立进行操作训练时,随动系统工作于本控方式。在本控工作方式下,导弹发射车在发射装置控制设备上装定发射架的高低、方位角位置,并启动或停止随动系统的工作。

当导弹发射车接电准备,但是还没有收到同步指令时,随动系统仍工作于本控方式。伺服控制器接收发射装置控制设备装订的发射架高低、方位角,使发射臂处于起始位置或者装填角位置。

当指控系统下达同步指令后,伺服控制器接收指控系统送来的高低与方位的跟踪角位置(速度),首先计算与发射架的实际角位置(速度)的偏差,然后按照 PID 控制算法进行处理、校正,输出当前采样周期的控制信号。

控制信号送到功放组合,首先经过 PWM 调制器,产生脉宽调制的控制脉冲。脉宽调制信号(PWM 信号)经过功率放大后,控制两个绝缘栅双极型晶体管模块(IGBT)中相应大功率晶体管的导通和截止,从而实现对直流伺服电机的正反转与调速控制。

直流伺服电机通过瞄准机带动发射架转动。同时减速器又通过传感器组合中的差动器带动粗、精示旋转变压器及测速发电机转子转动,将发射架的实际位置、速度反馈给伺服控制器。

当发射架的实际角位置(速度)与指控系统送来的控制值之间的误差为零(小于精度指标)时,伺服控制器输出的控制信号也为零,发射架停止转动;若目标运动,指挥控制车送来的控制值发生变化,随动系统控制发射架转动,就一直去消除控制值和实际值之间的误差,当误差小于规定值时,称发射架和天线波束处于同步跟踪状态,伺服控制器向指控系统返回同步信号,作为导弹发射的必要条件之一,直至导弹发射或者解除准备。

一枚导弹发射后,若发射架上还有已经准备的导弹,则随动系统保持当前跟踪状态不变。若发射架上没有准备的导弹或者对所有准备的导弹进行解除,同步指令断开,随动系统转为本控方式,高低方位返回本控装订的角位置,可以为继续装填或撤收转移节省时间。

三、随动系统控制技术

(一)随动系统的分类及控制方案

1.分类

随着控制技术的不断发展,组成随动系统的元件不断出现,随动系统的具体结构形式多种多样,随动系统的类型也多种多样,按不同的方式分类,则得到不同名称的随动系统。

(1)按输出物理量方式分类

1)位置随动系统,即系统的输出量是角位移量或线位移量。发射装置随动系统就属于此种类型。

2)速度随动系统,即调速控制系统,它的输出量是角速度或线速度。

(2)按系统的控制方式分类

1)误差控制的随动系统。它的特点是系统的运动快慢取决于误差信号的大小。当误差为零(即系统的输出量与输入量相等)时,系统处于静止状态。按误差控制的随动系统的结构形式如图 3-8 所示,它由前向通道 $G(s)$和反馈通道 $H(s)$构成,亦称闭环控制系统。发射装置随动系统就属于此种类型。

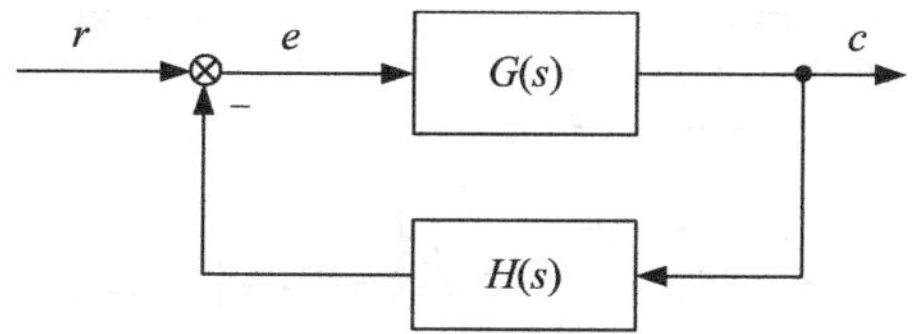

图 3-8　按误差控制的系统结构图

系统的开环传递函数为

$$G_o(s)=G(s)H(s) \tag{3-1}$$

系统的闭环传递函数为

$$\Phi(s)=\frac{G(s)}{1+G_o(s)} \tag{3-2}$$

若系统为调速系统，输入 r 为给定电压 U_r，输出 c 为速度，与输出速度相应的反馈电压为 U_f，用输入信号 U_r 与反馈信号 U_f 的差进行控制，则误差 e 为误差电压，有

$$e=U_r-U_f \tag{3-3}$$

调速系统的速度反馈通常采用测速发电机，所以主反馈通道的传递函数为常系数，即

$$H(s)=K_f \tag{3-4}$$

若系统为角位置随动系统，输入 r 为角位移 φ_r，输出 c 为角位移 φ_c，将输出角位移 φ_c 信号反馈到输入端，用输入角位移 φ_r 与输出角位移 φ_c 进行控制，则误差 e 为误差角，有

$$e=\varphi_r-\varphi_c \tag{3-5}$$

那么位置随动系统的主反馈通道的传递函数通常是

$$H(s)=1 \tag{3-6}$$

即所谓的单位反馈系统，这也是位置随动系统的特点。它的开环传递函数与闭环传递函数分别为

$$G_o(s)=G(s) \tag{3-7}$$

$$\Phi(s)=\frac{G(s)}{1+G(s)} \tag{3-8}$$

按误差控制的随动系统应用最早也最广，由于系统的动态品质和稳态品质存在着矛盾，要使系统输出能完全准确地复现输入，这是随动系统设计必须解决的主要问题。

2)按输入或扰动补偿复合控制的系统。这种类型的随动系统采用负反馈与前馈相结合的控制方式，亦称为开环-闭环控制系统，如图 3-9 所示，图中 $G_q(s)$为前馈通道的传递函数。

系统闭环传递函数为

$$\Phi(s)=\frac{[G_q(s)+G_1(s)]G_2(s)}{1+G_1(s)G_2(s)H(s)} \tag{3-9}$$

通过适当选择 $G_q(s)$的参数，不但可以保持系统稳定，而且可以极大地减小乃至消除稳态误差，以及可以抑制几乎所有的可测量扰动。无论是速度控制还是位置控制随动系统，都可以通过复合控制形式，提高系统的精度和快速性，而不影响系统的闭环稳定性。

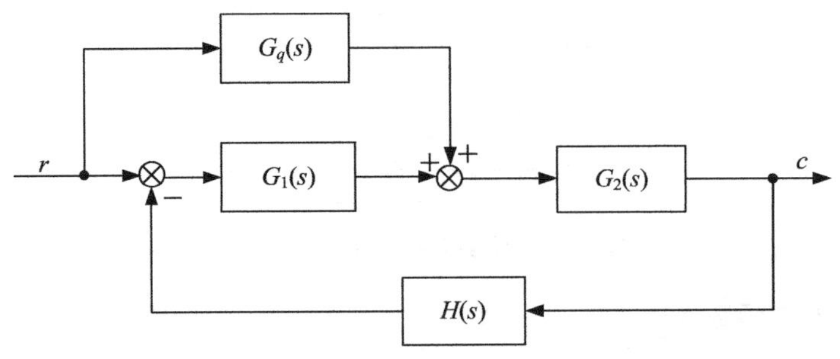

图 3-9　按输入或扰动复合控制的系统结构图

(3)按组成系统元件的物理性质分类

1)电气随动系统。组成系统的元件除机械部件外,均是电磁或电子元件。根据执行元件所用电动机种类的不同,又将电气随动系统分为三类:①纯直流随动系统,系统中传递的都是直流信号,执行元件是直流伺服电动机。②纯交流随动系统,系统中传递的都是交流信号,执行元件是交流伺服电动机。③交直流混合系统,系统中传递的既有交流信号又有直流信号。当执行元件是直流伺服电动机时,在直流信号前应增加交流信号到直流信号的变换电路(称为相敏整流电路或解调器);当执行元件是交流伺服电动机,在交流信号前应增加直流信号到交流信号的变换电路(称为调制器)。

2)电气-液压随动系统。系统的误差测量装置与前级放大部分是电气的,而系统的功率放大与执行元件则是液压元件。

3)电气-气动随动系统。系统的误差测量与前级放大部分是电气的,而执行元件是气动元件。

(4)按系统传递信号的特点分类

1)连续随动系统。系统中传递的电信号是连续的模拟信号,而不是离散的数字信号。

2)数字随动系统。系统中传递的电信号既有离散的脉冲数字信号,又有连续的模拟信号。数字信号与模拟信号必须经过转换才能进行传递。在数字随动系统中,数字计算机作为系统的控制器,是系统的一个环节,其输入和输出都必须是数字信号,而系统中模拟元件的输入和输出必须是模拟信号。因此,在数字随动系统中必须有数/模(D/A)、模/数(A/D)转换器。所以说数字随动系统是模拟信号和数字信号的混合系统,实质上数字随动系统就是一种计算机控制系统。

3)脉冲-相位随动系统。系统的特点是输入信号为指令方波脉冲,输出也转换为方波脉冲,按输入与输出方波脉冲的相位差来控制系统的运动。这种系统又称为锁相随动系统。

(5)按系统部件输入-输出特性不同分类

1)线性随动系统。系统各部件的输入-输出特性在正常工作范围内均是线性关系。可用线性微分方程或线性状态方程描述系统的运动。

2)非线性随动系统。系统中含有输入-输出特性是非线性的部件。描述这种系统的微分方程是非线性微分方程。

严格地说，任何一个实际的随动系统都是非线性系统，不可能存在那种理想的线性系统，因为组成系统的某些元部件总是存在较小的不灵敏区（或称死区），并有饱和界限。但只要当系统处于正常的工作状态时，系统仍能工作在线性区，则称系统是线性系统。而当系统处于正常的工作状态时，有元部件的输入-输出特性存在非线性特性，就称该系统为非线性系统。

（6）按执行元件功率大小分类

1）小功率随动系统：一般指执行元件输出功率在 50 W 以下。

2）中功率随动系统：一般指执行元件输出功率在 50～500 W 之间。

3）大功率随动系统：一般指执行元件输出功率在 500 W 以上。

2.控制方案

随动系统控制方案与许多因素有关，如系统的性能指标要求，元件的资源和经济性，工作的可靠性和使用寿命、可操作性能和可维护性能。下面仅给出几种常用的典型控制方案。

（1）纯直流控制方案

纯直流控制系统在结构上比较简单，容易实现而得到应用。但是直流放大器的漂移较大，这种系统的精度较低，目前只用于精度要求低的场合。

（2）纯交流控制方案

纯交流控制方案如图 3－10 所示。这种控制方案结构简单、使用元件少、系统精度难以提高，通常应用在精度要求不高的地方。

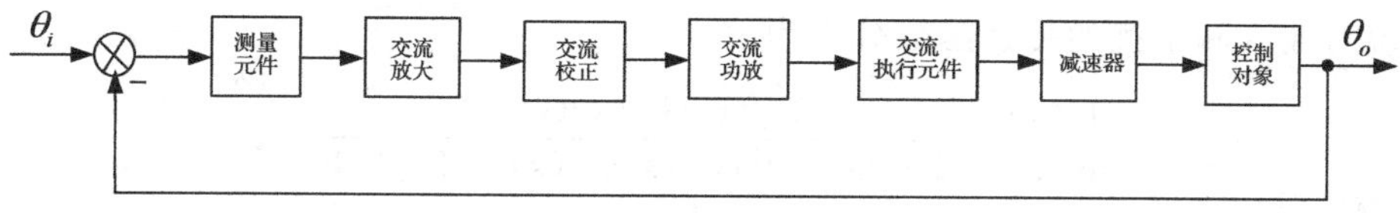

图 3－10 纯交流控制方案

在上述纯交流系统中，测量元件输出的误差信号中含有较大的剩余电压，这部分电压是由正交分量和高次谐波组成的。当系统的增益较大时，剩余电压可使放大器饱和而堵塞控制信号的通道，使系统无法正常工作，因而这种方案限制了增益的提高，也就限制了控制系统精度的提高。另外，交流校正装置的实现比较困难，这给控制系统的调整带来麻烦。由于上述原因，目前纯交流方案应用也较少。在要求较高的控制系统中，一般都采用交直流混合的控制方案。

（3）交直流混合控制方案

交直流混合控制方案如图 3－11 所示。与纯交流方案相比增加了相敏整流环节。图中控制方案是执行电机为直流电机的情况，若采用交流电机，则在功放前面还应加一级将直流电压变为交流电压的调制器。交直流混合方案采用了相敏整流环节，有效地抑制了零位的高次谐波和正交分量，同时采用直流校正装置也容易实现，使得控制系统的精度得到提高，因而得到广泛采用。在设计和调整中，要注意在交直流变换过程中，应尽量少引进新的干扰成分和附加时间常数，在解调器中应注意滤波器参数的选择。

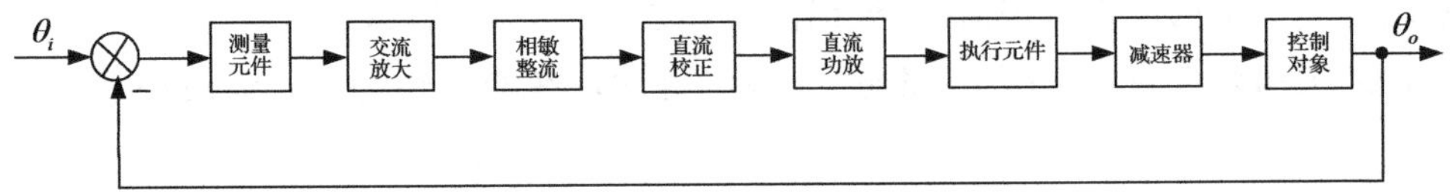

图 3-11 交直流混合控制方案

(4)双回路或多回路控制方案

在要求较高的控制系统中，一般采用双回路和多回路的结构。图 3-12 是双回路控制系统的结构图。

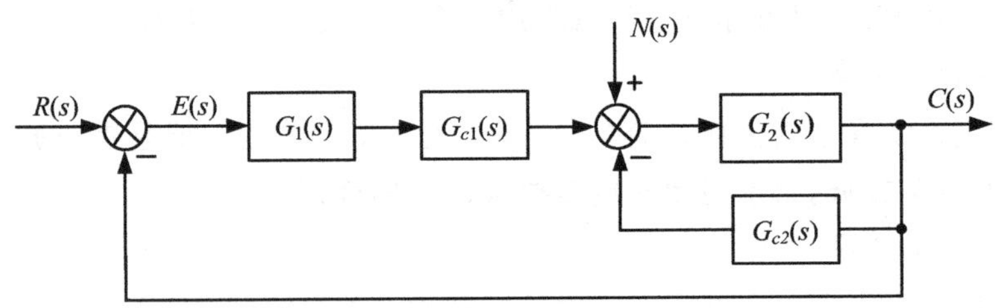

图 3-12 双回路随动系统的结构图

系统对输入和干扰的传递函数分别为

$$\frac{C(s)}{R(s)}=\frac{G_1(s)G_{c1}(s)G_2(s)}{1+G_2(s)[G_{c1}(s)G_1(s)+G_{c2}(s)]} \tag{3-10}$$

$$\frac{C(s)}{N(s)}=\frac{G_2(s)}{1+G_2(s)[G_{c1}(s)G_1(s)+G_{c2}(s)]} \tag{3-11}$$

由式(3-10)和式(3-11)看出，可以选择串联校正装置 $G_{c1}(s)$ 和并联校正装置 $G_{c2}(s)$ 来满足对 $R(s)$ 和 $N(s)$ 的指标要求。由于有了局部反馈，可以充分抑制 $N(s)$ 的干扰作用，而且当部件 $G_2(s)$ 的参数变化很大时，局部闭环可以削弱它的影响。一般局部闭环是引入速度反馈。控制系统引入速度反馈还可改善系统的低速性能和动态品质。

选择局部闭环的原则如下：一方面要包围干扰作用点及参数变化较大的环节，另一方面又不要使局部闭环的阶次过高(一般不高于三阶)。

(5)数字随动系统方案

数字随动系统方案如图 3-13 所示。以计算机作为系统的控制器，其输入和输出只能是二进制编码的数字信号，即时间上和幅值上都是离散的信号；而系统中被控对象和测量元件的输入和输出是连续信号，因此在计算机控制系统中需要用 A/D(模/数)和 D/A(数/模)转换器，以实现两种信号的转换。

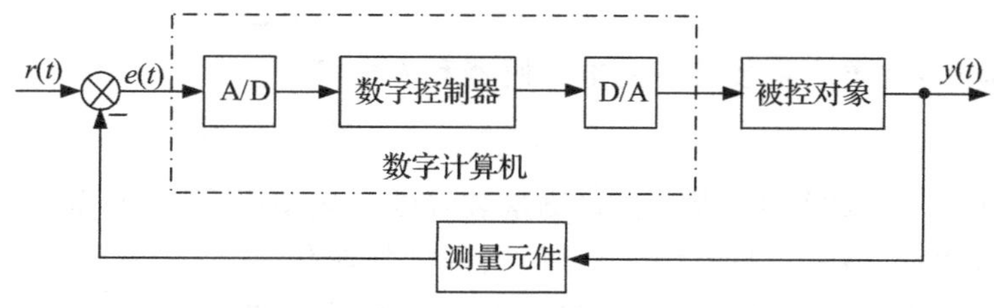

图 3－13　数字随动系统方案

此外，正确处理方案选择和元部件选择的关系也是很重要的。有时采用某一方案看起来显得简单，但对元部件要求很高。这时如果在方案上采取措施，则对元部件的要求可以降低。例如采用交流方案将对测量元件零位信号提出很高要求，改用交直流混合方案就很容易解决了。在选择方案时，要综合考虑到各方面因素，使控制的设计精度和成本都满足要求。

(二)控制技术

1.参数测量技术

传感器作为随动系统的测量元件，具有极其重要的作用，主要用于测量位置和速度等物理量以实现各种控制，其精度直接影响随动系统的精度。速度和位置测量元件是实现位置(速度)反馈的重要部件，它能产生一个与被检测量等效的电信号，并与输入的信号进行比较，送给控制器控制随动系统工作。

测量元件按被测物理量可分为以下四种：

1)位移测量元件：主要用于测量位移量，实现位移量反馈，包括角位移和线位移。常用的有电位计、差动器、感应同步器、自整角机、旋转变压器、数字轴角编码器、光电编码器等。

2)速度测量元件：主要用于测量速度量，实现速度量反馈，包括角速度和线速度。应用最多的是各种测速发电机和光电脉冲测速机，在一些精度要求不高的场合，有的也采用电桥测速电路。测速发电机是模拟测速元件，常见的测速发电机有三种，即直流测速发电机、交流异步测速发电机和交流同步测速发电机，其中交流同步测速发电机实际应用很少，光电脉冲测速机是数字测速元件。

3)加速度测量元件：主要用于测量加速度量，实现加速度量反馈，包括角加速度和线加速度。

4)电流测量元件：主要用于测量电流量，实现电流反馈。

在位移、速度和加速度测量元件中，又分为直线和旋转角度的两种方式。而无论哪种测量元件，无论采用何种原理，测量元件最后都是以电信号的形式输出。

测量元件按输出电信号的形式可分为以下两种：

1)模拟量形式：是以电压、电流等形式输出的，可能值通常有无穷多个。

2)数字量形式：是数码形式输出，由于寄存器的位数总是有限的，因此数字量可能取的值总是有限多个，如寄存器为 8 位，数字信号可能取为 00H～0FFH，共 256 个。

测量元件按信号转换的原理可分为以下两种：

1)电磁感应原理类：这类测量装置有自整角机、旋转变压器及测速发电机和感应同步器等。

2)光电效应类:这类测量装置有光电编码器和光栅等。

2. 信号选择技术

为了保证随动系统的精度,提高位置测量装置的测量精度,测量装置通常采用双通道测量电路。双通道测量电路可以产生精测和粗测两种控制信号,二者相互配合实现高精度随动系统控制。为了实现这两种控制信号对随动系统的适时控制,必须采用信号选择电路实现精示和粗示控制信号对随动系统的控制时机,只有经过对信号的选择才能输出到下一级的信号转换和放大电路,实现对随动系统的控制。图 3-14 所示为一种典型信号选择、转换与放大电路原理框图。

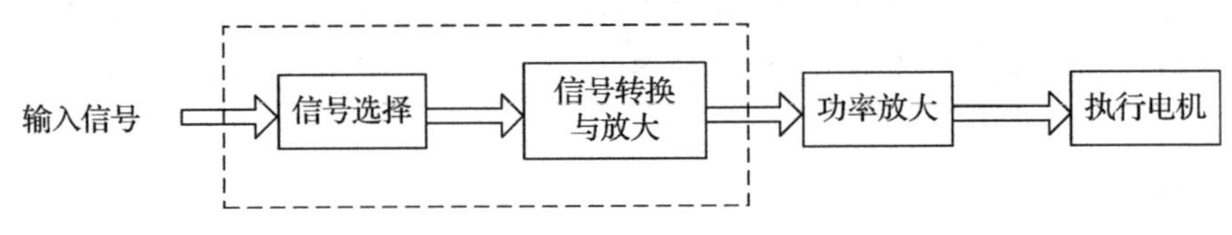

图 3-14　典型信号选择、转换与放大原理框图

选择电路功能就是对于双通道测量电路的随动系统,在误差角较小时,用于阻断粗示误差电压信号,仅使精示误差电压信号通过;在误差角较大时,且粗示误差电压信号大到一定值时,用于阻断或减小精示误差电压信号,而使粗示误差电压信号通过。

在随动系统中,目前常用的信号选择电路有晶体三极管型、稳压管型,早期的选择电路还有电子管型。

3. 信号处理技术

随动系统的执行元件是由功率模块提供电源来驱动,而功率模块的输出则与控制信号紧密相关,其控制信号必须具有足够的电压才能使功率模块工作,并为执行元件提供足够的电压和电流,使执行元件带着随动系统工作。因此,功放组合包括信号放大和功率放大两部分。

(1)信号放大

信号放大部分的作用是将由测量元件输出的微弱信号进行放大,满足功率放大部分的输入要求。由此可见,信号放大是对系统控制信号进行初级放大,一般有运算放大器构成的信号综合放大电路、集成运算放大器与晶体管构成的放大电路、晶体管构成的综合放大电路等多种形式。这些电路一般用作信号的电压(或电流)放大和小功率放大。

运算放大器构成的信号综合放大电路是将前一级的输出信号与送入该级的反馈信号或补偿信号,按一定的比例叠加,放大后形成控制信号。显然,运算放大器构成信号综合放大电路是一个比例加法器。

集成运算放大器与晶体管构成的放大电路是一个两极放大电路,前级是比例放大器,后级是功率放大器,可直接作用于放大电机的控制绕组。

晶体管构成的综合放大电路可采用差动形式,当需要对前级送来的输入信号和从后级反馈来的信号同时进行综合放大,并将不对称的输入信号变成对称的输出信号和减少零漂时,可采用晶体管差动放大电路构成综合放大电路。

(2)功率放大

功率放大是将信号放大后的控制信号进行二次放大以满足执行元件的功率要求。功率放大有电子管放大器、晶体管放大器、可控硅放大元件、交磁电机放大机和PWM功率放大器等。其中可控硅放大元件和PWM功率放大器主要用来作为中、大功率放大。

1)可控硅功率放大器。

可控硅相当于一个可控的单向导通开关,应用比较广泛,主要用于整流、逆变、调压、开关等四个方面。目前应用最多的还是可控硅整流。可控硅整流也用于直流电动机调速和同步电机励磁等方面。

在随动系统中,执行电机要根据误差信号的大小来调节速度,就可用误差信号大小的变化改变可控硅触发脉冲的相位,从而改变可控硅整流元件的导通角,以实现执行电动机转速的调节。当要根据误差信号的极性控制执行电机的旋转方向时可通过可逆整流电路来实现。

2)脉冲宽度调制(PWM)功率放大器。

脉宽调制功率放大器包括脉冲宽度调制器和开关放大器两部分。脉冲宽度调制器是将控制信号变成对应的频率固定的方波信号,其输入是连续变化的直流电压控制信号,输出信号为频率固定的方波信号,即开关放大器的输入信号。常采用电压比较器产生脉冲宽度调制信号。由于脉冲宽度调制器的输出信号功率很小,不能直接驱动执行元件,一定要通过开关放大器进行功率放大和电压放大。

典型的开关放大器之一是脉冲宽度调制(PWM)功率放大器,PWM功率放大器的晶体管工作在开关状态,不是饱和就是截止,因此其损耗低。这类放大器还有体积小、维护方便、工作可靠、造价低廉、改善随动系统的低速运行特性等优点。

随动系统一般要求执行机构既能正转(或正向移动),又能反转(或反向移动),即要求可逆运行,可逆PWM功率放大器有T型和H型两种结构形式。

根据在一个开关周期内,电枢两端电压极性变化和主电路中大功率晶体管通、断控制组合的不同,可逆PWM功率放大器有三种工作模式:双极模式、单极模式和受限单极模式。

T型电路结构简单,便于实现电能的反馈,但要求双电源供电,且晶体管承受的反向电压较高,为电源电压的两倍。因此,T型电路只适用于小功率低压随动系统。

H型双极模式PWM功率放大电路只需要单一电源供电,晶体管的耐压相对要求较低,高压伺服电动机普遍采用H型电路。H型双极模式的缺点是电枢两端电压悬浮,不便于引出反馈,且基极驱动电路数比T型电路多。

第四节　液压系统及其控制技术

液压系统是现代发射装置的重要组成部分,主要用于发射车功能动作的控制和执行,能够为导弹发射提供稳定工作平台、配合装填设备实现导弹装退、保证行军过程中的安全可靠等。

一、功用与组成

(一)功用

液压系统的主要功用有：

1)提供液压能源，即提供合适压力、流量的液压油，工作压力和流量可调。

2)实现发射车的自动调平与撤收，并能保持足够长时间的调平精度。

3)实现天线杆升降。

4)实现发射车的行军锁定和解锁。

5)实现发射箱的锁定与解锁。

6)实现联装架的起竖、回平或者高低俯仰运动。

7)实现发射车的方位调转运动。

8)实现筒弹下滑与提升。

9)具有油液过滤、油液污染度警示等防护和安全保护性能。

10)具有应急动作功能，在仅有底盘供电的情况下能够完成调平支腿回收锁定、发射装置(俯仰、方位和辅助油缸)的回转归零和回平。

(二)组成

液压系统由泵站、调平回路、天线杆升降回路、行军固定回路、发射箱锁定回路、高低俯仰回路、筒弹下滑与提升回路以及管路、接头等直属附件组成。其中液压执行元件有调平油缸、天线杆升降油缸、行军锁定油缸、箱弹锁定油缸、俯仰油缸、筒弹下滑油缸等。

1.泵站

泵站用于提供液压系统各功能回路执行元件完成指定动作所需要的液压油。

泵站由电机、齿轮泵、油箱、比例调压阀、电磁调压阀、单向阀、滤油器、手动换向阀以及液位计、温度计、空气过滤器、油液污染度检测仪、测压接头等一些其他附件组成。

1)电机：用以驱动齿轮泵转动，为系统主动力源。

2)齿轮泵：转动后从油箱抽取液压油，使之变成压力油提供给液压装置其他各功能部分。

3)油箱：用以贮存液压油。

4)比例溢流阀：用以设定与液压装置各功能动作工作时各种载荷情况相匹配的各级压力。

5)电磁调压阀：用以设定液压装置各执行元件机械锁的解锁压力。

6)单向阀：防止液压油的倒流。

7)滤油器：由吸油滤油器、高精管路滤油器和回油滤油器组成。这三个油滤用以对液压装置的液压油进行过滤，自带污染度指示器。

8)油液污染度检测仪：对系统油液污染度和油温进行在线监测。

9)测压接头：可以接入测压装置测量输出压力。

10)其他附件：主要用以监测液压装置工作时的油箱油量、压力、温度等各种参数。

2.调平回路

导弹发射车一般按三点调平、四点支撑的方案进行车体调平，主要由四个调平油缸、一个三位四通电磁换向阀、一个两位三通电磁换向阀组成，每个调平油缸的油路上还有一个比例调速阀与其配套。

1)调平油缸：执行车体的调平和回收动作，能承受调平侧向力的作用，能够可靠、稳定地机械锁紧。外缸体和导向筒之间注有液压油用以隔潮防锈，导向筒上部集成有呼吸阀，平衡油缸伸缩时外缸体和导向筒之间的气压变化。

2)比例调速阀：用以对相应的调平油缸的运动速度进行调控。

3)换向阀：当电磁换向阀处于停止状态时，能够长时间保持调平油缸停止时所处的状态。

3.俯仰回路

俯仰回路完成发射装置的俯仰、回平功能，由俯仰油缸、电磁换向阀、比例调速阀、平衡阀(液控单向阀)、同步分流器(交叉溢流阀和补油阀)、电磁换向阀组成。

1)俯仰油缸：执行联装架的俯仰和回平动作，具有任意位置机械锁定功能。

2)比例调速阀：控制俯仰油缸的俯仰速度，使发射装置能够平稳、快速地完成俯仰动作。

3)同步分流器：控制双缸的流量等分，保证双俯仰油缸的动作同步，根据负载自行调整各自俯仰油缸的工作压力。

4.发射箱锁定回路

发射箱锁定回路分为独立的几路，分别对应发射架几个弹位的发射箱的锁定和解锁，由锁定油缸、电磁换向阀、减压阀组成。

1)锁定油缸：用于实现发射箱的锁定和解锁，能够可靠、稳定地机械锁紧。

2)换向阀：控制发射箱锁定油缸在锁定、解锁和停止三种状态之间进行切换。

5.行军固定回路

行军固定回路用于完成发射装置行军状态的可靠锁定，由行军固定油缸、电磁换向阀、减压阀组成。

1)行军固定油缸：具有任意位置机械锁定功能。

2)电磁换向阀：控制行军固定油缸在锁定、解锁和停止三种状态之间进行切换。

6.管路

管路将液压装置各功能部分连接成一个系统整体，能源部分通过它给液压装置其他功能部分输送与其动作要求相匹配的液压油，由软管、硬管、管接头以及管夹等组成。

1)软管、硬管、管接头：将液压装置各功能部分之间以及各功能部分内部之间的液压元件连接起来。

2)管夹：具有阻隔振动和冲击的作用，并能吸收作用在管子上的轴向力。

二、工作原理

液压系统是完成发射车作业的动力源和执行机构。在发射装置控制设备的配合下，液压装置主要用于为各个油缸的运动提供压力油，通过集成块和控制阀来控制压力油的方向、流量、压力，以实现对油缸运动的方向、速度、最大推拉力的控制。

1.能源部分

能源部分主要给液压系统执行的各项功能动作提供其所需的压力及合适流量的液压油。在能源部分输出液压油的总油路上设置粗滤油器和精滤油器两重油滤，用于对要进入液压系统的液压油提前进行过滤，将污染物拦截在系统的其他功能部分之外，防止污染物随液压油在液压系统内部循环，避免了污染的扩散，净化了液压元器件所处的油液环境，提高了液压系统的可靠性和使用寿命。

2.调平部分

(1)调平过程

液压系统接到控制设备的调平信号时，电磁换向阀换向，双向液压锁打开，比例调速阀根据调速信号大小调节其开度，从而控制调平油缸的伸出速度。

(2)调平油缸回收过程

液压系统接到控制设备的调平油缸回收信号时，电磁换向阀换向，双向液压锁打开，比例调速阀根据调速信号大小调节其开度，从而控制调平油缸的回收速度。调平油缸回收到位时，双向液压锁锁定，调平油缸保持回收到位状态。

3.起竖部分

(1)锁定状态

液压系统不工作，起竖部分没有接到控制系统的动作信号时，起竖油缸处于锁定状态。安装在起竖油缸无杆腔的比例调速阀和安装在起竖油缸有杆腔的平衡阀均处于关闭状态，液压油被密封在油缸腔内，起竖油缸可以保持其伸出长度。锁定状态时，电磁换向阀处于中位，油路中的液控单向阀处于关闭状态，起到双保险作用。

(2)起竖状态

液压系统接到控制设备的起竖信号时电磁换向阀换向，液控单向阀打开，此时起竖油缸还不会执行起竖动作；当控制设备给出调速信号，比例调速阀根据信号大小调节其开度，从而控制起竖油缸的起竖速度；平衡阀打开，起竖油缸执行起竖动作。

发射装置起竖过程中，当起竖油缸的载荷变化从大到小直至出现负负载时，平衡阀阀芯的控制压力也随之变化，阀件内部油路上的可控节流孔开口随控制压力逐渐减小，在节流孔处就产生了背压，通过这个背压来克服起竖过程的负载，使得整个起竖过程的可控。

(3)回平状态

回平时平衡阀中的单向阀工作。液压系统接到控制设备的回平信号时，电磁换向阀换向；液控单向阀打开，此时起竖油缸还不会执行回平动作；当控制设备给出调速信号，比例调速阀根据信号大小调节其开度，从而控制起竖油缸的回平速度。

4.下滑部分

(1)下滑过程

液压系统接到控制设备的下滑信号时，电磁换向阀换向，液控单向阀打开，下滑油缸执行下滑动作。

(2)提升过程

液压系统接到控制设备的提升信号时,电磁换向阀换向,下滑油缸执行提升动作。

(3)下滑和提升速度控制

下滑部分下滑和提升的速度通过安装在每个下滑油缸上的调速阀单独调节。

5.锁定部分

筒弹锁定和行军固定器锁定的结构相似,原理相同。

(1)锁定过程

液压系统接到控制设备的锁定信号时,电磁换向阀换向,锁定油缸执行锁定动作。

(2)解锁过程

液压系统接到控制设备的解锁信号时,电磁换向阀换向,锁定油缸执行解锁动作。

三、液压系统控制技术

(一)电液比例控制技术

1.电液比例控制基本概念

从广义讲,凡是输出量(如压力、流量、位移、速度、加速度等)能随输入信号连续地按比例变化的控制系统,都称为比例控制系统。从这个意义上说,伺服控制也是一种比例控制。但是通常所说的比例控制系统是特指介于开关控制和伺服控制之间的一种新型电液控制系统。

相对于开关控制系统来说,比例控制系统能实现连续、比例控制,并且控制精度高、反应速度快。相对于伺服控制系统来说,由于比例阀是在普通工业用阀的基础上改造而成的,因此加工精度不高、成本低廉、抗污染性能好。它几乎同开关型控制差不多,控制精度、反应速度等控制性能虽然比电液伺服系统差,但能满足大多数工业控制的要求,并且阀内压降小,因此能节省能耗、降低发热量。

组成电液比例控制系统的基本元件有如下几种:

1)指令元件:它是产生输入给定控制信号的元件。

2)比较元件:它的作用是把给定输入与反馈信号进行比较,将得出的偏差信号作为电控器的输入。

3)电控器:它的作用是对输入的信号进行加工、整形和放大,以便达到电-机械转换装置的控制要求。

4)比例阀:可分为两部分,即电-机械转换器及液压放大元件,还可能带有阀内的检测反馈元件。

5)液压执行器:通常指液压缸或液压马达,它是系统的输出装置,用于驱动负载。

6)检测反馈元件:对于闭环控制需要加入检测反馈元件,它检测被控量或中间变量的实际值,得出系统的反馈信号。

电液比例控制系统按被控量是否被检测和反馈来分类,可分为开环比例控制和闭环比例控制系统;按控制信号的形式来分类,可分为模拟式控制和数字式控制,后者又分为脉宽调制、脉码调制和脉数调制等;按比例元件的类型来分类,电液比例控制系统可分为比例节流控制和比例容积控制两大类。比例节流控制用在功率较小的系统，而比例容积控制用在功率较大的场合。

目前，最常用的分类方式是按被控对象（量或参数）来进行分类，则电液比例控制系统可以分为比例流量控制系统、比例压力控制系统、比例流量压力控制系统、比例速度控制系统、比例位置控制系统、比例力控制系统和比例同步控制系统。

电液比例控制系统的主要优点有：

1）操作方便，容易实现遥控。

2）自动化程度高，容易实现编程控制。

3）工作平稳，控制精度较高。

4）结构简单，使用元件较少，对污染不敏感。

5）系统的节能效果好。

2.电液比例控制的基本原理

电液比例控制可以是开环控制，如图 3－15 所示，也可以是闭环控制，如图 3－16 所示。

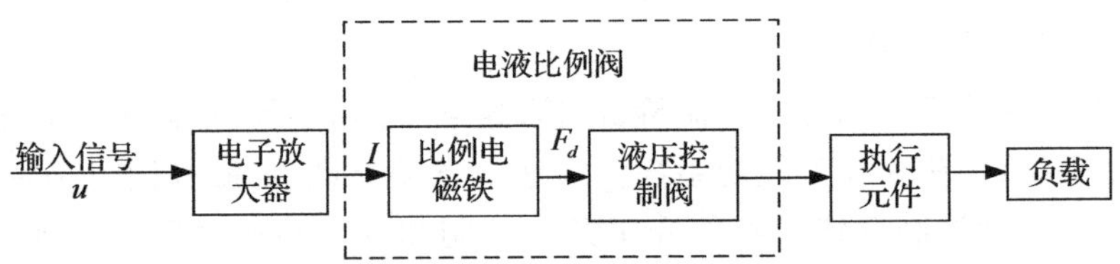

图 3－15 电液比例开环控制系统框图

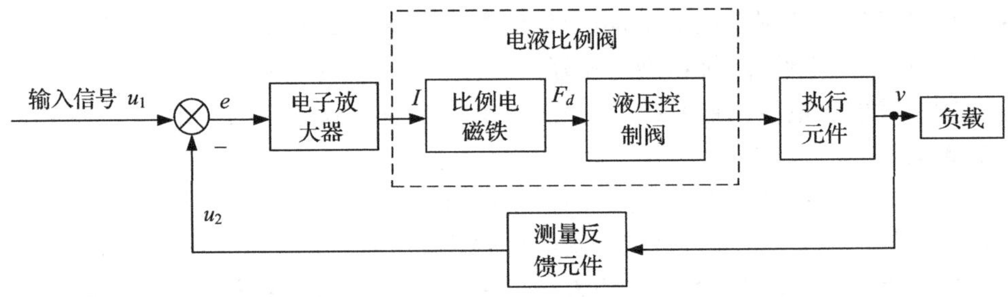

图 3－16 电液比例闭环控制系统框图

在图 3－15 中，通过电液比例阀进行开环控制，输入电压经电子放大器放大后，驱动比例电磁铁，使之产生一个与驱动电流 I 成比例的力 F_d，去推动液压控制阀，液压控制阀输出一个强功率的液压信号（压力和流量），使执行元件拖动负载以所期望的速度运动。改变输入信号的大小，便可改变负载的运动速度。

若需提高控制性能，则可以采用闭环控制。图 3－16 是在开环控制的基础上增加一个测量反馈元件，不断测量系统的输出量并将它转换成一个与之成比例的电压信号，反馈到系统的输入端，同输入信号比较，形成偏差 e。此偏差信号 e 经放大、校正后，加到电液比例阀上，放大成强功率的液压信号，去驱动执行元件，以拖动负载朝着消除偏差的方向运动，直到偏差 e 趋近于零为止。

3. 电液比例阀的组成及分类

电液比例阀是由电-机械转换器、液压放大元件及液压阀本体组成的。电-机械转换器是电液的接口元件，它把放大后的电信号转换成与电信号成比例的机械量(力或位移)输出，经液压阀放大驱动负载。

目前应用的电-机械转换器大多采用电磁式设计，利用电磁力与弹簧力相平衡的原理实现电-机械转换。这种电-机械转换器称为比例电磁铁，它是螺管式直流电磁铁。这种比例电磁铁结构简单、采用一般材料、工艺性好、输出力大、行程长，有些还增设应急操作装置，在电控器失灵时能用手动维持正常工作。

比例电磁铁根据是否带内置位移传感器可分为力控制型和行程控制型。

(1)力控制型比例电磁铁

改变输入比例电磁铁的电流，可以获得按线性变化的力，输出力与输入电流成线性关系。这种关系在 1～5 mm 的行程内有效，称为力-行程特性曲线。力控制型比例电磁铁负载弹簧刚度大，动态特性好，仅工作在一个相当小的行程范围(1.5 mm)内，适用于控制先导阀芯。

(2)行程控制型比例电磁铁

在行程控制型比例电磁铁中，线性位移传感器(差动变压器式)与衔铁相连，组成一个内部闭环控制回路，使电磁铁的行程得到更准确的控制；同时其负载弹簧刚度小，故电磁铁的行程大，典型行程范围为 3～5 mm。行程控制型比例电磁铁可直接与方向阀、流量阀的滑阀相连，也可与压力阀、锥阀相连。比例电磁铁最大输入直流电压为 24 V，最大直流电流为 800 mA，最大输出力为 65～80 N。

液压系统的压力和流量是两个主要被控参数。常见比例阀有比例压力控制阀、比例流量控制阀、比例方向阀和比例复合阀。比例压力控制阀、比例流量控制阀为单参数控制阀；比例方向阀同时控制液流方向和流量，是两参数控制阀；比例复合阀为多参数控制阀。

(二)液压调平控制技术

1.液压自动调平的控制方法

液压自动调平的控制方法有角度误差控制法和位置误差控制法。

从控制逻辑和实现来说，位置误差控制法需要根据传感器的信号计算各支腿的位移量，然后再将位移量传给支腿伺服系统，驱动支腿的上升和下降，系统实现复杂，成本较高。角度误差控制法可以通过简单的逻辑电路实现，系统简单、成本低。

从调平精度来说，位置误差控制法采用伺服控制，调平精度高、速度快。角度误差控制法的调平精度较低。

在近年来的研究文献中发现，两种方法在实际应用中又演化出了以下 4 种性能优良的调平方法：

(1)辅助腿移动重心的角度误差调平法

此方法采用辅助支撑腿参与调平，实际上是首先利用辅助支撑腿的作用力将整个平台的等效重心位置移至 4 个主支撑点中间，从而进行 6 点调平。这种方法适用于载荷大、平台跨度大、重心移动明显的平台。

(2)最高支腿不动，追逐式、循环多次调平法在调平过程中，最高点保持不动，将较低的3条支腿所需要的移动量存储在控制器的相应寄存器中，同时系统驱动程序设定支腿轮流上升的次数 n。考虑到系统惯性等因素，取 $2<n<4$。调平时，较低3点各自轮流往最高点移动调平时所需移动量的 $1/n$，循环 n 次以后，各支腿与最高支腿等高，平台处于水平状态。

(3)倾角和位移双闭环控制加压力反馈调平法

根据平台位置姿态和自动调平运动方程，每个支腿需要的调平量可由平台的横倾角、俯仰角和4个调平支腿之间的距离分别计算，控制系统直接控制各液压支腿按各自的调平量伸出(位移传感器判断是否移动到位)，这样即可一次调平，并辅以压力反馈的检测方法避免虚腿现象的产生。同时针对平台可能存在的加工误差、承重后会产生的微小变形等不利影响，采用遗传算法对位移传感器进行标定，提高了调平精度。

(4)位置误差控制法与角度误差控制法结合的粗-精调平法

先用升高3点的方法将平台进行粗调平，3支腿的升高速度和所需升高的高度成比例。当达到设定的粗调平精度时进入精调平阶段，精调平采用同边两腿等速升高的方式控制角度误差，使之达到设定的调平精度。

2.液压自动调平中的虚腿问题

由平面几何可知3点决定一个平面，所以4点支撑和6点支撑的调平系统都必然有多余的支腿作为辅助支撑，从而产生虚腿问题，即有一条支腿未着地或者着地后支撑力明显偏小。解决虚腿问题一般采用以下方法：

(1)调平后支腿测试性上升

在系统追逐式调平完成后，对最低支腿进行测试性上升，直到水平传感器产生波动时停止，此时系统已经调平，并且不会产生虚腿。

(2)各支腿安装压力传感器检测支撑力

通过压力传感器判断虚腿的位置，然后伸长虚腿使其着地并受力。但伸长量必须适量，否则会造成其它实腿成为虚腿。

(3)限定等效重心位置防止虚腿

平台等效载荷的分布与调平过程中是否会出现虚腿有着密切的联系，因此在布局车载装备时要综合考虑等效重心的位置，从源头上避免调平过程中虚腿的产生。

(4)采用只升不降的控制原则

由于液压缸的阻尼特性，为了避免因支腿油缸往复动作带来的迟滞误差造成平台虚腿，自动调平时支腿油缸采取只升不降的控制原则。

虽然大量文献对虚腿问题做了细致研究，并采取了诸多措施改善虚腿状态，但并没有提出根本性的预防虚腿产生的方法和设计条件，使工程设计真正走出虚腿现象的"产生—消除—产生—消除"的控制漩涡，导致了调平时间的增加。

3. 液压系统安全工作压力的调定

1)由于液压系统的工作压力取决于它工作时所承受负载的载荷大小，所以液压系统执行各项动作时存在各种不同的载荷情况，通过控制比例溢流阀可以细分并设定出与各种载荷相匹配的各级压力。

2)当执行元件在动作过程中出现载荷过载的异常情况(即压力超出了设定的正常工作

时的压力值)时，比例溢流阀将使整个油路短路，使执行元件因没有压力油的供给而无法动作，从而避免造成设备更大的损坏。

3)液压系统在开始加电启动时，比例溢流阀处于卸荷状态。避免了电机的带载起动，从而提高了电机使用效能，延长了电机的使用寿命。

4. *液压调平中的振动和噪声控制*

引起系统振动和噪声的原因主要有以下几个方面：

1)驱动液压泵的机械传动部分引起的噪声相当大，尤其是当液压泵直接由底盘发动机带动的工况下其噪声比由电动机带动引起的噪声要高，而发射车的液压泵一般都是由底盘发动机直接带动的。

2)液压泵本身的噪声是系统噪声的主要部分，由于在调平过程中各回路的油液流量和压力经常处于急骤变化状态，所以会造成液压泵中各构件的振动，接着又引起周围空气产生疏密变化的振动，进而产生噪声。

3)液压阀的噪声也是系统中噪声的重要部分。在调平过程中，进入各阀的流量和压力的急剧变化会引起流量和压力脉动，使阀体与壁面振动而产生噪声。工作中电磁换向阀的频繁换向通常引起溢流阀的频繁动作，因而溢流阀的噪声比其它阀更为明显。

4)系统中空气的进入不但容易产生空穴现象从而形成很高的压力冲击引起噪声，同时也极容易使执行机构在运动中出现低速爬行现象，这也是产生振动和噪声的原因。

目前常用的降低系统振动和噪声的主要途径如下：

(1)将系统油液中的空气及时排掉

由液压传动与控制原理可知，液压油的体积弹性模量很大，即没有混入空气的液压油很难被压缩，液压回路在理论上的刚度很大。如果液压油中混入不可溶解的气体，其有效体积弹性模量会大大降低，从而使整个系统的刚度减小，容易产生低速爬行现象。但为了保证容积式液压泵的自吸能力，油箱中的油液必须与空气接触，工作一段时间后液压管路中可能会出现空气，所以必须及时排出。

(2)避免产生空穴现象

应考虑阀的进口压力与出口压力比值不要太大，一般以 3.5 为宜。为防止油源产生空穴现象，可采取减小吸油阻力或辅助泵供油的方法。

(3)采用弹性物体使油泵与底座隔离，还可以在管道或薄壁零件表面涂上一层阻尼材料层，防止噪声向空气中辐射。

总之，液压系统的振动和噪声是一个较复杂的问题，不但与元件设计、制造和工作过程有关，而且与系统的设计、安装和使用维护等有关。

习　　题

1.发射装置控制系统的功用和组成是什么？

2.发射装置控制设备的组成和功用是什么？发射装置控制技术的特点是什么？

3.随动系统的功用和组成是什么？随动系统控制技术的内容有哪些？

4.液压系统的功用和组成是什么？液压系统控制技术的内容有哪些？

第四章　导弹发射控制技术

随着电子技术的发展，发控系统经历了时间继电器和电磁继电器控制、门电路（或集成电路）与电磁继电器控制、计算机控制等发展阶段。新型地空导弹发控系统广泛采用计算机分布式控制技术，既保证了导弹发射任务的完成，又大大提高了系统的性能。本章主要介绍发控系统、发控系统控制技术、发控系统通信技术、发控系统配电技术等内容。

第一节　发控系统

发控系统是发射设备的重要组成部分，主要完成导弹射前检查、发射准备和发射控制任务。

一、发控系统的功用、组成

发控系统是执行导弹发射控制任务的核心设备。在导弹起飞前，发控系统是指控系统与导弹相互联系和信息交互的唯一通道，其功能性能、自动化程度和可靠性等，直接影响导弹准备和发射能否成功。

（一）功用

由于导弹发射方式、发控系统工作状态、导弹制导控制方式、导弹供电方式等不同，决定了发控系统的功用也有较大区别，但应具备以下基本功能。

1）检查导弹在位状态。

2）射前准备。

3）装订导弹射击诸元。

4）发射控制。

5）发射故障检测和处理。

6）多弹管理。

7）与指控配合进行训练和维护。

部分发控系统还完成对发射装置（随动系统或者车控系统）的控制、全配置导弹的管理、导弹在架测试、导弹初始对准等功能。

发控系统在指控系统的控制下，检测导弹在位状态、对导弹加电控制和装订导弹射击诸元，然后按严格的发射时序控制导弹发射过程，其工作特性决定了其具有以下几个特点。

1）发控系统为高实时性控制系统，特别是在导弹发射控制过程中，具有严格的时序要求。

2)发控系统为高安全性系统,应具有足够安全的措施,确保导弹的管理和发射控制安全。

3)发控系统为高可靠性系统,应具有足够的容错能力、抗干扰能力和冗余能力。

4)发控系统为嵌入式控制系统,控制软件紧密依附于硬件,操作人员不与软件直接接触,仅通过开关、按钮等以命令和指令形式与软件打交道。

5)发控系统为多输入输出系统,需处理大量的输入和输出信号量。

(二)组成

发控系统主要是指位于各导弹发射车上的发控单元,一般由发控计算机组合、电源设备、执控组合、辅助设备、筒弹插头和导弹模拟器等组成。

由于发控系统对上连接指控系统,对下连接导弹(筒弹)或者模拟器,因此,与发控系统密切相关的部分包括指控系统与发控相关部分和导弹(筒弹)与发控相关部分。

发控系统的一般组成和功能联系如图 4-1 所示。

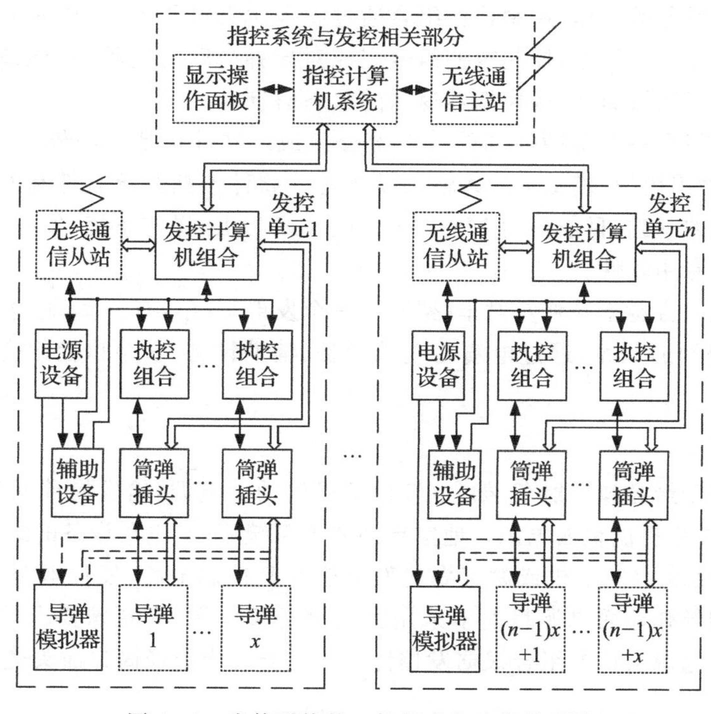

图 4-1　发控系统的一般组成和功能联系图

1.与发控系统密切相关部分

指控系统与发控相关部分是指控系统的重要组成部分,也可以是专设的发射控制台。其主要用于通过操作面板和键盘接收指挥人员的操作指令、需要装订给发射设备和导弹的参数,设置发射设备的工作状态;建立和检查与各发控单元的通信联系;接收发控系统返回的发射设备和导弹的信息、参数装订结果;完成发控单元控制的逻辑运算;显示和适时向各发控单元发出指令和需要装订的参数;遥控接通或断开各发控单元的电源;向各导弹发射车提供同步时钟;完成发控系统工作监控和故障诊断。

地空导弹武器装备不同,指控系统与发控相关部分的结构组成也有较大差别,一般包括显示操作面板、指控计算机系统和无线通信主站等。指控系统与发控相关部分和发控系统之间主要以数据通信方式完成信息交互,可用电缆有线连接或通过无线通信系统沟通联系。

导弹(筒弹)与发控相关部分包括用于沟通电源和信息的筒弹插座、用于与发控计算机组合通信的弹载计算机、弹上能源系统和点火系统的激活点火丝、用于向发控系统提供导弹状态信息和接收发控系统电源及控制信号的电路等。

2.发控计算机组合

发控计算机组合是发控单元的控制核心。其主要用于接收通过电缆或者无线通信从站数据传输的指控系统的指令、装订给发控单元和导弹的参数,向指控系统返回发射设备和导弹的状态信息、参数装订结果;建立和检查通过筒弹插头与导弹(筒弹)或模拟器的通信联系,传递需要装订给导弹的参数并接收导弹(筒弹)或模拟器返回的状态信息和参数装订结果;执行指控系统的指令,完成导弹检查、准备、发射和故障处理等逻辑运算;控制发控单元电源设备和辅助设备的工作,控制执控组合通过筒弹插头向导弹(筒弹)提供地面电源;向执控组合和辅助设备发出指令,控制执控组合完成对导弹(筒弹)的检查、准备、发射和故障处理等工作,并接收导弹(筒弹)或模拟器返回的状态信息。

发控计算机组合一般由硬件和软件两部分组成。硬件包括电源模块、处理器、通信模块、开关量输入输出模块、模拟量输入输出模块等。软件包括系统软件和发控软件,系统软件是处理器工作的基础,目前多为 MS－DOS 或 VxWorks 操作系统,发控软件是完成导弹发射控制任务的专用软件。

发控计算机组合位于导弹发射车(架)上,每个发射车(架)有一套,通过有线或无线通信方式与指控系统沟通联系,通过电缆与电源设备、辅助设备、多个执控组合、筒弹插头沟通联系。

3.电源设备

电源设备用于给导弹发射车(架)电气设备提供动力电源,给发控单元控制系统提供所需要的电源,给导弹提供地面电源。地空导弹武器系统不同,电源设备的结构组成和工作原理不同,一般包括取力发电机或燃气涡轮发电机及其控制电路、发控电源和导弹地面电源等。发控电源和导弹地面电源目前多采用大功率开关电源,有特殊要求的也采用变流机。供给导弹的地面电源由执控组合根据发控计算机组合的指令经筒弹插头送往导弹(筒弹)。

4.执控组合

执控组合接受发控计算机组合的控制,执行发控计算机的指令,对导弹进行射前检查并将检查结果返回发控计算机组合;和筒弹插头一起沟通发控单元和导弹(筒弹)的通信联系;接收电源设备提供的导弹地面电源,按照发控计算机的指令适时将导弹地面电源通过筒弹插头提供给导弹(筒弹);传递需要装订给导弹的参数和参数装订结果;完成导弹准备和发射过程中的部分逻辑功能和功率转换;完成导弹故障处理和解除。

执控组合的主要元件一般是固态继电器,对于有特殊要求的地空导弹武器装备,如模块化设计要求、一筒多弹等,执控组合内部还有自己的处理器和接口电路。

执控组合位于导弹发射车(架)上,通过电缆与电源设备、发控计算机组合、辅助设备、筒弹插头进行联系。

5.辅助设备

辅助设备针对不同地空导弹武器装备导弹准备、发射过程中的特殊要求完成各自的功能任务。比如:由专门的检测设备完成发射车功能快速检查;由专门的监测设备记录作战过程中的重要参数和设备的状态;对于倾斜发射的导弹,由随动系统完成跟踪瞄准任务;对于半主动寻的制导的导弹,由调谐器给导弹提供直波信号,使弹上引导头预先锁定在照射雷达的频率上;对于复合制导的导弹,由频率相位自动微调设备完成导弹本机振荡器速调管、应答机磁控管频率微调和重调工作以及无线电测向仪相位微调工作,将其调到照射制导雷达的工作频率上,保证导弹飞行过程中与地面照射制导雷达的通信联络。

6.筒弹插头

筒弹插头是导弹与发控系统电气沟通的桥梁,主要用于向导弹(筒弹)传递执控组合的导弹地面电源和指令、需要装订给导弹的参数和向执控组合传递导弹(筒弹)执行指令情况、参数装订情况和导弹的状态信息;沟通弹架通信联系。

每枚位于导弹发射车(架)上的导弹(筒弹)对应一个筒弹插头。裸弹时为脱落插头,筒弹时为筒弹插头+脱落插头两部分。

脱落插头安装在专用的脱落插头机构上。裸弹发射方式的导弹,脱落插头机构位于定向器上;箱筒发射方式的导弹,筒弹插头位于联装架上,脱落插头机构位于发射箱内部。导弹起飞瞬间,带动脱落插头完成与导弹的可靠分离。

7.导弹模拟器

导弹模拟器是导弹(筒弹)的模拟装置,由于导弹接电次数有限,在发射单元上一般都配有模拟器,主要用于部队日常训练和对发射系统进行功能检查。

由于导弹采用计算机控制技术,为完成对导弹(筒弹)的功能模拟,模拟器也采用计算机控制技术,一般由硬件和软件两部分组成。硬件包括电源模块、处理器、通信模块、开关量输入输出模块和操作显示面板等。操作显示面板用于模拟导弹主要电路状态和模拟显示导弹执行发控指令情况。软件包括系统软件和模拟器软件,系统软件是处理器工作的基础,目前多为 MS-DOS 或 VxWorks 操作系统,模拟器软件是完成导弹功能模拟的专用软件。

模拟器一般有固定的和移动的两种,固定的模拟器安装在发射装置上,移动的模拟器平时放在舱室内,使用时搬出。模拟器在使用时,通过模拟器电缆上带的模拟器插座与筒弹插头连接。

二、发控系统的工作状态及工作过程

(一)工作状态

发控系统的工作状态分为本车控制和遥控控制两种。

1.本车控制

本车控制时,发控系统脱离指控系统的控制,独立完成发控自检、BIT 测试和筒弹测试等功能。

(1)发控自检

发控自检时,发控系统与模拟器连接,可单步检查发控系统各功能电路,也可根据本车控制指令进行系统自检,检查的项目和检查过程与正常发射程序相同。发控系统按照正常工作逻辑顺序对模拟器进行控制,并利用模拟器中的计算机完成模拟弹载计算机自检、装订参数等功能,通过模拟器面板显示其工作状态,目视检查与正常情况相同则为自检正常,其目的在于定性地检查发控系统工作的正确性。

(2)BIT 测试

对于有故障诊断定位功能的发控系统,还可调用发控计算机 BIT 测试程序,对发控系统各单板进行检查和故障定位。

(3)筒弹测试

筒弹测试时,发控系统可与导弹(筒弹)连接,对导弹(筒弹)与发控相关的电路进行检查;也可与模拟器连接,训练操作人员对导弹(筒弹)测试的方法步骤。此时,发控计算机调用筒弹测试程序,按照测试流程完成筒弹测试。

2.遥控控制

遥控控制时,发控系统在指控系统的控制下,主要完成作战、功能检查和训练等功能。

(1)作战模式

作战模式下,发控系统与导弹(筒弹)连接,根据指控系统的指令自动完成导弹发射控制任务。发控系统无人值守,指控系统控制发控计算机启动并与之建立数据通信,发控计算机运行作战程序,通过执控组合完成对导弹的接电准备、参数装订和发射控制。

(2)功能检查

功能检查是在指控系统的配合下对发控系统功能进行检查。此时,发控系统与模拟器连接,发控计算机运行作战程序,对每一个导弹通道进行正常发射和故障发射检查。首先,发控系统按照正常工作逻辑顺序对模拟器进行控制,并利用模拟器中的计算机完成模拟弹载计算机自检、装订参数等功能,通过模拟器面板显示其工作状态,目视检查发控系统正常工作情况;其次,通过模拟器操作面板模拟导弹与发控相关电路的故障,然后进行检查,对发控系统在发射故障时能否进行故障处理做出判断。功能检查的目的在于定性地判断发控系统工作的正确性。功能检查是发射设备日常主要战勤操作项目之一。

(3)训练模式

训练模式下,发控系统与模拟器连接,根据指控系统的指令自动完成模拟导弹发射控制任务。发控系统有人值守,通过模拟器显示面板目视检查发控系统的工作情况。这种模式主要用于对指控系统操作人员进行指挥训练和武器系统的功能检查,发控系统主要是配合指控系统完成训练和检查。

(二)简要工作过程

发控系统工作过程可分为工作准备阶段、功能检查阶段、接电准备阶段、发射阶段。

1.工作准备阶段

工作准备阶段的主要任务是完成发控系统动力电源的启动、检查、接通,以及其他辅助设备的工作和主要设备的上电自检等。

发射设备所用电源一般由电源配电车或导弹发射车自带的发电设备提供，电源配电车可以由市电供电或本身携带的发电机组发电，提供发射设备工作所需要的动力电源；导弹发射车自带的发电设备有专门的发电机、通过汽车发动机取力的发电机等。

其他辅助设备的工作包括夏天使用的空调、通风机，冬天使用的电炉或其他取暖装置等。

主要设备的上电自检包括各用电设备电源的接通、各级计算机的上电自检、初始参数的装定、通信链路的建立和检查。

2.功能检查阶段

功能检查阶段的主要任务是用模拟器代替导弹进行发控系统的功能检查、导弹（筒弹）在位检查和导弹（筒弹）主要电路检查等。

用模拟器代替导弹进行发控系统的功能检查是将筒弹插头与模拟器连接，在指控系统的配合下完成模拟正常和故障两种状态的发射，以判断发控系统工作的正确性。

导弹在位检查是将筒弹插头与导弹（筒弹）连接，通过发控系统检查连接的可靠性和可靠连接导弹（筒弹）的数量。

导弹（筒弹）主要电路检查对于不同的导弹发控系统能够检查的内容不同，一般包括弹载计算机启动及其与发控计算机建立通信的检查、参数装定检查、弹上控制电路的零位检查、弹载能源系统激活点火丝的通断检查、发动机或者弹射器点火电路的通断检查。检查时由发控计算机、或者指控系统、或者辅助设备向发控组合发出检查指令，发控组合按照检查逻辑，逐个检查相关电路并形成检查结果送发控计算机。对于检查有故障的导弹，发控系统不对其进行接电准备。

弹上主要电路检查也可由弹上设备根据发控系统的指令进行检查并向发控系统返回检查结果。检查激活点火丝和点火电路时要限制其检查电流，以防电流过大引起误爆。

发控系统功能检查和导弹（筒弹）主要电路检查在作战时可以省略。前提是发控系统日常检查维护良好、导弹（筒弹）测试良好。

3.接电准备阶段

进入战斗阶段后，指控系统指挥人员应根据敌情，确定导弹准备方式并通过操作显示面板下达指令，发控系统根据下达的指令，对导弹进行接电准备。

导弹接电准备过程对于不同发射方式和不同制导体制的导弹略有不同，一般可分为下达指令、发射车电源设备工作、向导弹提供地面电源、参数装定、辅助设备工作和准备完毕等。准备完毕的导弹，可以进入发射阶段；战机消失则进行解除。发控系统也可根据设计逻辑，使导弹进入休息状态或者自动接通导弹的接电准备。

发控计算机接收到指控系统的导弹准备指令或者目标分配指令后，根据导弹（筒弹）在位情况，首先启动在位导弹地面电源，然后根据准备逻辑通过执控组合向导弹（筒弹）提供地面电源，弹上设备工作并建立弹载计算机与发控计算机的通信联系，之后发控计算机向导弹（筒弹）装订参数并判断参数装订结果。弹载设备工作正常、参数装订正常、准备时间满足要求后导弹（筒弹）准备完毕，随时可以进行发射。

4.发射阶段

指挥人员根据作战的需要，随时可以对处于准备完毕状态的导弹进行发射。

指控系统给出的导弹发射指令送到导弹发射车，发控计算机接收到发射指令后，按照发射逻辑，控制执控组合完成导弹发射。

执控组合发射时完成的工作和顺序一般为：

1）接通地面电源对弹载能源的激活电路。

2）接收弹载能源系统建压正常后给出的允许转电信号。

3）激活时间满足要求后，控制电源转换，接通弹载能源供电，断开地面供电。

4）传递发射过程需要给导弹装订的参数，并回传装订参数。

5）对弹射器或者发动机点火电路进行解锁。

6）控制弹射器或者发动机点火，导弹飞离发射装置，向发控系统返回导弹脱落信号。发控系统将脱落信号返回指控系统，作为导弹开始运动的时间零点。

如果在发射指令发出后的规定时间内，导弹插座与脱落插头没有分离，向发控计算机发出导弹故障信号，解除导弹准备，断开点火电路。如果此时发射指令仍然有效，则自动接通同一发射车已准备完毕另一发导弹的发射电路，确保对目标的有效攻击。

导弹在发射装置上运动过程中，为防止发射装置和导弹发生碰撞，倾斜发射装置仍应保持同步状态，直到导弹离架后一定时间，此工作由发控系统控制完成。对于箱式和筒式发射的导弹，执控组合在接收到发射指令后，首先要控制完成导弹在发射箱或筒内的解锁和箱筒盖的开启，然后再完成上述控制过程。

（三）导弹发射过程的约束条件

导弹发射过程中通常设置两个约束条件：一个是允许发射条件，另一个是发射约束条件。前一个约束条件是后一个条件的约束，只有允许发射条件满足了导弹的发射程序才可以进行到第二个约束条件。设置两个约束条件的目的是使导弹既能安全发射出去，又能在发射后有效攻击目标。

1.允许发射条件

允许发射条件是指那些为保证导弹有效攻击目标必不可少的、但准备时间又相对比较长或允许提前准备的条件。不同的导弹的允许发射条件不完全相同，但是，如下几项通常是必不可少的：

1）目标属性确定为“敌”或“不明”，跟踪雷达已稳定跟踪目标，指控系统已进行目标诸元和射击诸元及有关装定参数计算。

2）火力分配好，该导弹跟踪通道空闲。

3）对于倾斜发射，发射装置已同步好并处于发射禁区之外；对于垂直发射导弹已起竖好。

4）导弹接电准备完毕。

对雷达半主动寻的制导的导弹，照射雷达准备好处于待命状态，短时间内就能达到辐射状态也是允许发射的条件。导弹调谐、频率微调等允许提前准备也可作为允许发射条件。

只有上述所有的约束条件都满足了，导弹才允许发射，如果其中有一项不满足就不允许导弹发射。发控系统在此形成导弹接电准备完毕条件。

2.发射约束条件

发射约束条件是为保证导弹安全可靠发射及有效攻击目标必不可少的且准备时间又短的条件。不同的导弹的发射约束条件不完全相同，但如下几项通常是不可少的：

1）参数已装定好。

2）弹载能源已激活并达到额定值。

3）弹载能源已接通。

4）点火电路已解锁。

上述各项约束条件都满足了，弹射器（弹射发射）或者发动机（自力发射）的电爆管才允许点火；如果其中有一项不满足，弹射器或者发动机的电爆管就不能点火。发控系统在此形成参数已装订好、弹载能源已激活并达到额定值、弹载能源已接通、点火电路已解锁等条件，并在发射约束条件满足时利用弹载能源完成弹射器或者发动机电爆管点火。点火电路解锁是导弹安全发射的最后一道约束，在此之前都可人工干预停止发射进程。

三、发控系统工作程序

按照作战过程，发控系统对导弹的工作程序分为可逆过程和不可逆过程两部分。可逆过程是指接收到发射指令之前的工作过程；而不可逆过程是指接收到发射指令之后的工作过程。在可逆过程中完成导弹检查和接电准备以及解除导弹接电准备等，此过程可多次进行重复；在不可逆过程中完成导弹的正常或故障发射等，此过程对于一枚导弹只能进行一次，此导弹要么正常发射出去，要么故障，需进行处理后才能再次使用。

对于不同制导方式的导弹，可逆过程和不可逆过程的工作程序和内容也不相同，一般包括准备和点火两个程序，其中准备程序为可逆过程，点火程序为不可逆过程。

（一）对无线电指令制导导弹的工作程序

对于无线电指令制导的导弹，准备时发控系统要给导弹提供地面供电，使弹上无线电引信、无线电控制探测仪和自动驾驶仪加电工作。发射时发控系统要激活弹上电池组，进行电源转换，控制发动机点火，导弹才能飞离发射装置；如果发射失败，导弹不能飞离发射装置，发控系统要给出解除指令，使导弹断电，完成发射应急解除。

1.准备程序（可逆过程）

可逆过程中，发控系统的工作程序如下：

1）接收指控系统的计算机启动指令，启动发控计算机；发控计算机工作正常后与指控计算机建立数据通信；向指控计算机返回通信正常信号，接收指控计算机装订的参数并存储。

2）发控系统检测到筒弹插头与导弹（筒弹）连接好时，向指控系统返回导弹在位情况。

3）接收指控系统的准备指令或目标分配指令，控制发控电源和导弹地面电源的启动。

4）发控计算机发出向导弹一次供电指令，执控组合一次供电继电器工作，其触点将导弹地面电源经筒弹插头送到导弹，使弹载计算机启动、惯测组合再平衡电路供电、导弹换流器一次供电向惯测组合输出频标。

5）弹载计算机启动工作正常后与发控计算机建立数据通信；向发控计算机返回通信正

常信号，接收发控计算机的装订参数。

6)间隔一定时间，发控计算机发出向导弹二次供电指令，执控组合二次供电继电器工作，其触点将导弹地面电源经筒弹插头送到导弹，使导弹换流器二次供电启动惯测组合陀螺、舵机供电线路继电器线圈加电接通舵机供电、无线电引信和无线电控制探测仪供电、脱落控制继电器动作向弹载计算机送地面准备信号。

7)弹载计算机判断到二次供电和地面准备信号后向发控计算机返回二次供电信号，发控计算机判断到弹载计算机工作正常和二次供电信号，经一定时间使无线电控制探测仪预热好后，向指控系统返回准备好信号，发控系统完成该弹的准备工作，导弹处于待发状态。

准备时，若导弹需要射击高空气球，指控系统的直接起爆指令准备经发控系统传送至导弹引信的直接起爆转换开关。

8)当导弹发射时机消失或者准备时间到达规定时间时，指控系统的准备指令或目标分配指令取消，发控计算机发出一次解除指令(断开二次供电)，执控组合二次供电继电器停止工作，其触点断开经筒弹插头向导弹的二次供电，使舵机能源供电断开、导弹换流器二次供电断开导致惯测组合陀螺断电、脱落控制继电器复原、断开无线电引信和无线电控制探测仪供电。

9)一次解除后一定时间，发控计算机发出二次解除指令(断开一次供电)，执控组合一次供电继电器停止工作，其触点断开经筒弹插头向导弹的一次供电，使弹载计算机断电、导弹换流器一次供电断开停止向惯测组合提供频标、惯测组合再平衡电路供电断开，导弹恢复起始状态，进入休息过程。

2.点火程序(不可逆过程)

指控系统指挥人员根据作战的需要，随时可以对准备好的导弹进行发射，发控系统工作进入不可逆过程，工作程序如下：

1)接收到指控系统的发射指令后，发控计算机发出起爆指令，执控组合电池激活继电器工作，其触点将导弹地面电源经筒弹插头送往导弹电池激活点火丝，再经筒弹插头回到执控组合，经继电器触点到地，使弹上电池电爆管起爆，激活电池。

2)弹上电池建压正常后，返回允许转电信号，发控计算机判断到允许转电信号且电池激活时间满足要求后，发出转电指令，执控组合转电继电器工作，其触点将导弹地面电源经筒弹插头送往导弹，使弹上直流接触器动作，电池接入弹上电网，直流接触器自保、转电正常信号送入弹载计算机。

3)弹载计算机将转电正常信号送发控计算机，发控计算机取消二次供电指令，执控组合二次供电继电器停止工作，其触点断开二次供电(保证实现导弹不间断供电)，但一次供电不能切断。

4)发控计算机发出点火指令，执控组合点火继电器工作，其触点将弹上电源(允许转电信号)经筒弹插头送到导弹发动机点火电路，使发动机点火，导弹起飞。

5)发动机点火后，导弹开始滑动，脱落插头脱落，使弹上脱落控制继电器复原，其常闭触点对弹上电路进行保护接通，为引信二级保险解除做好准备。

6)当有故障导弹不能飞离发射架时，发控计算机经一定延时检测到脱落插头与导弹(筒弹)连接好信号仍然存在，即为发射故障。发控计算机向指控系统返回故障信号，同时向执控组合发出故障信号，执控组合故障处理继电器工作，其触点断开发动机点火电路、转电继电器、起爆继电器、二次供电继电器的工作（断开二次供电），对导弹进行一次解除；送往导弹的转电指令被转电继电器常闭触点接地，使弹上直流接触器释放，主电池脱离弹上电网、转电好信号断开、舵机电池供电线路断开、换流器二次供电断开惯测组合陀螺供电、无线电引信供电断开、无线电控制探测仪供电断开、脱落控制继电器复原。

7）一次解除后一定时间，发控计算机取消一次供电指令，执控组合一次供电继电器停止工作，其触点断开一次供电（进行二次解除），使弹载计算机断电、换流器一次供电断开停止向惯测组合提供频标、断开惯测组合再平衡电路供电，弹上设备全部断电。

（二）对半主动寻的制导导弹的工作程序

对于半主动寻的制导的导弹，武器系统作战时，跟踪照射雷达跟踪目标，并将测得的目标信息送给指挥仪，指挥仪根据目标信息和其他有关信息，按照发射架跟踪规律，计算出导弹的发射角，按照预装参数计算公式计算出天线预装角及多普勒频率等预装参数，将发射角送给发射车，使发射架指向前置点，将预装参数经发控系统送给导弹。当发射条件具备时，即可发射导弹。导弹发射后，照射器照射目标和导弹，弹上头部天线接收目标反射的回波信号，直波天线接收照射器照射的直波信号，回波信号与直波信号共同形成多普勒频率。回波天线测量目标角度信息，最终形成控制指令送入自动驾驶仪，操纵导弹飞行，直至命中目标。

准备时发控系统需要给导弹提供地面电源、传递指控系统送来的天线预装角及多普勒频率等预装参数。发射时发控系统需要再次判断导弹调谐好信号，向导弹预置扫描选择信号，控制固弹机构解锁、弹上能源激活、电源转换、发动机点火。

1.准备程序（可逆过程）

可逆过程中，发控系统的工作程序如下：

1）接收指控系统的供电指令，控制发控电源和导弹地面电源的启动；启动发控计算机；发控计算机工作正常后与指控计算机建立数据通信；向指控计算机返回通信正常信号，接收指控计算机装订的参数。

2）发控系统检测到筒弹插头与导弹（筒弹）连接好时，向指控系统返回导弹在位情况。

3）接收指控系统的准备指令或目标分配指令，发控计算机发出向导弹供电指令，执控组合地面供电继电器工作，其触点接通导弹地面电源，经筒弹插头向导弹供交流电，开始计供电时间。

4）发控系统接通预定参数电路，发控计算机通过将多普勒预定频率信号与高频射频信号（上述信号在导弹整个发射过程中，不断发送不断更新）经筒弹插头送至弹上，导弹开始调谐。

5）发控系统接收到指控系统的目标跟踪指令后，向导弹送导引头天线高低、方位，导弹俯仰/航向偏差，扫瞄控制、发射距离等模拟量信号进行预定，上述信号在导弹整个发射过程中（包括准备程序和点火程序）不断发送，不断更新。

6）发控系统向导弹送状态型预定参数：高度、近距、长扫。

7）发控系统经一定延时并接收到导弹送出的调谐好信号后，向指控系统返回导弹准备好信号，导弹处于待发状态。

8)发控系统经一定延时并未接收到导弹送出的调谐好信号,作故障处理;如果准备指令或目标分配指令和目标跟踪指令仍然有效应自动选另一发导弹继续进行准备。

2.点火程序(不可逆过程)

指控系统指挥人员根据作战的需要,随时可以对准备好的导弹进行发射,发控系统工作进入不可逆过程,工作程序如下:

1)再测调谐好信号,若导弹调谐好信号丢失,且持续丢失大于规定时间,作故障处理。

2)向导弹送扫瞄选择状态量信号,扫瞄选择在导弹内是不可逆的一次指令,在点火程序期间,应加上并保持到点火程序结束。

3)发射车接到发射指令后,发控计算机发出固弹机构解锁指令,执控组合固弹机构解锁继电器工作,其触点接通固弹机构电爆管电路,使发射箱内固弹机构爆炸螺栓起爆,导弹在发射箱内的固定被解锁,固弹机构短路触点闭合,为导弹的发射点火准备好条件。

4)发控计算机接到固弹机构短路触点闭合信号后发出弹上能源激活指令,执控组合能源激活继电器工作,其触点向导弹送出能源激活电流,使弹上能源激活电爆管点火。

5)经过一定时间的延时,发控计算机判断到弹上返回的能源激活信号有效后,发出断开导弹供电指令,执控组合地面供电继电器停止工作,其触点断开导弹地面电源;发出起爆发动机电爆管指令,执控组合点火继电器工作,其触点将导弹返回的能源激活信号作为起爆发动机电爆管电源经脱落插头送至导弹,使导弹发动机工作,导弹起飞。

6)发控计算机判断到导弹在位信号消失后,向指控系统返回脱落信号。

7)按下发射按钮一定时间后,导弹尚未起飞,发控计算机没有在规定时间内判断到导弹脱落信号,即向指控系统返回故障信号,并发出故障信号,执控组合故障处理继电器工作,其触点断开固弹机构解锁、能源激活、发动机点火继电器工作电路,使故障导弹恢复起始状态。同时,若本车有另一发导弹准备好的情况下,自动切换到准备好的导弹进行发射。

(三)对复合制导导弹的工作程序

地空导弹采用复合制导方式时,为有效攻击目标,垂直发射的导弹通常采用捷联惯导为初制导、捷联惯导+低速指令修正为中制导、主动雷达导引为末制导。初制导时,弹上捷联惯性导航系统根据测得的导弹实际飞行姿态角和速度矢量角与发射前装订的姿态角和速度矢量角比较结果,形成控制指令,使导弹按要求快速转弯;转入中制导后,弹上信息处理器将获得的导弹实际姿态、位置和速度信息与接收到的地面雷达送来的目标位置、速度信息、导弹位置信息一并进行制导控制计算,按修正的比例导引法,形成制导控制指令,控制导弹按所要求的弹道飞行,同时形成控制指令,控制导引头天线方向对准目标;在末制导段,雷达主动导引头接收目标反射回来的信号,弹上信息处理器根据导引头提供的信息,完成修正的比例导引计算,形成控制指令,控制导弹沿预定弹道飞向目标。

倾斜发射的导弹通常采用无线电指令+半主动雷达寻的复合制导,在中制导段,采用信息融合技术,根据捷联计算得到的导弹运动信息和制导站的上传信息形成半主动雷达导引头的控制指令,引导半主动雷达导引头天线始终指向目标;在中末制导段和末制导段,弹上信息处理器综合半主动雷达导引头测量的目标相对于导弹的相对运动信息和制导站的上传信息,采用二元制导技术,形成导弹控制指令,控制导弹飞行,直至命中目标。

导弹发射前发控系统根据指控系统指令向导弹提供地面供电，由执控组合控制发射前的加电准备，使导引头灯丝预热、弹载计算机启动工作并与发控计算机建立正常的通信、导弹自检并返回状态结果，惯测组合工作；接收、存储指控计算机、辅助设备指令和预装参数，完成各种判断和逻辑运算，当满足发射条件时，控制完成导弹解锁，弹上电池激活、电池电压检查、装订参数、电源转换，最终控制起爆发射筒副燃气发生器、主燃气发生器（弹射发射方式）或导弹发动机电发火管（自力发射方式）；导弹开始运动，接收并传递弹动信号；导弹离轨飞行。

1.准备程序（可逆过程）

可逆过程中，发控系统的工作程序如下：

1）接收指控系统的计算机启动指令，启动发控计算机；发控计算机工作正常后与指控计算机建立数据通信；向指控计算机返回通信正常信号，接收指控计算机装订的参数并存储。

2）发控系统检测到筒弹插头与导弹（筒弹）连接好时，进行弹型识别，向指控系统返回弹型和导弹在位情况。

3）发控计算机接收指控系统的导引头预热指令，控制发控电源的启动，接通执控组合导引头预热继电器，其触点将发控电源经筒弹插头送导弹主动导引头对灯丝进行预热；同时检测指令执行结果，上报指控系统。

4）发控计算机接收指控系统的准备指令或目标分配指令，控制导弹地面电源的启动，控制接通执控组合导弹地面供电继电器，其触点将导弹地面电源经筒弹插头送导弹。导弹加电过程中，发控计算机接收导弹返回的正在加电信息并回传指控系统。

5）发控计算机向弹载计算机发出自检指令，弹载计算机控制完成对弹上设备的检查；自检完毕后，发控计算机接收弹上返回的自检结果及导引头和接收应答机频率代码并将结果返回指控系统。

6）发控计算机接收指控系统的导弹指令频率代码和导引头工作频率代码，并将存储的工作模式、导弹地址码、海拔高度和站架相对位置等信息和频率代码装订到导弹上。

7）对于垂直发射，发控计算机接收辅助设备状态信息，形成状态参数，装订到导弹并返回给指控系统；对于倾斜发射，发控计算机接收指控系统的同步指令，送随动系统完成瞄准，并接收随动系统的同步信号，返回指控系统。发控计算机接收弹载计算机的状态和弹上设备状态信息，形成导弹准备好信号返回指控系统。

8）当导弹自检故障、参数装订不正确时，发控计算机控制执控组合继电器，断开导弹地面供电，向指控系统返回故障信号。当发射时机消失或者准备时间到达规定时间时，指控系统的准备指令或目标分配指令取消，发控计算机控制对导弹的解除，发出断开导弹地面供电指令，地面供电继电器断电释放，其触点断开向导弹的供电，导弹进入休息过程。

2.点火程序（不可逆过程）

指控系统指挥人员根据作战的需要，随时可以对准备好的导弹进行发射，发控系统工作进入不可逆过程，工作程序如下：

1）接收到指控系统的发射指令后，发控计算机发出起爆指令，执控组合电池激活继电器工作，其触点将导弹地面电源经筒弹插头送往导弹电池激活点火丝，再经筒弹插头回到执控组合，经继电器触点到地，使弹上电池电爆管起爆，激活电池。

2)弹上电池建压正常后，返回允许转电信号，发控计算机判断到允许转电信号且电池激活时间满足要求后，发出转电指令，执控组合转电继电器工作，其触点将导弹地面电源经筒弹插头送往导弹，使弹上直流接触器动作，电池接入弹上电网，直流接触器自保、转电正常信号送入弹载计算机。

3)弹载计算机将转电正常信号送发控计算机，发控计算机取消地面供电指令，执控组合地面供电继电器停止工作，其触点断开地面供电(保证实现导弹不间断供电)。

4)发控计算机发出点火指令，执控组合点火继电器工作，对于自力发射的导弹，其触点将弹上电源(允许转电信号)经筒弹插头送到导弹发动机点火电路，使发动机点火，导弹起飞；对于弹射发射的导弹，其触点将点火电源送弹射器。

5)发动机或者弹射器点火后，导弹开始滑动，脱落插头分离，发控计算机将脱落信号送指控系统，作为导弹起飞零点；弹射发射时，该信号作为弹动零点，延时起爆导弹发动机电发火管。

6)当有故障导弹不能飞离发射架时，发控计算机经一定延时检测到筒弹插头与导弹(筒弹)连接好信号仍然存在，即为发射故障。发控计算机向指控系统返回故障信号，同时向执控组合发出故障信号，执控组合故障处理继电器工作，其触点断开发动机或者弹射器点火电路、转电继电器、地面供电继电器的工作(断开二次供电)，对导弹进行解除；送往导弹的转电指令被转电继电器常闭触点接地，使弹上直流接触器释放，电池脱离弹上电网，导弹恢复。

第二节　发控系统控制技术

发控系统是按照规定的发射程序和发射命令实施导弹发射过程自动控制的实时时序逻辑控制系统。发控系统控制依托计算机实现高实时性、一定的时间顺序、状态指令输入、快速的逻辑判断和控制指令输出，保证发控系统及时、准确、可靠地完成导弹发射控制任务。发控系统控制技术是计算机技术、控制技术、网络技术、通信技术的融合及在发控系统的具体体现。

一、发控系统计算机控制的结构

在地空导弹武器装备中，指控系统通常可同时控制多辆导弹发射车上的发控系统，而每辆导弹发射车上的发控系统又可同时控制多枚导弹(筒弹)。地空导弹武器装备这种管理的集中性和控制的分散性特点，使得发控系统计算机控制普遍采用分布式控制系统结构形式。

(一)分级分布式系统结构

分布式控制系统是计算机控制系统的一种结构形式，是由计算机技术、测量控制技术、网络通信技术和人机接口技术相互发展和渗透而产生的。

分布式控制系统采用集中管理、分散控制的机制，将在物理和功能上分立并分布在不同位置上的多个设备通过不同类型的总线集成为一个系统，且每个设备都有各自的控制器对数据进行分布处理，并行执行不同的功能和管理控制。

发控系统计算机控制通常采用一种简单、实用的分层树状总线结构，称为分级分布式系统结构，如图 4－2 所示。在这种结构中，各计算机之间存在着较明显的层次关系：下层计算机专门进行数据采集和局部功能控制；中间层计算机执行数据加工和控制管理；高层计算机则根据下级计算机所提供的信息，执行综合处理功能，进行决策指挥。

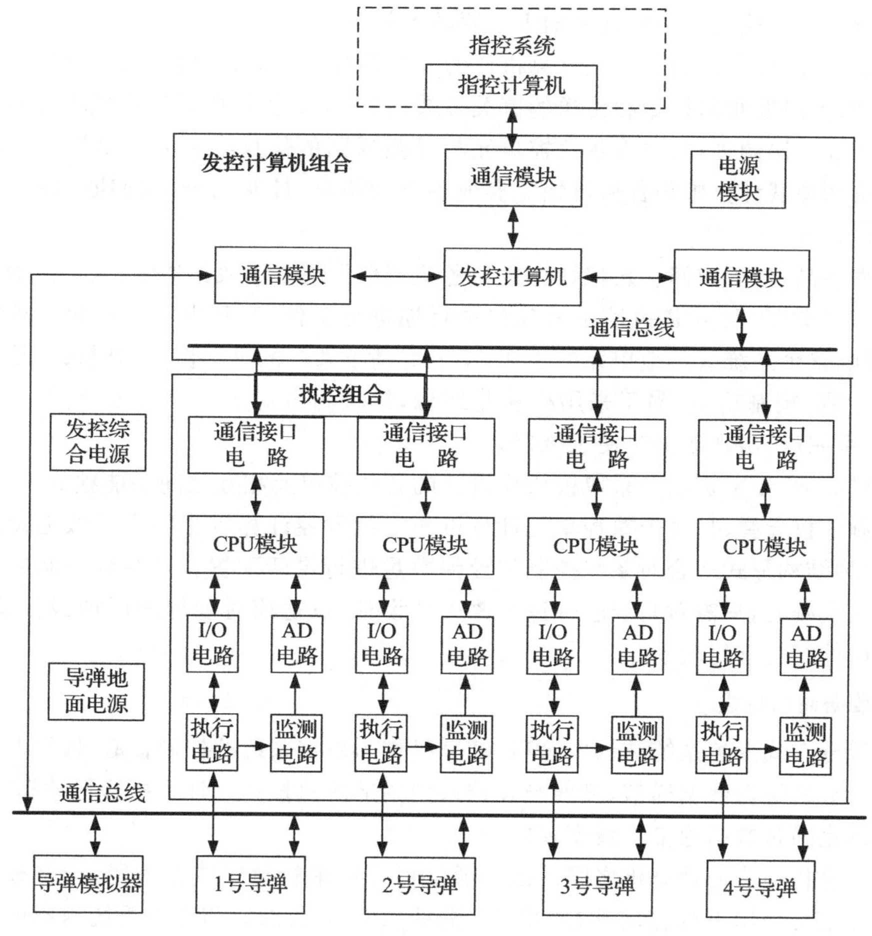

图 4－2　计算机控制发控系统的分级分布式系统结构图

指控系统作为整个武器系统的管理层，在导弹的发射控制过程中，其主要功能是对发控系统进行管理和控制，向发控系统发布指令和传送有关参数信息，使发控系统进行控制与执行，同时对发控系统以及导弹的工作情况进行收集、显示与记录，实现集中监视与指挥控制。指控系统通常可以指挥控制 6～8 辆导弹发射车上的发控系统。

发控计算机组合中的计算机是发控系统的主机，其主要功能是对所属的从机设备进行集中管理和协调，根据接收到的指控系统的指令信息产生发射时序控制逻辑，传输给下级执控组合进行控制与执行，同时接收执控组合的信息并反馈给指控系统。发控计算机不仅与执控单元计算机进行数据通信，还需要与弹载计算机进行数据通信，控制完成弹上设备自检、参数装订等任务，并接收导弹回送的自检及参数校验结果等。发控计算机通常可以控制 4 个执控单元和 4 枚导弹。

执控组合是发控系统的控制执行层，通常由 4 个相同的执控单元组成，每个执控单元控制一枚导弹。执控单元计算机主要接收发控计算机的时序控制指令，完成导弹准备及发射的实时控制和参数检测等任务。由于完成的任务比较单一，各执控单元可并行工作。

(二)主要技术特点

分级分布式发控系统结构具有如下主要技术特点：

1)集中管理、分布控制。发控计算机作为发控系统的主机，既负责与指控计算机进行数据通信，接收上级发布的指令和传送的有关参数信息，又对执控单元计算机和弹载计算机等各从机实施统一协调管理，并将各执控单元与导弹返回的信息统一上报给指控系统。执控单元计算机和弹载计算机等各从机独立实现各自的检测、控制功能，它们既可独立工作，又可并行工作。

2)可靠性高、便于维修。发控计算机与各执控单元间采用数据通信，大大减少了设备之间连接电缆的数量，另外各执控单元独立并行地进行工作，当其中一个单元因故障而失效时，并不影响整个系统或其他单元的工作，明显提高了系统的可靠性。同时每个执控单元完成相同的检测、控制功能，易于采用模块化结构，模块间按规定接口连接，使得系统结构清晰、逻辑关系明确，出现故障时便于维修。

3)配置灵活、便于扩展。采取模块化设计的各执控单元相互之间功能独立，每个执控单元对应控制一枚导弹，且每个执控单元计算机与上级发控计算机之间通过数据总线进行信息交互，这种结构形式适合对系统控制的导弹数量进行灵活配置。当系统控制的导弹数量需要添加或裁减时，只需对系统软件进行改进性设计，以适应对硬件的添加或裁剪，而无需对系统的硬件结构进行改动。

(三)数据通信总线

在分级分布式发控系统结构中，发控计算机作为发控系统的控制核心，既要与指控计算机和弹载计算机进行数据通信，又要与发控系统内部的执控单元计算机进行数据通信，这些通信功能都是通过数据通信总线实现的。

发控计算机与指控计算机之间的数据通信可采用串行总线或以太网，与弹载计算机之间的数据通信可采用串行总线或 GJB289A 总线(1553B 总线)，与发控系统内部的执控组合计算机之间的数据通信可采用串行总线或 CAN 总线。

二、发控系统计算机及其接口

发控系统计算机及其接口电路是计算机控制发控系统硬件平台的重要组成部分，其中接口电路主要包括通信接口、开关量输入接口、开关量输出接口、A/D 转换接口等。

(一)发控计算机组合

在分级分布式发控系统结构中，发控计算机组合的总线架构可采用 CPCI 总线。根据发控计算机组合所实现的功能要求，给出其体系架构如图 4－3 所示。

CPCI 总线是在 PCI 总线基础上改进而来的，其沿用了 PCI 总线的局部总线技术，以 PCI 总线的电气规范为基础，对 PCI 总线的机械结构进行了改进。因此在电气规范上来讲 CPCI 总线与 PCI 总线是兼容的，并且继承了 PCI 总线的良好性能。CPCI 总线采用标准的工业机械组件以及良好的连接技术，增加了可靠性，在气密性和防腐性方面较 PCI 总线也有了很大的提高。

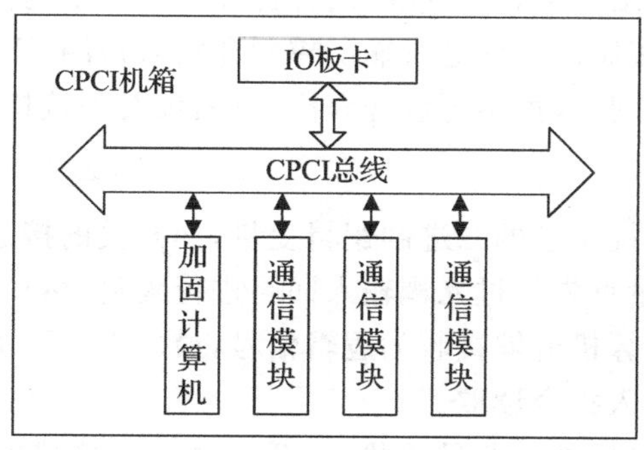

图 4-3　发控计算机组合体系架构

发控计算机主板选用加固 PC 类军用计算机，将存储器控制器、图形显示卡、以太网卡、PCI 总线、LPC 控制器、LAN 控制器等功能都集成到一块板上，从而提高了系统构成的可靠性，同时还提供并口、串口、USB 口、IDE 口、FWH 口等丰富的接口以及多种直流电源。

通信模块主要完成 RS-422 通信、CAN 通信以及 1553B 通信等三种通信功能，其原理框图如图 4-4 所示。

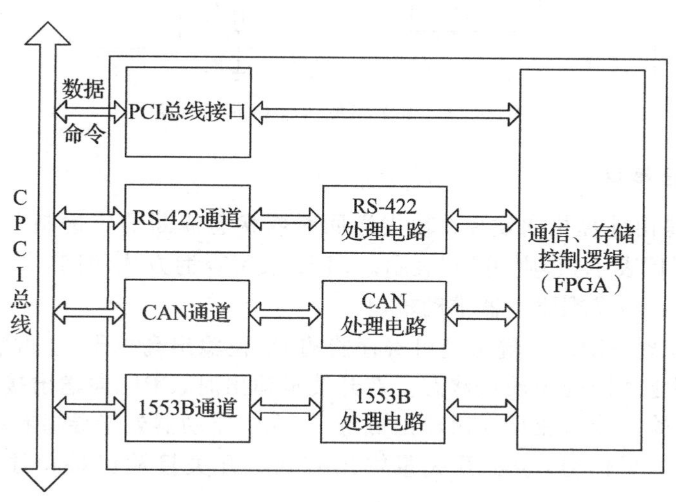

图 4-4　通信模块原理框图

通信模块在硬件上由 CPCI 总线接口、通信控制、存储器和数据发送接收通道组成，其中通信控制以及存储器的存取控制部分在 FPGA 内以可编程逻辑实现。CPCI 接口完成 CPCI 总线的时序转换，使主控计算机能控制 CPCI 通信模块的功能电路。通信控制电路主要实现串行收发器的功能，把 CPCI 接口发来的数据根据协议转换为串行数据发送到后级电路，同时把后级电路接收的串行数据转为并行数据。存储器包括 FIFO、SRAM 和 SDRAM，用于存储要发送的数据和接收的数据。通过存储器，CPCI 总线可以不必频繁地干预接口板的工作。

(二)执控组合计算机及其接口

分级分布式发控系统结构中，每个执控组合计算机所实现的功能相对简单，主要是接收发控计算机的命令，然后按照命令仅进行输出控制和输入检测，不执行时间控制。执控组合计算机可采用单片机来实现，这里不再展开介绍，下面仅对其接口进行简要介绍。

1. 开关量输入接口

开关量是表示发控系统状态的二进制逻辑变量，如开关的接通与断开、继电器触点的闭合与断开等，输入的开关量首先经过光耦输入回路进行隔离，然后由电平转换电路将外部输入的开关量信号转换为计算机能够接收的逻辑信号，最后送入开关量输入接口电路，采用查询、中断等方式访问，用输入指令读取。

当无开关量输入时，光耦处于非导通状态，开关量输入接口电路的输入端为低电平；当有开关量输入时，光耦处于导通状态，开关量输入接口电路的输入端为高电平，表明有开关量输入。开关量输入接口原理电路如图 4-5 所示。

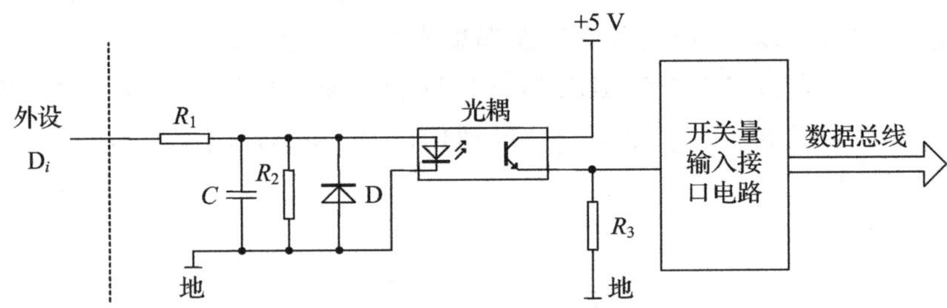

图 4-5　开关量输入接口原理电路

2. 开关量输出接口

开关量输出是由计算机向发控系统发送回路或状态通断的二进制逻辑变量，回路或状态接通用二进制“1”表示，否则用“0”表示。CPU 采用查询方式访问，利用输出指令送到相应输出接口寄存器，经光耦驱动器推动输出。

无开关量输出时，CPU 向输出接口寄存器的 D_0 位输出高电平，经过输出接口驱动器后输出高电平，光耦驱动器处于截止状态。有开关量输出时，CPU 向输出接口寄存器的 D_0 位输出低电平，经过输出接口驱动器后输出低电平，光耦驱动器处于导通状态，从 D_0＋端输出的是＋27 V 地低电平信号，表示开关量输出有效。开关量输出接口原理电路如图 4-6 所示。

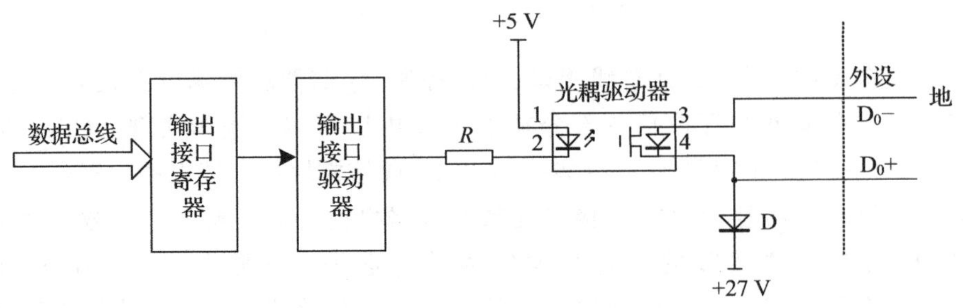

图 4-6　开关量输出接口原理电路

3. A/D 转换接口

A/D 转换接口可将导弹预定参数、供电电压及电流等模拟信号转换为数字信号，通过数据总线传给计算机，以实现对导弹预定参数、供电信号等的检测。

模拟输入信号经多路模拟转换开关进行分路采集，选择 1 路模拟信号输入到 A/D 转换器进行模数转换，再经过光耦隔离和总线驱动后，输出至数据总线供计算机读取。A/D 转换接口原理框图如图 4-7 所示。

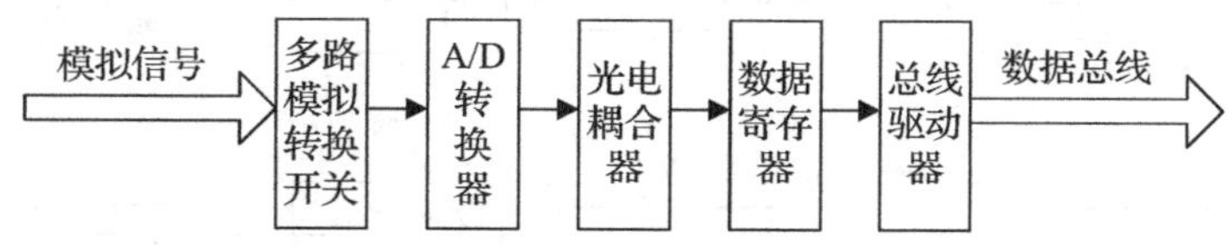

图 4-7　A/D 转换接口原理

三、计算机控制发控系统的控制部件

控制部件是发控系统进行功率转换和完成部分逻辑功能的器件。在计算机控制发控系统中，使用最为普遍的控制部件就是固态继电器。

固态继电器(SSR)是一种无触点式电子开关，它采用分立的电子元器件、集成电路及混合微电路技术，实现了控制回路(输入电路)及负载回路(输出电路)的电隔离及信号耦合，由固体器件实现负载的通断切换功能，内部无任何机械运动零部件，其功能与电磁继电器相似。

与电磁继电器相比较，固态继电器具有驱动功率小、噪声低、可靠性好、抗干扰能力强、开关速度快以及体积小、质量轻、寿命长、使用方便、能与 TTL(或 HTL、CMOS)电路兼容等优点。另外，固态继电器耐振动、耐潮湿、耐腐蚀，能在环境恶劣、易燃易爆场合下工作，因此被广泛应用在计算机控制发控系统中。

固态继电器的种类很多。按负载电源类型划分有直流固态继电器(DC-SSR)和交流固态继电器(AC-SSR)两种。直流固态继电器是五端器件，它以功率晶体管为开关器件，用来控制直流负载电源的通断。交流固态继电器是四端器件，以双向晶闸管作为开关器件，用来控制交流负载电源的通断。按控制触发方式分为直流型和交流型。交流型又包括过零触发型与非过零触发型。按隔离方式划分为光电耦合器隔离型、变压器隔离型和混合型等，以光电耦合器隔离型为最多。发射控制系统中使用的多为直流固态继电器。

固态继电器的原理电路如图 4-8 所示。它至少包括以下四个部分：输入电路、隔离电路(一般为光电耦合器)、开关电路(功率晶体管或双向晶闸管)、保护电路(续流二极管或 RC 吸收网络)。对于交流固态继电器，还有控制触发器；对于过零触发型，还应有过零检测器。

对于直流固态继电器[见图 4-8(a)]，当加上输入信号 V_1(一般为高电平)时，直流负载电源被接通，负载上就有直流电压。对于过零触发型交流固态继电器[见图 4-8(b)]，只有当交流负载电源电压经过零点时，负载电源才被接通。对于非过零触发型交流固态继电器，一旦施以输入信号，不管交流负载电源电压处于什么状态，都能立即接通负载电源。

在固态继电器的基础上发展起来的新型无触点开关组件称为固态继电器组件，它是由若干个固态继电器组合而成的，使用的方法也非常灵活。由于器件内部各组固态继电器的一致性很好，因此既可单独控制，也可以几组并联使用以扩展负载电流或者串联使用以提高负载电压。

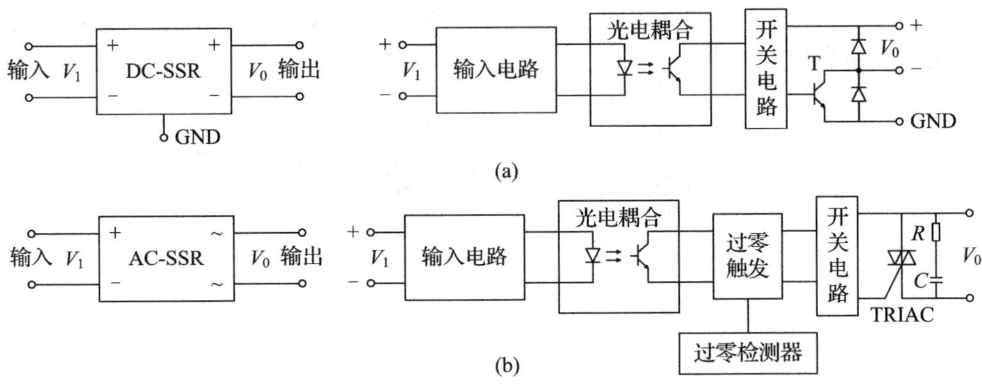

图 4－8　固态继电器原理电路

四、计算机控制发控系统软件

对于计算机控制发控系统而言，除了其硬件组成部分以外，软件也是必不可少的，必须为其提供或研制软件，才能实现对导弹发射过程的控制。发控系统软件对于发控系统能否满足战术技术指标要求起着关键作用。

（一）发控系统软件特点

除了一般计算机控制软件的通用性外，发控系统软件还具有其自身的特点。

1）实时性：发控系统软件是实时控制软件，要求严格的时间性。编成语言的选择、软件结构的设计和中断的设置等均应遵循这一要求。

2）高可靠性：发控系统软件应具有足够的容错能力、抗干扰能力和冗余能力，确保导弹发射过程的安全可靠。

3）多输入多输出：发控系统软件需要处理大量的开关量输入输出。

4）嵌入式软件：发控系统软件紧密地依附于系统硬件，在作战过程中，操作者不是通过软件界面，而是仅通过开关、按钮等以命令和指令的形式与软件进行交互。

（二）发控系统软件功能及组成

发控系统软件与硬件系统配合，完成发控系统及导弹的射前检查、导弹加电准备、导弹参数装订、导弹发射控制等功能。

发控系统软件主要由作战程序和维护测试程序组成，操作系统采用 VxWorks 嵌入式实时操作系统。

发控系统软件各功能模块的执行，由上级指控计算机的控制指令来启动。为便于系统调试、检查和维修，通常也可以从本系统的控制面板上启动操作。

VxWorks 操作系统是一种内核可裁剪的嵌入式实时操作系统，能够支持多任务，且在

Windows 操作系统下有优秀的开发环境和软件平台，有利于程序的开发与维护。VxWorks 操作系统具有可裁剪性、高可靠性和强实时响应能力等优点，符合发控系统软件对实时性和高可靠性的要求。

（三）发控系统软件工作流程

发控计算机组合加电正常后，发控系统软件首先进行系统初始化，初始化完成后转入系统自检，系统自检正常后，根据工作状态选择情况，调用作战程序或维护测试程序。发控系统软件工作流程如图 4－9 所示。

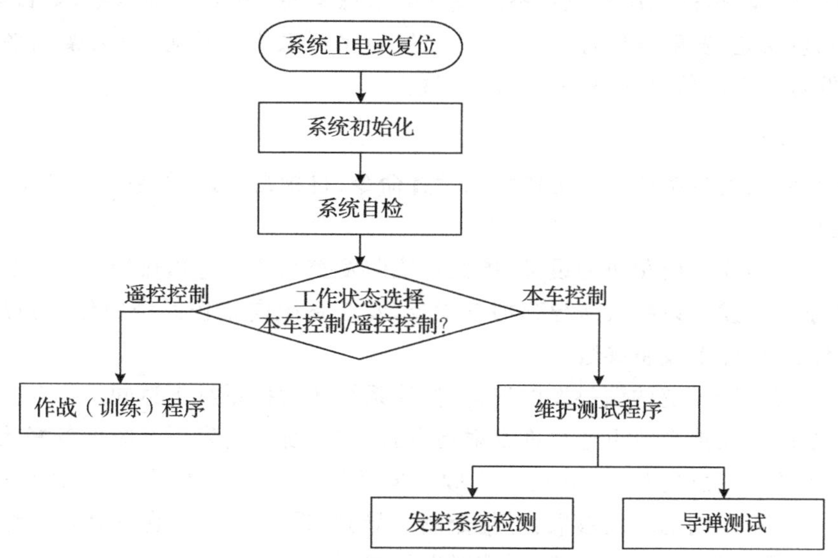

图 4－9　发控系统软件工作流程

作战程序分为作战和训练两种工作方式，其软件工作流程相似，只是作战工作方式发控系统连接导弹，训练工作方式发控系统连接导弹模拟器。当作战程序被调用时，根据指控系统的指令，完成对导弹（或导弹模拟器）的加电准备、装订参数以及发射控制等任务。

维护测试程序包括发控系统测试和导弹测试两个子程序，执行发控系统测试子程序时，发控系统连接导弹模拟器，执行导弹测试子程序时，发控系统连接导弹。当维护测试程序被调用时，从本系统的控制面板上启动操作，分别完成对发控系统或导弹的测试和检查工作。

第三节　发控系统通信技术

发控系统在导弹射前准备和导弹发射过程中需要进行指控系统与导弹系统之间大量指令和参数的传输。在发控系统数据通信过程中，广泛采用多路复用技术、串行同/异步通信技术、高性能传输介质、现场总线技术，实现高速、高可靠性、大容量、远距离、抗干扰的数据通信。

一、发控系统对外信息交互

发控系统是指控系统与导弹系统进行信息交互的枢纽，接收指控系统的指令和数据，经过解析、解算等环节，下传导弹系统，导弹系统接收相应的指令、数据，完成射前准备、参数装订和导弹发射等过程；同样，发控系统接收导弹系统的弹上设备状态参数、指控命令执行反馈、装订参数反馈等，上传指控系统，使指控系统掌握导弹系统当前状态，为后续指令形成提供依据。

(一)与指控系统信息交互

1.战前准备阶段

战前准备阶段，指控系统与发控系统交互的信息主要为初始固定参数，如目标位置测量误差、速度测量误差、发射点位置、制导雷达在发射坐标系内的位置、发射架调平误差、发射架起竖角、发射架方位角、导弹相关参数等信息。

2.战斗实施阶段

1)指控系统向发控系统发送工作状态设置命令、自检命令，发控系统回传本系统及弹上设备检测结果。

2)如弹上有需要提前预热的设备，指控系统向发控系统下达预热指令，发控系统应答。

3)指控系统向发控系统发送导弹加电指令，发控系统向指控系统回传导弹加电完成信息、导弹状态信息、弹上设备参数。

4)对于具有伺服系统的倾斜发射设备，指控系统向发控系统下达同步指令。

5)指控系统向发控系统下达允许发射指令，发控系统回传发射系统准备好状态信息。

6)指控系统下达发射指令，并按一定频率向发控系统发送需要装订的相关动态参数。不同类型的导弹有不同的装定参数：对指令制导导弹，需装定的参数一般有导弹工作频率、导弹地址码、自毁时间、引信延迟等；对捷联惯导导弹，需装定的参数一般有导弹飞行区号、导航系数等；对自寻的导弹，需装定的参数一般有导引头天线方位角与高低角、导引头接收机频率、多卜勒频率等。

7)发控系统完成正常或故障发射后，发送导弹脱落信号、导弹正常发射信息或导弹故障发射信息。

8)指控系统向发控系统发送系统复位指令，发控系统应答。

(二)与导弹信息交互

发控系统与导弹弹上计算机交互的信息主要包括导弹各组合状态信息、部分组合(如接收机和导引头)参数、导弹自检指令、预热/断预热指令、弹上电池激活正常/故障信息、弹上电池建压正常/故障信息、装订动态参数信息等。

二、发控系统数据通信基础

发控系统数据通信中，发控系统与指控系统距离在几百米至几千米之间，需要在导弹发射阵地这样的复杂电磁环境下实时、高速、可靠传输目标状态数据、导弹指令、导弹状态数据，多路复用技术、串行同步通信技术、合适的传输介质是解决这些问题的有效手段。

(一)多路复用技术

在发控系统与指控系统的数据通信中，复用技术被广泛采用，很好地解决了主站所有信道同时工作带来的收发电磁兼容、不断增加的数据流量传输等问题，提高了信道传输效率。

1.频分多路复用(FDM)

频分多路复用是根据频率参量的差别来分割信号的，当传输介质的带宽大于所要传输的所有信号的带宽总和时，可采用 FDM 技术。在 FDM 中，将每个信号调制到不同的载波频率上，调制后的信号被组合成可以通过媒介传输的复合信号。载波频率之间的间距要足够大，即能够保证这些信号的带宽不会重叠。为了防止信号间的相互干扰，在每一条通道间使用保护频带进行隔离，保护频带是一些无用的频谱区。频分多路复用原理如图 4－10 所示。

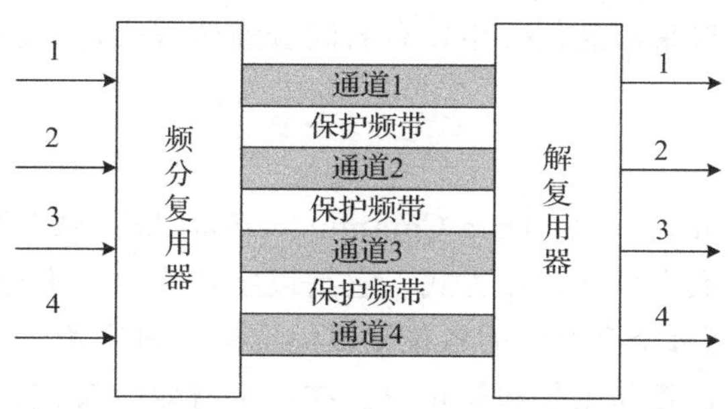

图 4－10 频分多路复用原理

2.时分多路复用(TDM)

以时间作为分割信号的参量，即信号在时间位置上分开但它们能占用的频带是重叠的。当传输信道所能达到的数据传输速率超过了传输信号所需的数据传输速率时即可采用。利用每个信号在时间上的交叉，可以在一个传输通路上传输多个信号。时分多路复用原理如图 4－11 所示，多路信号连接到时分复用器，复用器按照一定的顺序轮流给每个信道分配一段使用公共信道的时间。当轮到某个信号使用信道时，该信号就与信道逻辑上连接起来，其他信号与信道的逻辑关系暂时被切断。待指定的信号占用信道的时间一到，时分复用器就将信道切换给下一个被指定的信号。在接收端，时分解复用器也按照一定的顺序轮流接通各路输出，并与输入端复用器保持同步。

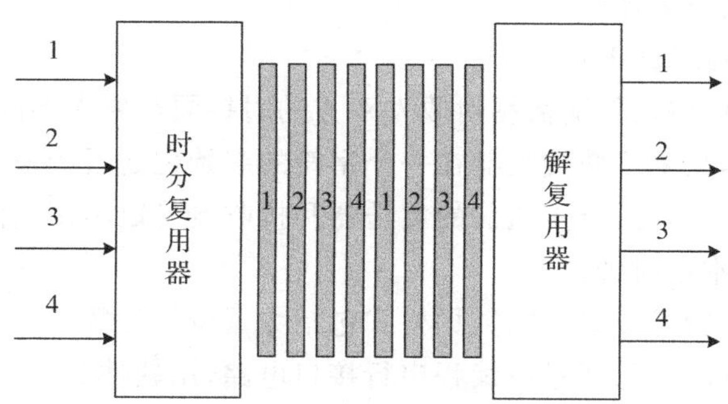

图 4－11 时分多路复用原理

3.码分多址复用(CDMA)

码分多址复用是另一种共享信道的方法，每个用户可在同一时间使用同样的频带进行通信，但使用的是基于码型的分割信道的方法，即每个用户分配一个地址码，各个码型互不重叠，通信各方之间不会相互干扰。码分多址复用的原理是每比特时间被分成 m 个更短的时间槽，称为码片，每个站点被指定一个唯一的 m 位代码或者码片序列。当发送 1 时站点就发送码片序列，发送 0 时就发送码片序列的反码。当多个站点同时发送时，各路数据在信道中被线性相加。为了从信道中分离出各路信号，要求各个站点的码片序列是相互正交的。

（二）串行异步和串行同步通信

发控系统与指控系统、导弹之间的通信可以采用串行异步或串行同步通信方式，异步通信适用于传送数据量较少或传输要求不高的场合，如发控系统和导弹之间的通信，对于快速、大量信息的传输，一般采用通信效率较高的同步通信方式，如发控系统和指控系统之间的通信。

1.串行异步通信

串行异步通信（Asynchronous Data Communication，ASYNC）又称起止式异步通信，是计算机通信中最常用的数据信息传输方式。它是以字符为单位进行传输的，字符之间没有固定的时间间隔要求，而每个字符中的各位则以固定的时间传送。收、发双方取得同步的方法是采用在字符格式中设置起始位和停止位。在一个有效字符正式发送前，发送器先发送一个起始位，然后发送有效字符位，在字符结束时再发送一个停止位，起始位至停止位构成一帧。

串行异步传输时的数据格式如下：

1）起始位：起始位必须是持续一个比特时间的逻辑“0”电平，标志传送一个字符的开始。

2）数据位：数据位为 5～8 位，它紧跟在起始位之后，是被传送字符的有效数据位。传送时先传送字符的低位，后传送字符的高位。数据位究竟是几位，可由硬件或软件来设定。

3）奇偶位：奇偶校验位仅占一位，用于进行奇校验或偶校验，也可以不设奇偶位。

4）停止位：停止位为 1 位、1.5 位或 2 位，可由软件设定。它一定是逻辑“1”电平，标志着传送一个字符的结束。

5）空闲位：空闲位表示线路处于空闲状态，此时线路上为逻辑“1”电平。空闲位可以没有，此时异步传送的效率为最高。

串行异步通信的特点如下：

1）起止式异步通信协议传输数据对收发双方的时钟同步要求不高，即使收、发双方的时钟频率存在一定偏差，只要不使接收器在一个字符的起始位之后的采样出现错位现象，则数据传输仍可正常进行。因此，异步通信的发送器和接收器可以不用共同的时钟，通信的双方可以各自使用自己的本地时钟。

2）实际应用中，串行异步通信的数据格式包括数据位的位数、校验位的设置以及停止位的位数都可以根据实际需要，通过可编程串行接口电路，用软件命令的方式进行设置。在不同传输系统中，这些通信格式的设定完全可以不同；但在同一个传输系统的发送方和接收方的设定必须一致，否则将会由于收、发双方约定的不一致而造成数据传输的错误与混乱。

3）串行异步通信中，为发送一个字符需要一些附加的信息位，如起始位、校验位和停止位等。这些附加信息位不是有效信息本身，它们被称为额外开销或通信开销，这种额外开销使通信效率降低。

4)串行异步通信依靠对每个字符设置起始位和停止位的方法，使通信双方达到同步。

2.串行同步通信

串行同步通信是一种连续串行传送数据的通信方式，总体上可以分为面向字符的同步协议(如 BSC)和面向比特的同步协议(如 HDLC)，这里主要介绍高级数据链路控制(HDLC)。

HDLC 在链路上以帧作为传输信息的基本单位(Frame)，无论是信息报文还是控制报文都必须符合帧的格式。如图 4-12 所示，F(Flags)表示标志字段，A(Address)表示地址字段，C(Control)表示控制字段，I(Information)表示信息字段，FCS(Frame Check Sequence)表示帧校验序列。标志字段以唯一的 01111110 在帧的两端起定界作用，某个标志字段可能既是一个帧的结束标志，也是下一个帧的起始标志；地址字段给出执行该命令从站的地址；控制字段用来标志帧的类型和功能，根据帧类型的不同，控制字段也不同；信息字段表示链路传输的实际信息，它不受格式或内容限制，一般规定最大信息长度不超过 256 字节；帧校验序列用于检测差错，对整个帧的内容作 CRC 循环冗余校验，循环码的生成多项式是 16 b 的 CRC-CCITT 码或 CRC-32 码。

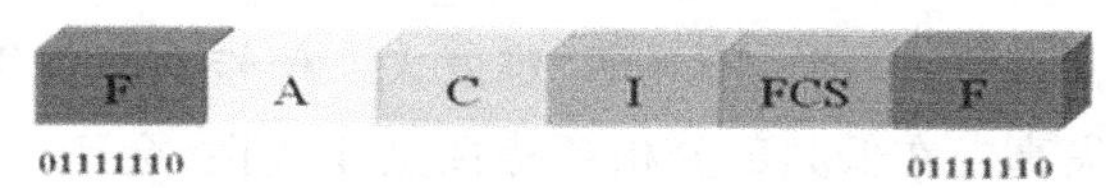

图 4-12　HDLC 的帧格式

HDLC 有以下主要特点：

1)HDLC 的命令和响应采用了统一的帧格式，即在主站和从站之间无论是传输数据还是链路控制信息，都用唯一的标识符 F 作界符，除标识符 F 外的所有信息不受任何限制，具有良好的透明性。

2)HDLC 在所有数据和控制帧内，都采用循环冗余的差错控制校验序列，并且将信息帧按顺序编号，以防止信息码组的漏收和重收。由于数据和控制信息都采用帧格式，如果需要扩充功能，只要改变帧内控制字段的内容和规定，提高了可靠性。

3)HDLC 能适应全双工通信，显著提高传输效率。

(三)数据传输介质

发控系统与指控系统、导弹的数据通信的传输介质主要包括野战被覆线、同轴电缆、双绞线、光纤等。

1.双绞线、同轴电缆、光纤

双绞线可以传输数字、模拟信号，是应用很广的一种传输介质。一般用于低于 10 MHz 的信号传输，而其对于抗干扰能力要求高的场合不太适宜。

同轴电缆是在局部网中使用最为广泛的一种物理介质。它有 75 Ω 和 50 Ω 两种。75 Ω 是宽带电缆；50 Ω 是基带电缆，基带电缆只能传输数字信号。

光纤通信是通过光端机将数据进行光电转换后通过光纤介质进行传输的通信方式，传输距离较长,可达 80 km 甚至更远(120 km),传输速率可达 200 Mb/s,完全可以满足计算机间传输高速、大容量的要求,光纤通信抗干扰能力强、强度高、传输速率高。

双绞线、同轴电缆、光纤这三种传统传输介质特性比较见表 4-1。

表 4-1 传输介质特性表

介质性能	双绞线	同轴电缆(50 Ω)	同轴电缆(75 Ω)	光纤
带宽	<6 MHz	<100 MHz	<300 MHz	<300 GHz
距离	<300 m	<2.5 km	<100 km	<100 km
抗强电子干扰	较差	高	高	非常高
安装难易	中	易	易	中
布局多样性	好	好	好	中
保密性	一般	好	好	最好
经济性	低	较低	中	较贵
对噪声反应	最敏感	较好	较好	最好

2.野战被覆线

传统铜线造价较高,重量大,铺设不灵活、难度大。信号在双绞铜线做传输媒介传输时高频部分衰减较大,易失真。在低频部分相频特性呈非线性,会产生群时延失真,造成码间串扰。另外,传统铜线较长距离内 2 根线路是紧贴在一起的,线路之间易产生串音。野战被覆线以镀锡或镀锌钢线混绞线为导体,外包聚乙烯或聚氯乙烯来绝缘,经双绞成型(所用被覆线单根线径 0.25 mm),轻便抗拉、抗老化。2 根导线互绞可提高信号抗干扰能力,将串扰减至最小或加以消除;镀锡或镀锌可提高双绞线的抗电磁干扰能力;无屏蔽外套,直径小,节省空间,独立灵活方便铺设;由于采用了最新的 G.SHDSL 标准中的 TC-PAM 作为线路传输码,压缩了传输频谱,抗噪声性能提高。被覆线传输性能基本等同于双绞线,但双绞线远不如被覆线抗干扰、抗拉、抗腐蚀性强。被复线主要用于传输异步数据或话音,数据传输速率可调,速率为 256~2 304 kb/s,调节步长为 128 kb/s,传输距离为 3~7 km。

3. E1 线路

E1 是指我国采用的欧洲 E1 标准,即 30 路脉码调制 PCM、速率为 2.048 Mb/s 的一个时分复用帧同步数据传输体制,其传输介质为同轴电缆,一般传输距离为几十米到几百米。E1 接口主要分为两种类型,即非平衡的 75 Ω 接口、平衡的 120 Ω 接口。目前 2M 接口大多采用非平衡的 75 Ω 物理接口(一收一发),而使用平衡式 120 Ω 物理接口(一收一发两地)较少。E1 线路具有抗干扰能力强、保密性好、传输速率高、信道利用率高、线路延迟小、数据信息传输透明等特点。

三、发控系统数据通信总线

为了快速高效完成发控系统与导弹、发控系统与指控、发控系统内部的信息交换与控制,发控系统中广泛采用总线技术,如 1553B 总线、CAN 总线、串行总线和以太网等。

(一)1553B 总线

1553B 总线是美军航空电子综合系统的标准总线，挂接在同一条数据传输同轴电缆上的各子系统能够分时使用传输总线，因其性能优异，已在航空、航天、航海和其他武器装备上得到广泛的应用。

1. 1553B 总线介绍

1553B 总线系统是主从控制访问结构。总线控制器是主站，而所有远程终端是从站。任何时刻系统中只能有一个总线控制器，控制着与远程终端以及远程终端之间的信息传输。1553B 总线的以下特点使其适合作为发控系统与导弹通信接口：

1)1553B 总线满足发控系统与导弹进行关键数据传输的抗干扰性要求。1553B 总线有很高的抗噪声能力，采用双绞屏蔽电缆，通过变压器耦合与地面完全隔离。系统采用 ManchesterⅡ型数据编码方案，增加了总线上的信号抗干扰能力和数据传输的完整性，使系统具有很好的抗噪以及最小的串音传输特性。

2)1553B 总线能满足发控系统与导弹进行数据传输的可靠性要求。1553B 总线系统可以进行备份双余度设计，即采用两条总线与两个总线控制器，能保证系统在任一总线和总线控制器发生故障时都不会影响系统的数据传输。

3)1553B 总线能满足发控系统与导弹进行数据通信的实时性要求。1553B 总线数据传输速率为 1 Mb/s，允许 10 种消息格式，每个消息至少包含 2 个字，每个字 16 个位加上同步头和奇偶校验位共 20 个位时，因而传输一条消息时间较短、实时性好。

4)1553B 总线能满足发控系统与导弹进行数据通信的通用性要求。当信息需要在总线终端之间通过数字通信通道传输时，适合采用 1553B 总线。1553B 总线要求所有总线终端和用于总线终端之间连接的电气接口必须是标准接口，并且要求信息以一种可靠的确定的命令/回应的方式传输。

2.拓扑结构

由于 1553B 总线系统可以进行备份双余度设计，发控系统可以采用备份双余度拓扑结构，由两台总线控制器和两条并行总线构成。两台总线控制器一台处于工作状态担任总线控制器(BC)，另一台作为备份机起总线监视器(BM)作用，两者都处于发控系统内部。两条总线互为余度构成物理上隔离的双通道，每条总线上由一台工作机、一台备份机和 n 枚(最多 32 枚)导弹组成。导弹作为受控者，处于从属地位，作为远程终端(RT)工作。总线拓扑结构如图 4－13 所示。

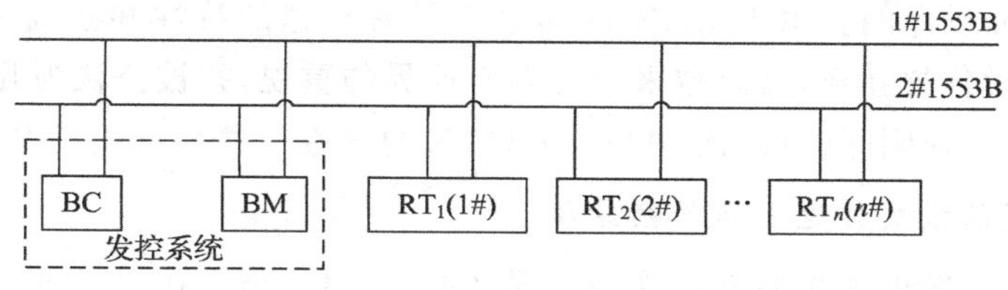

图 4－13　总线拓扑结构

1553B 的命令、数据和状态字如图 4－14 所示，BC 向 RT 的数据传输、RT 向 BC 的数据传输如图 4－15 和图 4－16 所示。

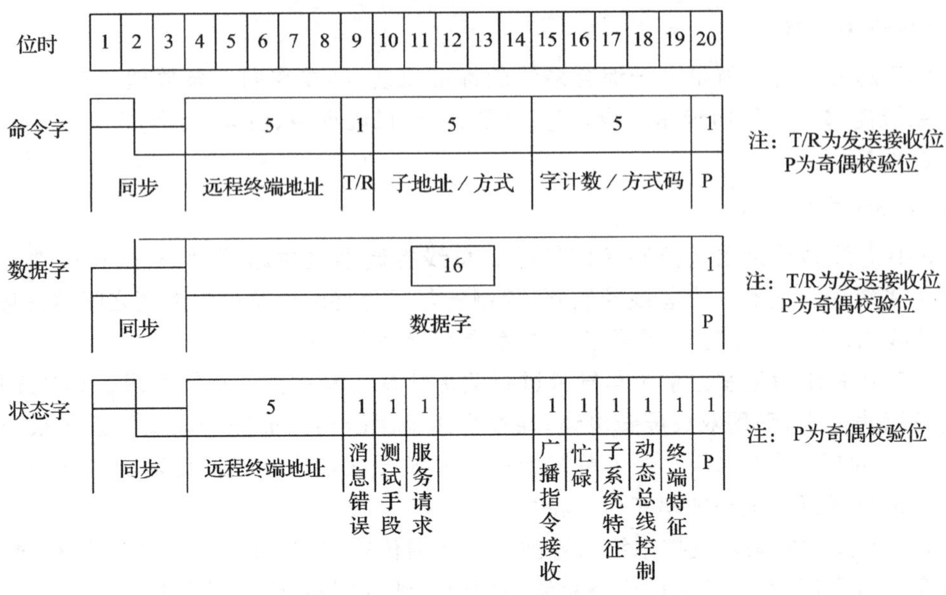

图 4－14　1553B 的命令、数据和状态字示意图

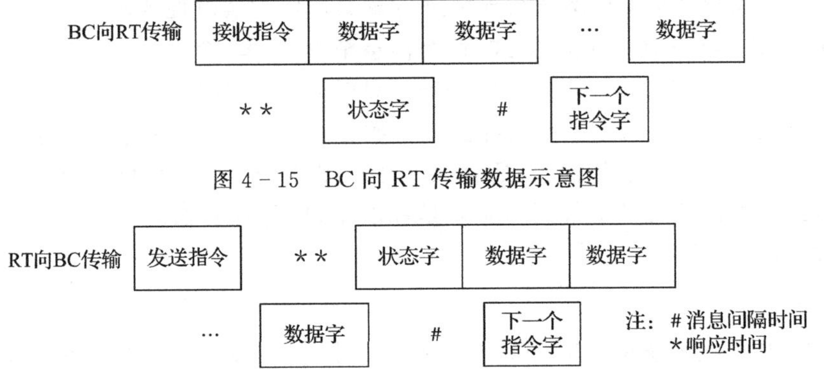

图 4－15　BC 向 RT 传输数据示意图

图 4－16　RT 向 BC 传输数据示意图

(二)CAN 总线

CAN(Controller Area Network,现场总线)简称 CAN 总线,属于现场总线的范畴,是一种有效支持分布式控制或实时控制的串行通信网络,最初是由德国的 Bosch 公司为汽车的监测控制系统而设计的。由于 CAN 现场总线具有卓越的特性和极高的可靠性,特别适合工业过程监控设备的互连,因此越来越受到工业界的重视,并被公认为几种最有前途的现场总线之一,成为一种国际标准(ISO11898),CAN 总线在一些导弹发控系统中已有应用。

1. CAN 总线的报文传送与通信帧结构

在数据传输中,发出报文的节点称为该报文的发送器,节点在报文进入空闲状态前或丢失仲裁前恒为发送器。如果一个节点不是报文发送器,并且总线不处于空闲状态,则该节点为接收器。CAN 总线协议中使用两种逻辑位表达方式,当总线上的 CAN 控制器发送的都是隐性位时,此时总线状态是隐性位(逻辑 1),如果总线上有显性位出现,隐性位总是让位于显性位，即总线上是显性位(逻辑 0)。报文传输有 4 种不同类型的帧：数据帧、远程帧、错误帧、过载帧。数据帧和远程帧可以使用标准帧及扩展帧 2 种格式。CAN2.0B 的数据帧从发送节点传送数据到一个或多个接收节点，由 7 种不同的位域组成：帧的起始域、仲裁域、控制域、数据域(长度可为 0)、CRC 域、应答域、结束域。在 CAN2.0B 中，数据帧存在两种不同的帧格式，其主要区别在于标识符的长度，具有 11 位标识符的帧称为标准帧，而包括 29 位标识符的帧称为扩展帧。

2. CAN2.0B 帧信息格式

CAN2.0B 标准帧信息分为两部分：信息和数据部分。前 3 个字节为信息部分。第 1 个字节是帧信息，第 2、3 个字节的前 11 位为 CAN_ID 标识符(2 个字节)。其余 8 个字节是数据部分，存有实际发送的数据。

CAN2.0B 扩展帧信息分为两部分：信息和数据部分。前 5 个字节为信息部分。第 1 个字节是帧信息，第 2、3、4、5 字节的前 29 位为标识符(4 个字节)。其余 8 个字节是数据部分，存有实际要发的数据。

3. CAN 总线通信控制器

CAN 总线通信控制器是 CAN 总线接口电路的核心，主要完成 CAN 总线的通信协议，由实现 CAN 总线协议部分和微处理器接口部分电路构成。

目前广泛流行的 CAN 总线器件有两大类：

1)独立 CAN 总线控制器，如 82C200，SJA1000 及 Intel82526/82527 等。

2)嵌入式 CAN 总线控制器，如 P8XC592、87C196CA/CB、P51XA－C3、DSP 等。

4.发控系统 CAN 模块

CAN 通信模块是发控计算机与执控组合进行数字通信的数据通道。发控计算机组合作为管理机，通过 CAN 通信模块向执控组合发出各指令，并根据它们返回的工作状态来决定是否执行下一步的控制指令。

如图 4－17 所示，对 CAN 通信模块进行冗余设计，发控计算机组合通过双端口 RAM 与处于 CAN 控制器前端的处理器进行数据交换，CAN 控制器经过光耦隔离后由总线收发器与 CAN 总线相连。

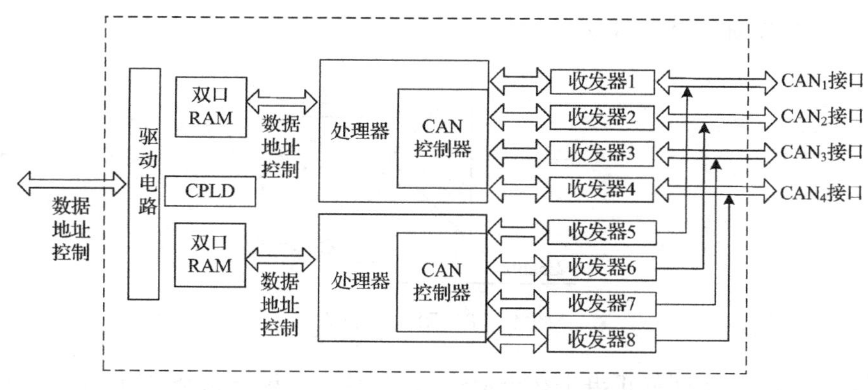

图 4－17　CAN 通信模块体系图

(三)串行总线

RS232、RS422与RS485都是串行数据接口标准,最初是由电子工业协会(EIA)制定并发布的。RS232在1962年发布,命名为EIA-232-E,作为工业标准,保证不同厂家产品的兼容。RS422由RS232发展而来,RS-422定义了一种平衡通信接口,将传输速率提高到10 Mb/s、传输距离延长到4 000 ft(1 ft=30.48 cm),允许在一条平衡总线上连接最多10个连接器,RS-422是一种单机发送、多机接收的单向、平衡传输规范,命名为TIA/EIA-422-A标准。RS-485增加了多点、双向通信能力,允许多个连接器连接到同一条总线上,增加了发送器的驱动能力和冲突保护特性,扩展了总线共模范围,命名为TIA/EIA-485-A。

1. RS232总线

RS232采用EIA电平,规定对于数据线,逻辑"1"在-15～-3 V之间,逻辑"0"在+3～+15 V之间。对于控制信号,接通状态(ON)即信号有效的电平高于+3 V,断开状态(OFF)即信号无效的电平低于-3 V。

RS232的电气参数为:

1)工作方式:单端。

2)节点数:1收、1发。

3)最大传输电缆长度:50 ft。

4)最大传输速率:20 kb/s。

5)最大驱动输出电压:+/-25 V。

6)驱动器负载阻抗:3～7 kΩ。

7)摆率(最大值):30 V/μs。

8)接收器输入电压范围:+/-15 V。

9)接收器输入门限:+/-3 V。

10)接收器输入电阻:3～7 kΩ。

2. RS422总线

RS422数据采用差分传输方式,也称作平衡传输,使用一对双绞线,将其中一线定义为A,另一线定义为B,如图4-18所示。

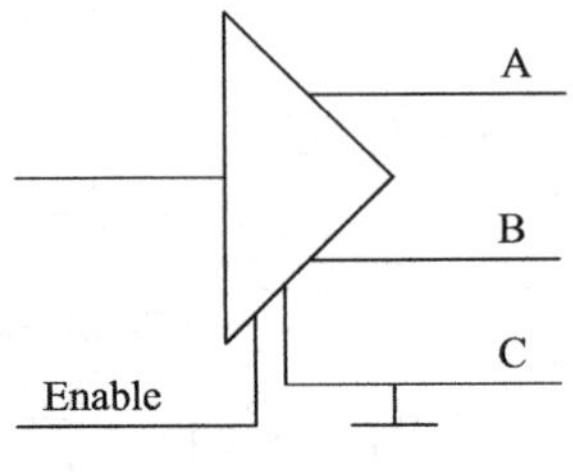

图4-18 RS422定义

发送驱动器A、B之间的正电平在+2～+6 V,是一个逻辑状态,负电平在-2～6 V,是另一个逻辑状态,另有一个信号地C。"使能"端用于控制发送驱动器与传输线的切断与连接。当“使能”端起作用时，发送驱动器处于高阻状态，称作“第三态”，即有别于逻辑“1”和“0”的第三态。接收端也作与发送端相对的规定。收、发端通过平衡双绞线将AA与BB对应相连，当在接收端AB之间有大于+200 mV的电平时，输出正逻辑电平，有小于+200 mV的电平时，输出负逻辑电平。接收器接收平衡线上电平范围通常在200 mV至6 V之间。

RS422标准全称是“平衡电压数字接口电路的数字特性”，典型的RS422接口如图4-19所示，通过平衡发送器把逻辑电平变换成电位差，完成始端的信息传送，通过差动接收器，把电位差变为逻辑电平，实现终端的信息接收。RS422完成发送接收过程需要4线接口，实际上还有一根信号地，共5根线。

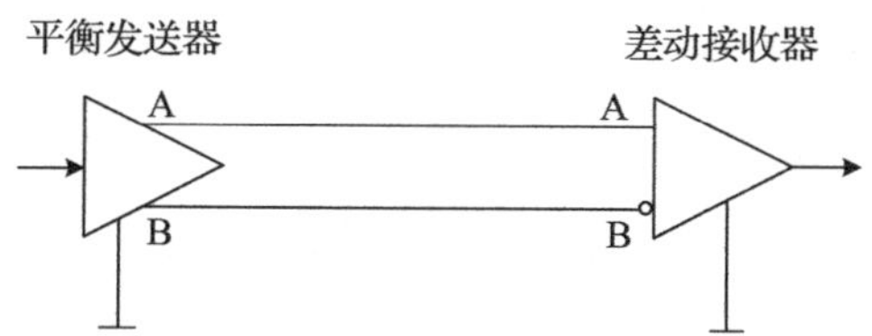

图4-19　RS422平衡驱动差分接收电路

RS422的电气参数为：

1)工作方式：差分。

2)节点数：1发、10收。

3)最大传输电缆长度：4 000 ft。

4)最大传输速率：10 Mb/s。

5)最大驱动输出电压：−0.25～+6 V。

6)驱动器负载阻抗：100 Ω。

7)接收器输入电压范围：−10～+10 V。

8)接收器输入门限：+/−200 mV。

9)接收器输入电阻：4 kΩ。

10)驱动器共模电压：−3～+3 V。

11)接收器共模电压：−7～+7 V。

3. RS485总线

RS485是一个电气接口规范，规定了平衡驱动器和接收器的电气特性，而没有规定接插件、传输电缆和通信协议。RS485标准定义了一个基于单对平衡线的多点、双向(半双工)通信链路，是一种极为经济，并具有相当高噪声抑制、传输速率、传输距离和宽共模范围的通信平台。

RS485总线实际就是RS422总线的变型，二者不同之处在于RS422为全双工，而RS485为半双工。RS485可以采用二线与四线方式，二线制可实现真正的多点双向通信；采用四线连接时，与RS422一样只能有一个主设备，其余为从设备。无论四线还是二线连接方式总线上可接最多32个设备。图4-20为RS485连接电路，在此电路中，某一时刻只能有一个站发送数据，而另一个站只能接收，发送电路由使能端加以控制。

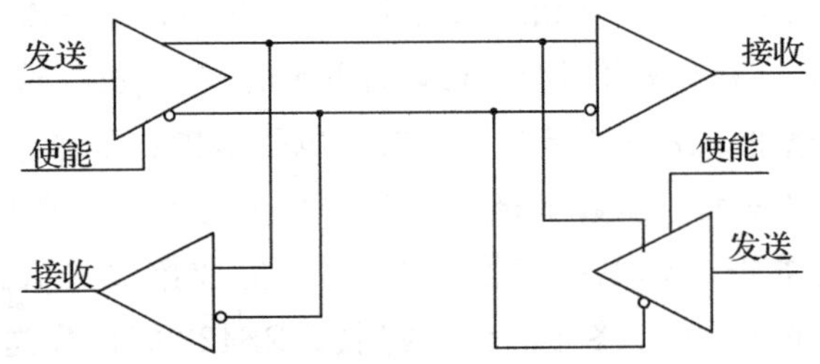

图 4-20 RS485 接口连接方法

RS485 的电气参数为：

1)工作方式：差分。

2)节点数：1 发、32 收。

3)最大传输电缆长度：4 000 ft。

4)最大传输速率：10 Mb/s。

5)最大驱动输出电压：−7～+12 V。

6)驱动器负载阻抗：54 Ω。

7)接收器输入电压范围：−7～+12 V。

8)接收器输入门限：+/−200 mV。

9)接收器输入电阻：12 kΩ。

10)驱动器共模电压：−1～+3 V。

11)接收器共模电压：−7～+12 V。

(四)以太网技术

在地空导弹武器装备中，指控系统与发控系统一般采用串行接口，例如 RS422、RS232 及 RS485。虽然串口的数据传输率很高，但它只适用于点到点的数据传输，已不能满足发控系统的数据传输任务需求，选择以太网作为通信接口，对发控系统和指控系统进行互联，能够有效提高数据传输效率、减轻网络负荷、降低网络传输时延。

1.以太网介绍

以太网最初源于 1975 年英国 xerox 公司建造的 2.9 Mb/s 的 CSMA/CD(载波监听多路询问/冲突检测)系统，它以无源电缆作为总线来传送数据，在 1 000 m 长的电缆上连接 100 多台计算机。随后 DEC、Intel 及 xerox 等公司合作公布了 Ethernet 物理层和数据链路层的规范，称为 DIX 规范；在此基础上，电气和电子工程师协会(IEEE)制定了 IEEE 802.3 标准。以太网的优势主要有：

1)以太网技术成熟、兼容性强。以太网技术难度较低，它的高度开放性和兼容性使其适合作为标准通信接口完成发控系统与指控系统之间的数据传输任务。

2)以太网是全数字化的网络，其传输速度快，最高能达 10 Gb/s。将以太网作为标准通信接口，能满足发控系统的实时性要求，另外以太网还可以满足对带宽的更高要求。

3)以太网冗余实现难度较低,对以太网接口进行冗余设计能满足发控系统数据传输稳定性和可靠性的要求。

4)以太网是目前最廉价的网络,以太网作为通信接口的发控系统研发成本较低。由于以太网的应用最为广泛,因此受到硬件开发与生产厂商的高度重视与广泛支持,有多种硬件产品供用户选择。而且由于应用广泛,其硬件价格也相对低廉,随着集成电路技术的发展,其价格还会进一步下降。

5)以太网可持续发展潜力大。以太网广泛应用于各行各业,使它的发展一直受到广泛的重视并吸引大量的技术投入。信息技术与通信技术的进步,保证了以太网技术不断地发展。

2.发控系统与指控系统接口

以太网络可以作为发控计算机与指控系统的数据通道,发控计算机接收指控系统的各种指令控制执控组合和导弹工作,并给指控系统返回各种状态信息。以太网模块支持最快 100 Mb/s 的数据传输速率,由 2 个以太网接口 A 和 B 构成冗余,在每一个独立的部分中都包含有以太网控制器、以太网变压器和驱动程序,其系统结构如图 4-21 所示。当发控计算机检测到 A 部分的接口出现通信故障时,A 部分停止工作,同时启动 B 部分,实现了 2 个以太网接口的冗余切换。

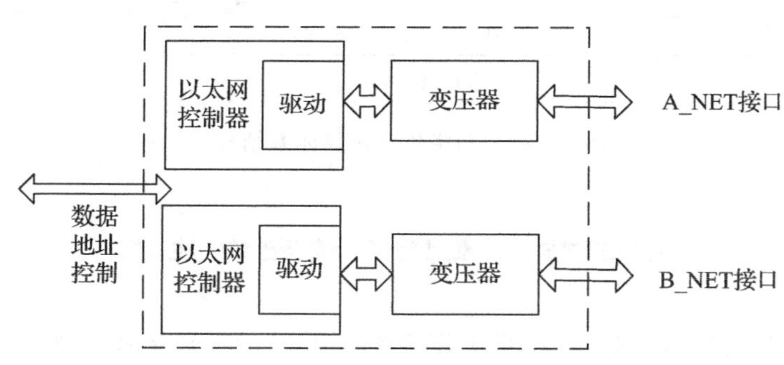

图 4-21　以太网模块结构原理图

利用以太网模块,多个发控系统和指控系统作为网络中的节点,构成局域网,发控系统可以接受不同指控系统指挥,指控系统也可以指挥不同的发控系统,如图 4-22 所示。

3.协议体系结构

指控系统与发控系统之间通过双冗余以太网进行信息交换,冗余网络之间的切换对于应用软件透明,网络传输协议体系结构如图 4-23 所示。物理层采用通用的 100 M 以太网 PHY 芯片,实现数据的发送和接收,减少系统连线,链路层采用地址解析协议(ARP)和逆地址解析协议(RARP),网络层采用网际协议(IP)、网际控制报文协议(ICMP)和网际组管理协议(IGMP),传输层采用用户数据报协议(UDP),应用层是通信体系中的最高层,用于建立指控系统和发控系统的通信进程,采用发控系统与指控系统应用层协议。

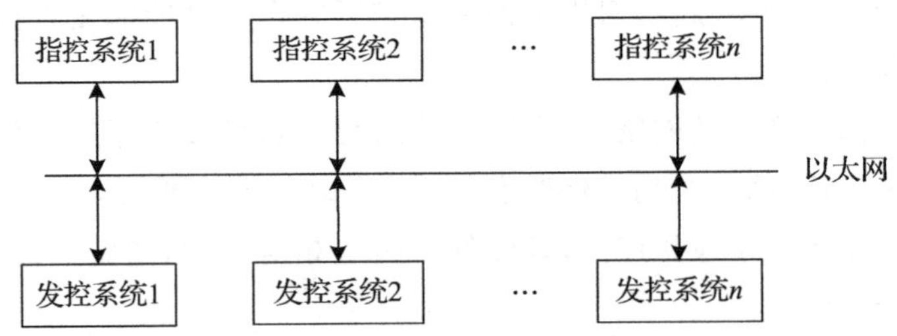

图 4-22　多个发控系统和指控系统构成的以太网

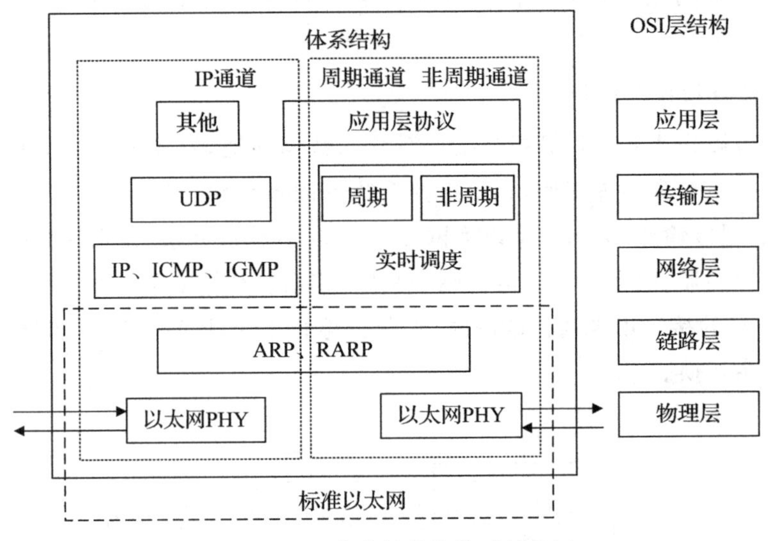

图 4-23　网络传输协议体系结构图

第四节　发控系统配电技术

发控系统是电气控制系统，其本身工作需要电源；另外，受导弹电池工作特性和寿命限制，导弹在发射装置上进行检查、准备时，需要使用地面电源使其工作，因此，发控电源包括发控系统电源和导弹地面电源两部分。

发控系统电源主要用于给控制系统供电，一般为直流电源；导弹地面电源主要用于向导弹提供功率比较大的直流电源或者不同于动力电源频率及电压的交流电源使弹上设备工作。导弹类型不同，弹上设备在准备阶段需要的电源类型也不同。一般情况下，导弹地面电源与弹上能源系统提供的电源相一致。导弹地面电源向导弹供电是由执控组合完成的。

在发控系统配电中，大功率直流电源可由开关电源或变流机产生；不同于动力电源频率及电压的交流电源可由逆变电源或变流机产生。

一、开关电源

开关电源是利用现代电力电子技术，控制开关管开通和关断的时间比率，维持稳定输出电压的一种电源，开关电源一般由脉冲宽度调制（PWM）控制 IC 和 MOSFET 构成。随着电力电子技术的发展和创新,开关电源技术也在不断地创新。开关电源具有小型、轻量和高效率的特点,是现代计算机系统、发控系统乃至整个地空导弹武器系统不可缺少的一种电源方式。

直流开关电源,其功能是将电能质量较差的原生态电源(粗电),如市电电源或蓄电池电源,转换成满足设备要求的质量较高的直流电压(精电)。直流开关电源的核心是 DC/DC 转换器。

直流 DC/DC 转换器按输入与输出之间是否有电气隔离可以分为两类:一类是有隔离的称为隔离式 DC/DC 转换器;另一类是没有隔离的称为非隔离式 DC/DC 转换器。

1.基本组成

开关电源一般由主电路、控制电路、检测电路、辅助电源四大部份组成,如图 4-24 所示。

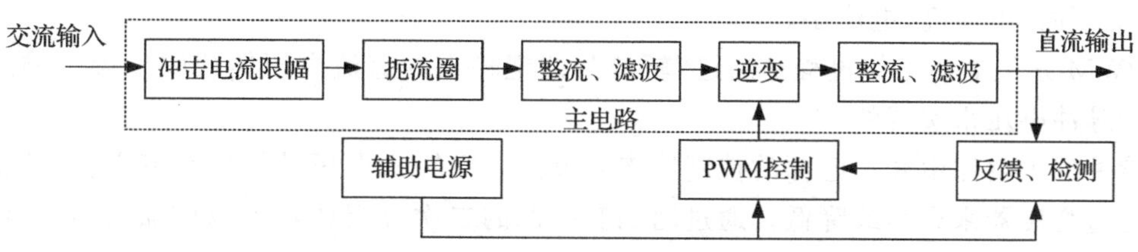

图 4-24　开关电源基本组成及工作原理图

(1)主电路

主电路主要由冲击电流限幅、输入滤波器、整流与滤波、逆变和输出整流与滤波等部分组成,各部分功能如下:

1)冲击电流限幅:限制接通电源瞬间输入侧的冲击电流。

2)输入滤波器:过滤电网存在的杂波及阻碍本机产生的杂波反馈回电网,一般采用扼流圈。

3)整流与滤波:将电网交流电源直接整流为较平滑的直流电。

4)逆变:将整流后的直流电变为高频交流电,这是高频开关电源的核心部分。

5)输出整流与滤波:根据负载需要,提供稳定可靠的直流电源。

(2)控制电路

控制电路一方面从输出端取样(反馈值),与设定值进行比较,然后去控制逆变器,改变其脉宽或脉频,使输出稳定;另一方面,根据检测电路提供的数据,经保护电路鉴别,提供控制电路对电源进行各种保护措施。

(3)检测电路

检测电路提供保护电路正在运行中各种参数和各种仪表数据。

(4)辅助电源

辅助电源实现电源的软件(远程)启动,为保护电路和控制电路(PWM 等芯片)工作供电。

2.工作原理

交流电源输入时一般要经过扼流圈,过滤掉电网上的干扰,同时也过滤掉电源对电网的干扰；交流电源输入经整流滤波成直流；通过高频 PWM（脉冲宽度调制）信号控制开关管，将直流加到开关变压器初级上；开关变压器次级感应出高频电压，经整流滤波供给负载。

输出部分通过一定的电路反馈给控制电路，控制 PWM 占空比，以达到稳定输出的目的；输出部分还需要增加保护电路，在空载、短路时进行保护，否则可能会烧毁开关电源。

在功率相同时，开关频率越高，开关变压器的体积就越小，但对开关管的要求就越高；开关变压器的次级可以为多个绕组或一个绕组有多个抽头，以得到需要的输出。

开关电源利用电子开关器件（如晶体管、场效应管、可控硅闸流管等），通过控制电路，使其不停地“接通”和“关断”，对输入电压进行脉冲调制，从而实现 AC/DC、DC/DC 电压变换，以及输出电压可调和自动稳压。

PWM 开关电源中的电子开关器件工作在导通和关断的状态。在这两种状态中，加在功率晶体管上的伏-安乘积（器件上所产生的损耗）是很小的，这是因为在导通时，电压低，电流大；关断时，电压高，电流小。

PWM 开关电源工作过程是通过“斩波”，即把输入的直流电压斩成幅值等于输入电压幅值的脉冲电压来实现的。

脉冲的占空比由开关电源的控制器来调节。一旦输入电压被斩成交流方波，其幅值就可以通过变压器来升高或降低。通过增加变压器的二次绕组数就可以增加输出的电压值。最后这些交流波形经过整流滤波后就得到直流输出电压。

控制器的主要目的是保持输出电压稳定，一般由功能块、电压参考、误差放大器和电压/脉冲宽度转换单元组成。

开关电源的电力电子器件工作在开关状态而不是线性状态、高频而不是接近工频的低频，输出的是直流而不是交流。

二、逆变电源

利用晶闸管电路把直流电转换成交流电的电力变换装置称为逆变电源。对应于此，把直流电逆变为交流电的电路称为逆变电路。这是一种对应于整流的逆向过程，在特定场合下，同一套晶闸管变流电路既可作整流，又能作逆变。

基本型方波逆变电源电路简单，但输出电压波形的谐波含量过大，亦即 THD（电流谐波畸变率）过大。移相多重叠加逆变电源输出电压波形的谐波含量小，但电路复杂。而 PWM 脉宽调制式逆变电源，电路相对简单，所获得的输出平滑且谐波含量小；按一定的规律对各脉冲的宽度进行调制，既可改变逆变电路输出电压的大小，也可改变输出频率，因而比较常用。

1.基本组成

PWM 脉宽调制式逆变电源主要由开关电路和 PWM 控制器两部分组成，如图 4－25 所示。

2.工作原理

在发控系统中，使用逆变电源时，变流器工作在逆变状态，其交流侧直接接到负载，即把直流电逆变为所需频率或可调频率的交流电供给负载。

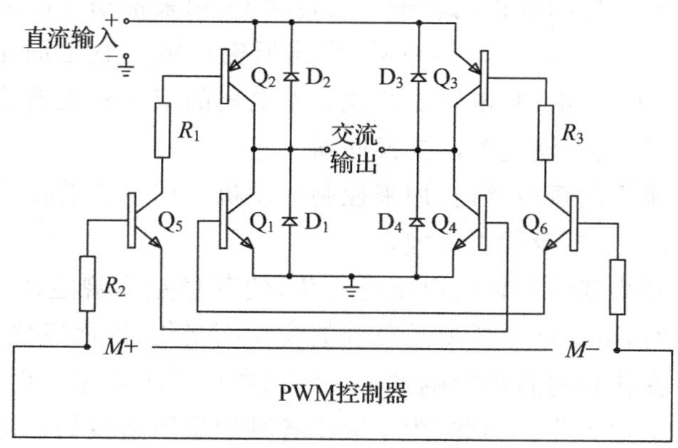

图 4－25　逆变电源基本组成及工作原理图

逆变的基本原理是直流电压经过一个单相 H 型晶闸管桥，H 的横就是输出，H 的竖线上各有两个晶闸管，通过控制电路，对角开启和关闭两个晶闸管，就得到正负相隔的输出电压和电流，即交流电。

PWM 脉宽调制是用一种参考波(通常是正弦波，有时也采用梯形波或注入零序谐波的正弦波或方波等)为调制波，而以 n 倍于调制波频率的三角波(有时也用锯齿波)为载波进行波形比较，在调制波大于载波的部分产生一组幅值相等，而宽度正比于调制波的矩形脉冲序列用来等效调制波，用开关量取代模拟量，并通过对逆变电源开关管的通/断控制，把直流电变成交流电。由于载波三角波(或锯齿波)的上下宽度是线性变化的，故这种调制方式也是线性的，当调制波为正弦波时，输出矩形脉冲序列的脉冲宽度按正弦规律变化。

三、变流机

在发射系统上设置变流机的原因是导弹在接电准备和发射时，需要功率比较大的直流电源和不同于供电电源频率及电压的交流电源。

变流机作为发控系统的电源设备，既可以将交流电变换为直流电，也可以将交流电变换为不同频率、不同电压的交流电。

1.基本组成

变流机一般是由电动机和发电机组成的机组，外加启动电动机的启动器和调压装置等组成，如图 4－26 所示。电动机的转子和发电机的转子可以是同轴的，也可以通过联轴器连接。

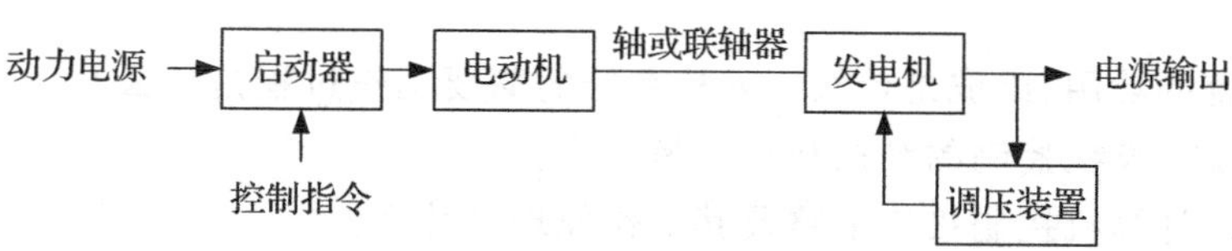

图 4－26　变流机组成

电动机一般为三相异步电动机，是由定子和转子组成，定子铁芯装在壳体内为固定部分，转子为鼠笼式，与发电机的电枢同装于一根转轴上，用来带动直流发电机的转子转动。

发电机为复激式发电机，由电动机带动，发出所需电源。它由固定部分和转动部分组成。固定部分由壳体、定子、电刷、电容器组成。发电机的定子磁极铁芯同样是装在壳体内。转动部分为电枢绕组，发出直流电时需要换向器。

启动器安装在变流机的接线盒内，用来控制电动机工作电源的接通或断开。它由铁芯、线圈、衔铁、触点组、触点连杆及弹簧组成。

稳压装置是用来减小变流机输出电压的变化，使其稳定在规定的电压范围之内。这是因为发电机在有负载时，电枢端电压要随负载的变化而变化，因而造成变流机输出电压不稳定。如果电站电压有变化也将直接影响发电机输出电压的不稳定。而变流机输出电压的变化会影响发射设备的正常工作。因此，为了减小各种因素所造成的输出电压波动，而在变流机的发电机部分安装了稳压装置，能自动调节变流机的输出电压，使之稳定在允许范围内。稳压装置由整流电路、分压电路、开关电路、附加激磁绕组等组成。

2.工作原理

启动器线圈通入控制指令电源后，使铁芯磁化产生吸力，吸引衔铁带动触点组压缩弹簧，使触点组闭合，接通电源，三相交流电加到异步电动机的定子绕组中。定子的三个绕组在空间位置相隔 120°，通入三相交流电后，便产生合成旋转磁场，此磁场相对于静止的转子导体作相对运动，此时转子导体切割旋转磁场的磁力线而产生感应电动势和感应电流，转子上的感应电流与旋转磁场相互作用，便产生电磁力矩，使转子转动，电动机工作。

电动机工作时，其转子转动，通过联轴器或同轴带动发电机转子转动。

在发电机的定子中因有剩磁磁场或外加电源产生的磁场，所以，转子切割磁力线而产生交流感应电势，通过接触环输出不同频率、不同电压的交流电或是通过换向器输出直流电。此电流经过串激和并激绕组在激磁绕组中又产生激磁磁通，使原来的剩磁磁场或外加电源产生的磁场加强，增大了的磁通又使电枢绕组中的感应电势升高，则激磁电流又增大。就这样激磁电流与感应电势相互促进，从而达到在电枢绕组中建立起额定数值的电势输出。

稳压装置通过整流电路、分压电路检测输出电压的值，然后控制开关电路的通断，使附加激磁绕组在输出电压小于额定电压时有电流流过，增加激磁，使电压升高；在输出电压大于额定电压时无电流流过，减小激磁，使电压降低，从而达到稳定输出的目的。

启动器线圈断电后，铁芯磁性消失，在弹簧的作用下使触点组断开电源，电动机停止工作。变流机为断续工作制，即在额定负载下运转规定时间，应停机休息。

习　　题

1.发控系统的功用、组成是什么？发控系统的简要工作过程是什么？

2.发控系统计算机控制的结构和特点是什么？

3.发控系统计算机控制接口电路及其工作原理是什么？

4.发控系统通信的组织结构是什么？

5.发控系统配电的方式及其原理是什么？

第五章 倾斜发射技术

地空导弹倾斜发射技术主要是对导弹调转、跟踪、滑离等发射过程的有关问题进行分析，确定相关的总体设计参数。本章主要介绍倾斜发射方式的发展概况及特点、倾斜发射导弹初始瞄准技术、发射动力学基础和倾斜发射导弹滑离技术等内容。

第一节 概 述

倾斜发射是地空导弹传统的发射方式，由于其较好地解决了导弹的初始瞄准问题，保证了发射时导弹的初始射向和离轨速度，使得导弹的初始偏差小、低空性能好，因而在地空导弹武器系统中得到了广泛应用。

一、发展概况

20 世纪 40 年代末至 50 年代初，苏联研制的地空导弹“SA－1”、美国研制的地空导弹“波马克”“奈基－2”都采用了垂直发射方式。这些地空导弹只能对付高空活动目标，如果要对付中、低空活动目标，就比较困难，这是因为当时的垂直发射方式没有解决地空导弹的初始瞄准问题。为了能对付中、低空活动目标，就必须寻找更适合于地空导弹的发射方式。倾斜发射方式就比较好地满足和适应了当时的战术要求和技术水平，特别是倾斜变角发射方式，在地空导弹中得到了广泛应用。1980 年以前研制、装备的攻击活动目标的各种型号地空导弹都采用了倾斜发射技术，其中大多数型号都采用了倾斜变角发射方式。

对于地空导弹倾斜发射技术的研究已经经历了半个多世纪，经历了第一、二、三代地空导弹武器系统的运用，倾斜发射技术已发展得比较完善和成熟。

在计算机技术、导弹技术、雷达技术、数字技术等高新技术高度发展的今天，地空导弹的多联装倾斜发射技术仍不失它的特色，先进的第三代“爱国者”地空导弹的发射系统仍采用倾斜发射技术就是一个例证。

二、倾斜发射的特点

由于空中威胁可能来自不同的方位和高度，采用倾斜发射可在导弹发射前将发射装置调转到目标来袭的方向，并对目标进行跟踪，因而具有以下优点：

1)导弹起飞后不需要很大转弯就可以进入巡航飞行，导弹所需承受的过载小。

2)导弹比较容易实现初制导，甚至可以不用初制导，仅依靠发射装置赋予的初始方向即可射入预定空域，使导引头截获目标或者导弹被制导雷达截获。

3)通过合理设计发射装置随动系统相对制导雷达的跟踪规律，可以获得比较小的弹道初始偏差，导弹消除这一偏差所需时间相应比较短，可以获得比较近的杀伤区近界，提高了导弹的近界拦截能力。

4)对于指令制导和驾束制导的导弹，通过合理设计发射装置随动系统相对制导雷达的跟踪规律，可以使导弹射入雷达波束时的速度方向与波束中心线的夹角比较小，导弹不易冲出波束，截获比较容易。

5)对寻的制导的导弹，通过合理设计发射装置随动系统相对制导雷达的跟踪规律，把初始飞行段导弹相对目标的前置量控制在导引头天线偏角允许的范围内，通过地面发射控制设备对导引头天线初始角度预装，可以使导引头天线在目标截获点处正好对准目标而不需进行角度搜索，缩短了目标截获时间。

6)可以根据不同的作战空域，设计不同的导弹发射前置量(如大前置量的高抛弹道)，使导弹所得到的飞行航迹阻力减小，有利于减轻导弹的起飞质量。

尽管倾斜发射具有上述优点，但由于发射装置随动系统需要不断转动指向目标，不可避免会带来如下缺点：

1)随动系统从静止状态到准确对准目标需要有个调转和稳定跟踪的过程，完成这个过程需要一定的时间，转过的角度越大，所需时间越长，导致武器系统的反应时间和火力转移时间加长。

2)在一次射击中，发射装置只能指向一个目标方向，不能同时对不同方向的目标进行射击，限制了武器系统对付多目标的能力。

3)与垂直发射方式相比，倾斜发射需要随动系统，增加了发射装置结构的复杂性，需要占用较大的空间，从而减少了载体的装弹数量；但对导弹来说，其构造则相对简单些，而且攻击区较大。

第二节　倾斜发射导弹初始瞄准技术

倾斜变角发射技术能提高导弹发射精度，改善导弹攻击条件，扩大导弹杀伤区域，因此这种发射技术被地空导弹武器系统广泛采用。

倾斜变角发射的实质就是倾斜发射系统具有初始瞄准功能，即在导弹发射前，通过倾斜发射装置实现必要的初始瞄准。所谓瞄准就是按射击弹道的要求，发射装置的起落部分和回转部分以必需的瞄准速度和加速度从战斗准备状态回转到规定的空间发射角度，即赋予导弹必要的发射方向。

现代地空导弹发射装置广泛采用瞄准机来实现导弹的初始瞄准。对初始瞄准规律的研究及初始瞄准参数的分析与计算，是倾斜发射导弹初始瞄准技术所要研究的重要内容。

一、初始瞄准过程分析

以高低瞄准为例，简要分析瞄准过程。如图 5－1 所示，发射架起落部分从装填角位置(φ_0)开始进行瞄准，先以调转角加速度 ε_{tr} 上升，速度达到调转角速度 ω_{tr} 后(此时起落部分

处于角度 φ_1)，开始等速调转。当起落部分处于角度 φ_2 时，瞄准运动则以 ε'_{tr} 减速，直到起落部分开始跟踪目标(此时起落部分的角度为 φ_3，角速度为 ω_1)，上述过程叫瞄准机的调转过程。如果在调转过程中捕捉不到预定的目标，或原跟踪的目标丢失，则需实行火力转移捕捉另一个目标。火力转移也需实施调转过程。

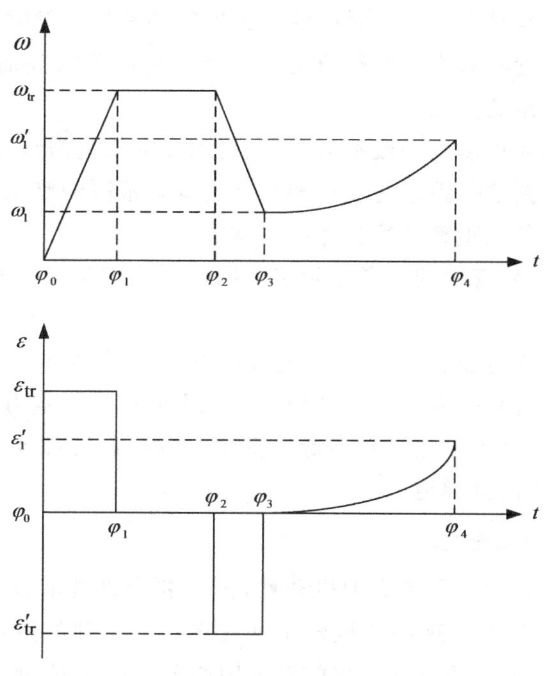

图 5-1　瞄准过程中角速度和角加速度

起落部分开始跟踪目标后，跟踪过程开始。起落部分跟踪的角速度和角加速度取决于目标的运动规律，可以等角速度或以变角速度跟踪目标。当起落部分到了允许发射角 φ_4 时(此时，角加速度增至 ε'_1，ε'_1 的最大值不能大于跟踪的最大角加速度 ε_{tr}；跟踪角速度 ω'_1 的最大值不能大于跟踪的最大角速度 ω_{tr})，就可发射导弹。发射后，起落部分以调转规律返回装填角 φ_0 位置。起落部分从开始跟踪至发射的过程称为跟踪过程。

从上述瞄准过程的简单分析中，可以看出：

1)调转过程的目的是使起落部分快速追上目标，追上目标后则进入跟踪过程。

2)跟踪过程是重要的过程，在跟踪过程中，跟得上目标就是抓住目标和抓住战机。如果起落部分的速度已经达到跟踪的最大角速度 ω_{tr} 或最大角加速度 ε_{tr}，并以 ω_{tr} 或 ε_{tr} 跟踪，但仍没有跟上目标，这就可能延长捕捉目标的时间，或丢失目标，失去战机。

3)如何保证跟得上(抓住)目标呢？这就决定于瞄准速度、加速度等。跟踪速度、加速度尤为重要，是很关键的参数。

二、初始瞄准参数的分析与计算

(一)高低角和方位角变化范围的确定

不同的制导体制，对于导弹相对目标的位置前置角和速度方向等方面的要求均不相同，不同的导引规律对瞄准角的要求也不相同，只有在制导体制和导引方法基本确定后，才能进行瞄准角的设计。

对于不同类型的导弹，倾斜变角发射的方位角变化范围一般为0°～360°，以满足对来袭目标进行全方位攻击的要求。

高低角变化范围通常是在发射区对应的最大发射角和最小发射角基础上加以必要的修正来确定的。杀伤区高近界对应的发射角是确定最大高低角的基础，杀伤区低远界对应的发射角是确定最小高低角的基础。

发射时刻发射架转动角速度一般不为零，发射后发射架仍需转过一定的角度，直至发射架转速下降到零。考虑到这一因素的发射架高低角变化范围的修正称为缓冲角修正。

当发射架与制导站基线距离较远且考虑拦截的近界点时，由发射架和制导站对目标（或预置瞄准点）的视差是不容忽视的。考虑到这一因素对发射架高低角变化范围的修正称为基线修正。

导弹发射后的无控飞行段有重力下沉，对于拦截低远界目标，若射角过小，则重力下沉更大，容易使导弹触地。因此，在确定高低角变化范围时应进行重力修正。

此外，从武器系统性能出发也需对高低角变化范围提出特殊要求，比如，为了提高导弹的抗干扰能力，可能采用高抛弹道。

（二）调转角速度与角加速度的确定

调转运动直接影响发射装置的火力机动性，因此要合理选取调转参数。一般根据给定调转角度 φ_{tr} 和调转时间 T，合理决定调转角速度图形。合理的图形应符合调转角度 φ_{tr}、调转时间 T 及附加惯性力小的要求。当前多采用梯形的运动图，如图5-2所示。

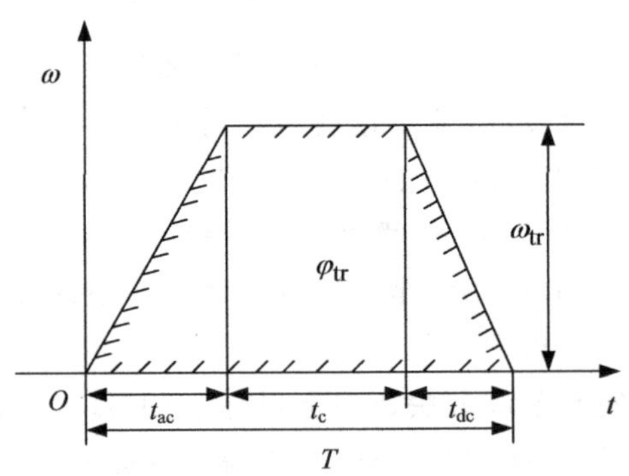

图5-2　调转过程角速度梯形图

根据图5-2可以决定调转角速度 ω_{tr} 和调转角加速度 ε_{tr}。

设发射装置调转角度为 φ_{tr}，则有

$$\varphi_{tr}=\int_0^T \omega \mathrm{d}t=\omega_{tr}T-\frac{1}{2}\omega_{tr}(T-t_c) \tag{5-1}$$

式中：ω_{tr} 为发射装置的最大调转角速度（简称调转角速度）；T 为调转时间；t_c 为等速调转的时间，可取 $t_c \approx \frac{1}{3}T$。

将 $t_c \approx \frac{1}{3}T$ 代入式(5-1)得

$$\varphi_{tr}=\frac{2}{3}\omega_{tr}T \text{ 或 } \omega_{tr}=\frac{3}{2}\frac{\varphi_{tr}}{T} \tag{5-2}$$

增速时间 $t_{ac}=T-t_c-t_{dc}=\frac{2}{3}T-t_{dc}$，如假设增速时间 t_{ac} 与减速时间 t_{dc} 之比为1.5～2，便得

$$t_{ac}=(0.4\sim 0.44)T \tag{5-3}$$

所以

$$\varepsilon_{trac}=\frac{\omega_{tr}}{(0.4\sim 0.44)T} \tag{5-4}$$

已知调转角速度 ω_{tr} 、角加速度 ε_{trac} 以后，便可计算出起落部分调转至任一开始跟踪角过程的时间 t_{tr} 。

计算时假设：

1)连续跟踪目标的速度为常量，即传信仪的速度 ω_0 不变。

2)该调转过程是稳定调转，即稳定的时间为零。

3)调转时的角加速度 ε_{trac} 和减加速度 ε_{trdc} 的变化率为常量(即等加速、等减速调转)。

便得调转过程角速度变化如图5-3所示。图中：φ_0 为传信仪的输出角；φ 为起落部分转动的角度；ω_0 为传信仪速度，即保证连续跟踪目标的速度；ω 为跟踪期间起落部分的速度；t_0 为发射装置停止转动的时间；t_{ac} 为等加速调转的时间；t_c 为等速调转的时间；t_{dc} 为等减速调转的时间；t_{tr} 为调转至开始跟踪角的时间。

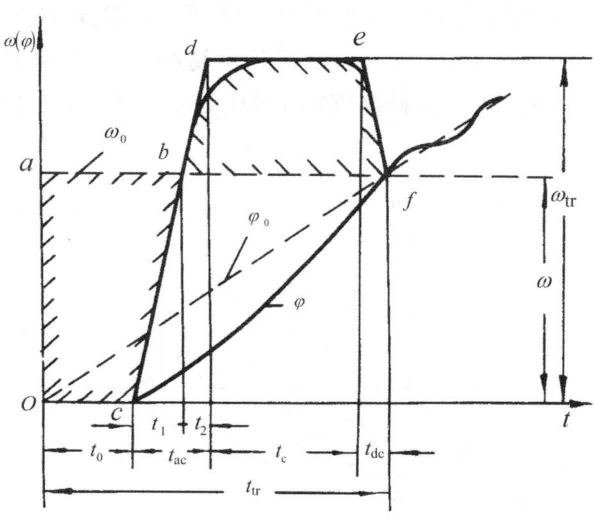

图5-3　调转过程角速度变化

为赶上目标，必须消除传信仪与发射装置起落部分之间的误差角，便得

$$\omega_0 t_0+\frac{1}{2}\omega_0 t_1=\frac{1}{2}(\omega_{tr}-\omega_0)t_2+(\omega_{tr}-\omega_0)t_c+\frac{1}{2}(\omega_{tr}-\omega_0)t_{dc} \tag{5-5}$$

式中

$$t_1=\frac{\omega_0}{\omega_{tr}}t_{ac} \tag{5-6}$$

等加速调转和等减速调转的时间分别为

$$t_{ac}=\frac{\omega_{tr}}{\varepsilon_{trac}},\quad t_{dc}=\frac{\omega_{tr}-\omega_0}{\varepsilon_{trdc}} \tag{5-7}$$

式中：ε_{trac}、ε_{trdc} 分别为调转的加速度、调转的减加速度；仍假设 $\varepsilon_{trdc}\approx(1.5\sim2)\varepsilon_{trac}$。

为赶上目标，其调转的时间 t_{tr} 为

$$t_{tr}=t_0+t_{ac}+t_c+t_{dc} \tag{5-8}$$

如取 $\varepsilon_{trdc}=2\varepsilon_{trac}$，并将式(5-8)代入式(5-5)，整理后得

$$t_{tr}=\frac{K}{K-1}t_0+\frac{\omega_0}{4\varepsilon_{trac}(K-1)}(3K^2-2K+1) \tag{5-9}$$

式中：$K=\frac{\omega_{tr}}{\omega_0}$。

t_{tr} 即为发射装置与传信仪间产生误差角而赶上目标的运动时间，也即调转至任一跟踪角的时间。

(三)跟踪角速度与角加速度的确定

发射架跟踪角速度和角加速度与目标运动特性及作战空域有关。对运动目标的跟踪速度实际上就是发射架起落部分高低角和方向角的变化率。发射架运动与目标运动关系如图5-4所示，取地面参数直角坐标系 $O_g\xi\eta\zeta$，坐标原点 O_g 为制导站或发射点。$O_g\xi$ 在通过 O_g 的水平面内，其指向与目标速度矢量的水平投影平行、反向。$O_g\eta$ 垂直于水平面，指向上方为正。因 O_g 与发射点 P 重合，因此可得出瞄准计算简图如图5-4所示，图中：P 为发射点；M 为目标；v 为目标速度；H 为目标高度；ρ(PD) 为航路捷径；β 为跟踪方向角；φ 为跟踪高低角。

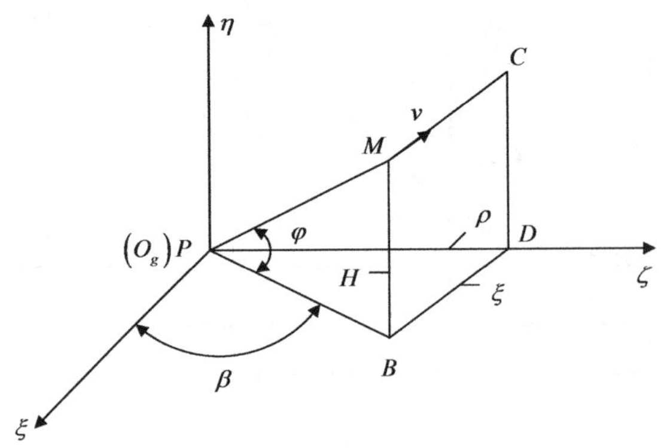

图5-4　发射架运动与目标运动关系

1.方位跟踪角速度和角加速度

根据几何关系得

$$\cot\beta=\frac{\xi}{\rho} \tag{5-10}$$

将式(5-10)对时间 t 取一阶导数,得方向跟踪速度

$$\omega_{\beta}=\dot{\beta}=-\frac{\xi}{\rho}\sin^{2}\beta \tag{5-11}$$

因为 $\dot{\xi}=-v$,代入式(5-11)得

$$\omega_{\beta}=\dot{\beta}=\frac{v}{\rho}\sin^{2}\beta=\frac{v}{\rho}\cdot\frac{\rho^{2}}{\rho^{2}+\xi^{2}} \tag{5-12}$$

对式(5-12)作如下讨论:

当目标位于无限远,即 $\beta=0°$ 时,则

$$\omega_{\beta}=\dot{\beta}=0 \tag{5-13}$$

即方向跟踪速度最小。

当目标水平距离等于航路捷径,即 $\beta=90°$ 时,则

$$\omega_{\beta\max}=\dot{\beta}_{\max}=\frac{v}{\rho} \tag{5-14}$$

即方向跟踪速度达最大值。

将式(5-14)代入式(5-12)得方向跟踪速度的另一表示式

$$\omega_{\beta}=\dot{\beta}=\dot{\beta}_{\max}\frac{\rho^{2}}{\rho^{2}+\xi^{2}} \tag{5-15}$$

以 $\xi=-vt$ 代入得

$$\omega_{\beta}=\dot{\beta}=\dot{\beta}_{\max}\frac{\rho^{2}}{\rho^{2}+v^{2}t^{2}} \tag{5-16}$$

利用式(5-16)可作出方向跟踪速度曲线,如图5-5所示。

将式(5-12)对时间 t 取一次导数,得方向跟踪加速度

$$\varepsilon_{\beta}=\ddot{\beta}=\frac{v}{\rho}\dot{\beta}\sin2\beta=\frac{v^{2}}{\rho^{2}}\sin2\beta\sin^{2}\beta \tag{5-17}$$

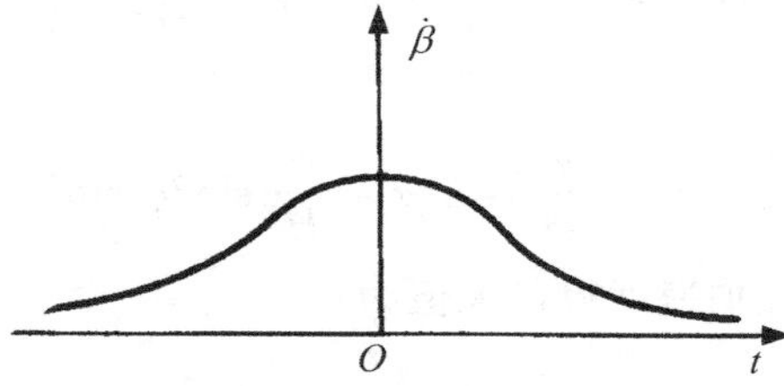

图5-5　方向跟踪速度曲线

对式(5-17)作如下讨论:

当目标位于无限远,即 $\beta=0°$ 时,则

$$\varepsilon_{\beta}=\ddot{\beta}=0 \tag{5-18}$$

当目标距离等于航路捷径,即 $\beta=90°$ 时,则

$$\varepsilon_\beta = \ddot{\beta} = 0 \tag{5-19}$$

因此，方向跟踪加速度 ε_β 的最大值在 0°～90°之间的某一方向角上，故对式(5－17)求极值，可知当 $\beta = 60°$ 时，ε_β 有最大值，即

$$\ddot{\beta}_{\max} = 0.65\frac{v^2}{\rho^2} = 0.65\dot{\beta}^2_{\max} \tag{5-20}$$

由以上分析可看出：方向跟踪速度最大值和方向跟踪加速度的最大值不出现在同一方向角上，而分别出现在 90° 和 60° 的方向角上。

2.高低跟踪角速度和角加速度

从图 5－4 中，根据几何关系得

$$\cot\varphi = \frac{\sqrt{\xi^2 + \rho^2}}{H} \tag{5-21}$$

将式(5－21)对时间 t 取一阶导数，得高低角跟踪速度 ω_φ 为

$$\omega_\varphi = \dot{\varphi} = \frac{v}{H}\sin^2\varphi\cos\beta \tag{5-22}$$

对式(5－22)作如下讨论：

当方向角 $\beta = 0°$，即当目标航向通过发射装置 ($\rho = 0$) 时，因 $\cos\beta = 1$，这时高低跟踪运动处在最困难的情况下，这种情况称为自卫射击。如果仅研究自卫射击情况下的高低跟踪运动，那么可得出高低跟踪速度的计算公式：

$$\omega_\varphi = \dot{\varphi} = \frac{v}{H}\sin^2\varphi \tag{5-23}$$

式(5－23)与式(5－12)相比较可以看出，高低跟踪速度与方向跟踪速度具有相似的型式。因而可用同样的方法导出高低跟踪运动的以下表示式：

当高低角 $\varphi = 90°$ 时，高低跟踪速度具有最大值，即

$$\dot{\varphi}_{\max} = \frac{v}{H} \tag{5-24}$$

将式(5－24)代入式(5－23)，得高低跟踪速度的另一表示式：

$$\omega_\varphi = \dot{\varphi} = \dot{\varphi}_{\max}\sin^2\varphi = \dot{\varphi}_{\max}\frac{H^2}{H^2 + \xi^2} \tag{5-25}$$

高低跟踪加速度 ε_φ 为

$$\varepsilon_\varphi = \ddot{\varphi} = \frac{v}{H}\dot{\varphi}\sin2\varphi = \frac{v^2}{H^2}\sin2\varphi\ \sin^2\varphi \tag{5-26}$$

当 $\varphi = 60°$ 时，高低跟踪加速度得最大值为

$$\ddot{\varphi}_{\max} = 0.65\frac{v^2}{H^2} = 0.65\dot{\varphi}^2_{\max} \tag{5-27}$$

当 $\rho \neq 0$ 时，要计算高低跟踪加速度，可将式(5－22)取导数，并将式(5－12)代入，得

$$\varepsilon_\varphi = \ddot{\varphi} = \frac{v}{H}\left[\dot{\varphi}\sin2\varphi\cos\beta - \frac{v}{\rho}\sin^2\varphi\ \sin^3\beta\right] \tag{5-28}$$

3.跟踪速度和加速度限制域

综上结果可知，最大方向跟踪速度和最大高低跟踪速度都正比于目标的运动速度，反比

于航路捷径或目标的高度；最大跟踪加速度也有类似的规律，但为二次方关系。

现在提出一个问题：当目标速度一定时，航路捷径和目标高度减小，则所要求的跟踪速度增加，但由于瞄准机功率的限制，跟踪速度不能无限增加，因而，对于某最大跟踪速度，相应地存在着能跟踪的最小航路捷径和最小目标高度，也就是说存在着瞄准死区。

根据式(5－14)、式(5－20)和式(5－24)、式(5－27)得最小航路捷径 ρ_0、ρ_{01} 和最小目标高度 H_0、H_{01} 的表示式如下：

$$\rho_0=\frac{v}{[\dot{\beta}_{\max}]},\quad \rho_{01}=\frac{\sqrt{0.65}\,v}{\sqrt{[\ddot{\beta}_{\max}]}} \tag{5-29}$$

$$H_0=\frac{v}{[\dot{\varphi}_{\max}]},\quad H_{01}=\frac{\sqrt{0.65}\,v}{\sqrt{[\ddot{\varphi}_{\max}]}} \tag{5-30}$$

式中：$[\dot{\beta}_{\max}]$、$[\ddot{\beta}_{\max}]$、$[\dot{\varphi}_{\max}]$、$[\ddot{\varphi}_{\max}]$ 为瞄准机许可的最大速度和最大加速度。

当 $\rho<\rho_0$、$\rho<\rho_{01}$ 或 $H<H_0$、$H<H_{01}$ 时，发射装置由于受到瞄准机功率的限制，不能对目标进行跟踪。受到最大跟踪速度限制而不能跟踪的区域称为跟踪速度限制域；受到最大跟踪加速度限制而不能跟踪的区域称为跟踪加速度限制域。对于每一发射装置，都存在着一个不能跟踪的区域。

下面以方向跟踪为例，进一步研究跟踪速度限制域的图形(高低跟踪速度限制域具有相同的图形)。

因达到许可的最大速度的边界为

$$\dot{\beta}=[\dot{\beta}_{\max}]=\frac{v}{\rho_0} \tag{5-31}$$

代入式(5－12)中，则得

$$\frac{1}{\rho_0}=\frac{\rho}{\rho^2+\xi^2}\ \text{或}\ \xi^2+\left(\rho-\frac{\rho_0}{2}\right)^2=\left(\frac{\rho_0}{2}\right)^2 \tag{5-32}$$

式(5－32)为半径等于 $\rho_0/2$ 的圆，位于 ξ 轴两旁，上下各一个，如图 5－6 所示。

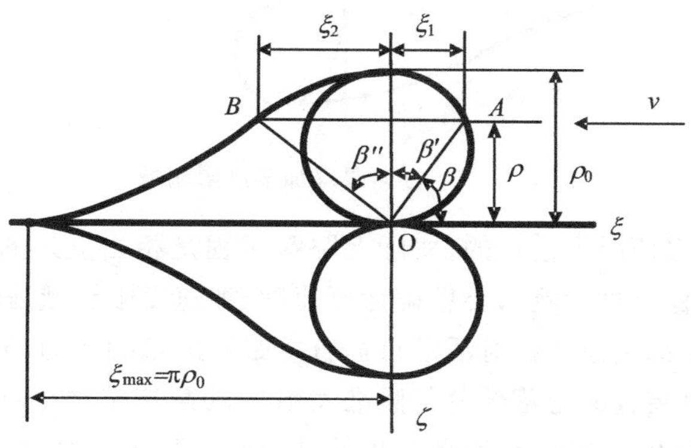

图 5－6　方向跟踪速度限制域

以 $\rho_0(H_0)$ 为直径的圆是跟踪速度限制域。在目标进入限制域后，瞄准机以最大跟踪速度跟踪，起落部分的指向依然落后于目标，只有在目标飞出限制域 B 点后，起落部分才能跟踪上目标。这时起落部分已转过 $\beta'+\beta''$ 角，因此实际限制域还要扩大。

根据运动学关系可决定任一 B 点的位置。

设起落部分以最大速度移过 $\beta'+\beta''$ 角所需的时间为 t_0，则有

$$t_0=\frac{\beta'+\beta''}{[\dot{\beta}_{\max}]}=\frac{\rho_0}{v}(\beta'+\beta'') \qquad (5-33)$$

在同一时间内，目标也移过了 $\overline{AB}$ 距离，所以又有

$$t_0=\frac{\rho}{v}(\tan\beta'+\tan\beta'') \qquad (5-34)$$

因此得

$$\frac{\rho}{\rho_0}(\tan\beta'+\tan\beta'')=\beta'+\beta'' \qquad (5-35)$$

因为

$$\frac{\rho}{\rho_0}=\sin^2\beta=\cos^2\beta' \qquad (5-36)$$

从式(5－35)和式(5－36)可求得 β''。B 点位置 ξ_2 的值就可用下式决定：

$$\xi_2=\rho\tan\beta'' \qquad (5-37)$$

当 $\rho=0$ 时，ξ_2 达最大值，这时起落部分为赶上目标，方向跟踪角需转过 180°，所需时间为

$$\xi_2=vt_{0\max}=\pi\rho_0 \qquad (5-38)$$

利用式(5－38)分析得出的结论，可作出图 5－6 的全部图形，该图就是方向跟踪速度限制域。

按类似方法可以求得跟踪加速度限制域，如图 5－7 所示。

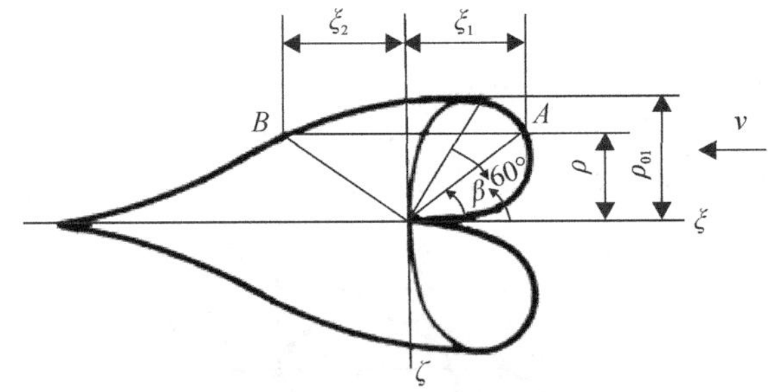

图 5－7　方向跟踪加速度限制域

上述分析是在理想情况下进行的，实际上跟踪过程是相当复杂的，影响的因素较多(例如发射装置运动的不稳定性影响)，要精确计算速度、加速度限制域是较困难的。

此外，上述的分析都是建立在对活动目标直接跟踪的基础上的，但实际上直接对准目标跟踪的是雷达，而发射装置的起落部分仅瞄准发射区的某特定位置；同时，在发射阵地布置上，雷达和发射装置相隔一段距离，因此算出的结果并不真正是发射装置的瞄准参数。虽然如此，由于发射时雷达测出目标的参数传给指挥仪，经指挥仪计算后再传给发射装置，因而雷达与发射装置是同步的。因此，不管发射装置指向目标与否，只要了解了对发射装置瞄准方向的要求，依据上述类似的方法，也就容易求出它的瞄准运动规律。

第三节　发射动力学基础

导弹离轨姿态是导弹弹道计算的初始条件。在导弹发射时，由于发射架的弹性和导弹的快速运动、发动机的自振和推力偏心，以及发射导轨的微弯曲等，引起发射系统振动，进而对导弹离轨姿态产生影响。研究发射系统的振动及其影响是发射动力学研究的主要内容。本节简要介绍发射动力学分析有关概念。

一、导弹的滑离方式与发射阶段

导弹的结构与用途不同，发射时所用的发射装置也不同，甚至差异很大，在具体研究时应考虑不同的滑离方式及在不同发射阶段的特点。

(一)导弹滑离方式

导弹从定向器上滑离的方式有三种，即不同时滑离、同时滑离和瞬时滑离，如图 5-8 所示。导弹的滑离方式充分反映了导弹与定向器之间的相互关系。

1.不同时滑离

导弹的前、后定向件先后脱离定向器导轨，如图 5-8(a)所示，其中，前定向件滑行长 l_1，后定向件滑行长 $l_2(l_2 > l_1)$。这种方式的优点是定向器结构简单、长度较短。但在不同时滑离阶段，在前定向件滑离后导弹会绕定向器约束的后定向件转动，出现头部下沉现象。导弹头部下沉及定向器振动对后定向件的扰动，使导弹滑离时初始扰动增大。为了减小这类扰动的影响，设计时应使滑离速度增大，或使不同时滑离段的长度缩短。

2.同时滑离

导弹的前、后定向件同时从定向器导轨上脱离，如图 5-8(b)所示。这种方式的优点是导弹滑离时不出现头部下沉，可减小初始扰动。但是，在设计同时滑离定向器时需要注意：

1)为保证导弹有足够的滑离速度，同时滑离的定向器一般较长，导弹滑离后要在定向器上方飞行一段时间，出现整体下沉现象，致使导弹与定向器有可能相碰。在设计时必须留有足够的让开距离，或设计专门的让开机构，以免二者发生撞击。

2)对箱式定向器，在分析导弹的初始扰动时，应当考虑导弹已滑离但仍在箱内飞行时，不对称气流对扰动的影响。

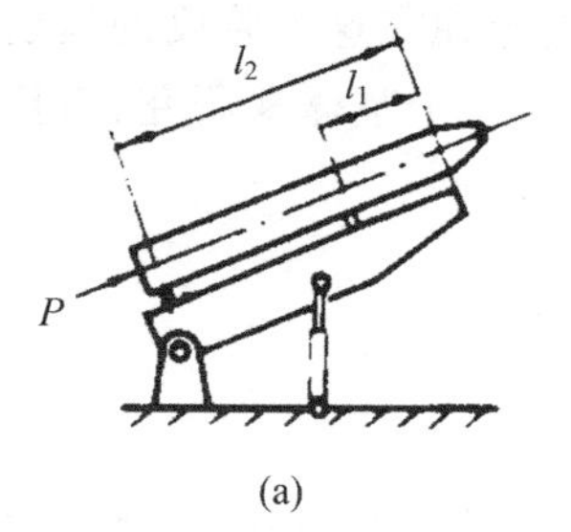

(a)

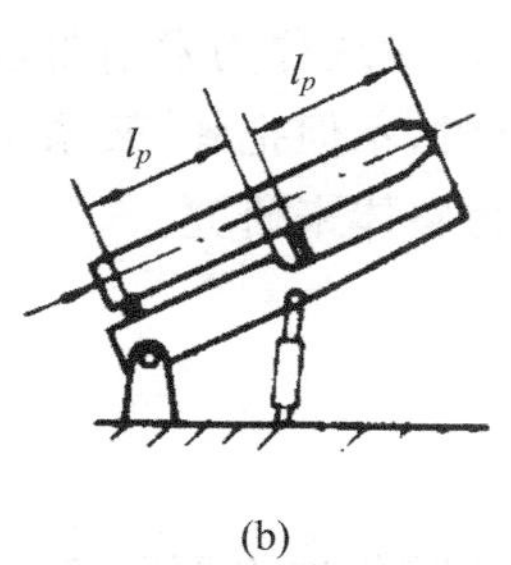

(b)

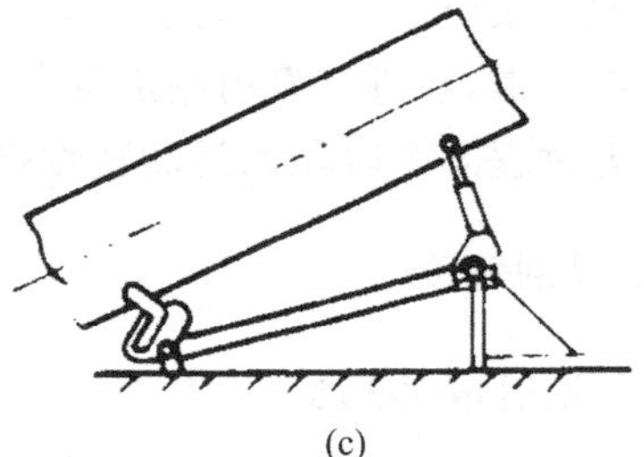
(c)

图 5-8　导弹滑离方式

(a)不同时滑离；(b)同时滑离；(c)瞬时滑离

3.瞬时滑离

发动机的推力刚刚等于闭锁力及导弹重量分力时，导弹即从定向器上脱离，如图 5-8(c)所示。导弹在这种滑离方式下的滑离长度为零，故又称这种定向器为零长式定向器。这种方式的优点是发射装置结构简单、重量轻、外廓小，主要用于允许较大散布的弹-架系统或发射制导性能好的导弹。在分析计算导弹初始扰动时，应当考虑发动机的推力及闭锁器的闭锁力等参数散布度的影响，即应当分析这些参数的变化特征。由于导弹滑离后的速度很小，倾斜发射时的下沉量大，所以瞬时滑离增大了导弹和发射装置相碰的概率。

(二)导弹发射阶段

导弹的发射过程一般要经历以下 4 个阶段。

1.闭锁阶段

导弹与发射装置之间无相对运动，用闭锁挡弹器来限制导弹的运动。

这个阶段描述的是发动机点火到导弹开始移动前弹-架系统的状态。这里有两种情况：一种是系统静止，这时系统的初始条件为零；另一种是系统运动，例如在运动载体上发射，或发射时考虑风的作用等，这时的初始条件不为零。闭锁挡弹器在这个阶段有特殊作用，应当根据实际结构描述它对发射的影响。

2.导向阶段

导弹在推力作用下相对发射装置运动，但运动方向受定向器的约束，称为约束期。

3.滑离阶段

导弹从定向器上脱离的过程。对不同时滑离的定向器，弹的前定向件先脱离约束，后定向件仍在其上运动，有头部下沉现象出现，称为半约束期。对同时滑离的定向器，则无此阶段，导向阶段一结束即进入无控飞行阶段。

4.无控飞行阶段

导弹在空中自由飞行，一直到某一特征位置为止。这一特征位置，对导弹而言，是控制系统的起控点。

对箱式定向器，导弹滑离后到飞出发射箱前，虽然不受定向器的约束，但它受箱中不对称气流的作用，和在箱外飞行的情况不一样，应当专门考虑。因此可把这一段归入过渡段，由机械约束过渡到空气约束，称为准半约束期。

按现代系统设计观点，把上述 4 个阶段统称为发射阶段，把导弹在这个阶段的运动轨迹称为发射弹道，在进行发射精度的研究时，不但把弹-架系统作为一个整体来研究，而且把导弹在发射过程 4 个阶段的运动特性作为整体来研究。

二、发射精度

(一)发射精度概念

导弹发射时，其实际飞行弹道不可避免地将要偏离理想弹道。这是由发射时作用在 4 个阶段的系统扰动与随机扰动引起的散布造成的。发射精度指的就是导弹在特征位置偏离理想弹道的程度和偏离性质。理想弹道是导弹无干扰时的弹道，是理论值，它将穿过特征平面上的某一点，这个点是理论上的交点，如图 5-9 所示。由于受各种因素的干扰，导弹并不沿此理想弹道飞行，到达特征平面时将偏离理论上的交点，即产生偏差。在同样条件下，对同一目标发射一组导弹，每发导弹的实际弹道也不重复，不可避免地有弹道散布。实际弹道在特征平面上的交点，分布在散布中心的周围。一组弹道的平均值叫平均弹道，平均弹道与特征平面的交点就是散布中心。散布中心相对理想交点的偏差是由系统误差所引起的。发射条件不变，只有系统误差时，每发导弹将沿平均弹道运动，在特征平面的交点与散布中心重合。可用修正的办法减少这个误差值。而散布则是由随机扰动误差所引起的，偏差的大小和方向事先并不知道，但可以控制在一定范围内。发射精度用导弹在特征平面上散布规律的数字特征进行评价，即用散布中心的偏移量和相对散布中心的散布来衡量。

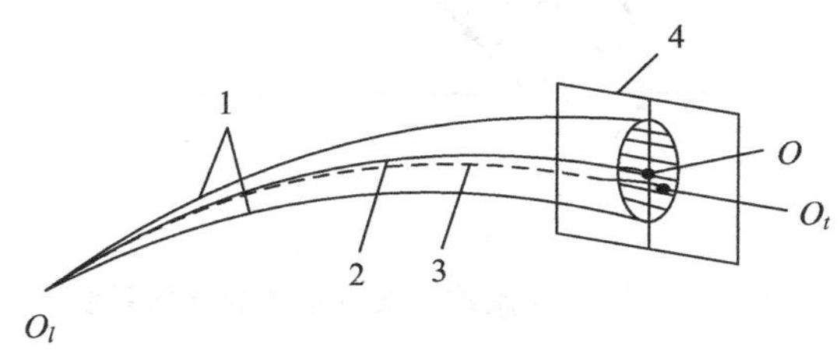

图 5-9 导弹散布示意图

O —散布中心；O_t —理想落点；O_l —发射点；1 —实际弹道；2 —平均弹道；3 —理论弹道；4 —特征平面

导弹通过特征平面之后还要继续飞行，因此在研究发射精度时除对弹道偏移量和散布有一定要求之外，还对弹道飞行角有一定的要求。

对导弹而言，特征平面选在导弹起控点，即控制系统开始控制导弹处。进入起控处的精度并不是直接决定击中目标的关键因素，这是因为导弹能否击中目标还取决于控制系统的工作情况。虽然如此，大多数导弹仍然对初始偏差有一定的要求，这是因为：

1)如果导弹滑离时的初始偏差过大，可能影响正常飞行，导弹未进入控制飞行即告失败。

2)如果导弹在起控处的偏差过大，则制导系统不能截获导弹而失控。即使能截获到导弹，由于偏差过大，不管什么样的控制系统都将导致难于纠正的不理想的结果。

当然，不同的制导系统对初始偏差的要求是不同的。例如图 5-10 所示为雷达跟踪无线电指令制导的系统，整个弹道分成射入段、引导段、制导段。射入段是导弹发射后作自主飞行的一段弹道，导弹在这一段达到一定的飞行速度，以便能进行有效的控制。导弹进入射入段终点 A 处，可能偏离理想弹道，因而要求有一引导段消除起始误差，直到偏差量小于允许值才能进入控制。显然，导弹发射时，如果初始偏差过大，进入射入段后的瞬态变化大，要经过较长时间才能减小，稳定地过渡到引导段。如果进入引导段的偏差过大，制导雷达需要一定时间截获导弹，随后还要经过较长的引导段才能过渡到制导段，才有可能杀伤目标。因而限制了导弹杀伤区的近界，减小了杀伤区的远界。

又例如有些红外跟踪的导弹，制导用的红外线测角仪装在发射装置上或活动载体上，系统的振动影响测角仪基准的稳定性，使输出的控制信号不稳定，因而也影响导弹的发射精度。

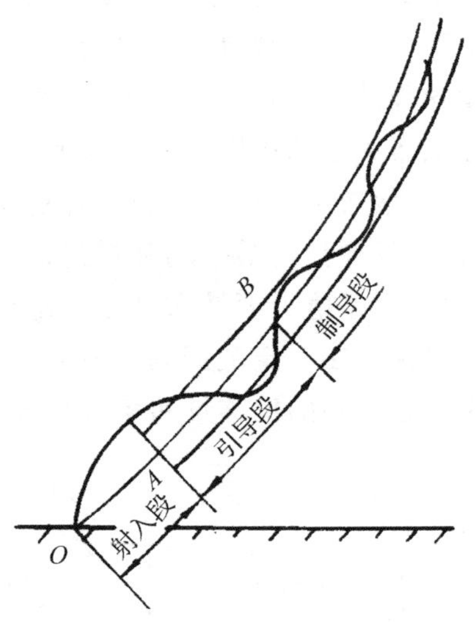

图 5-10　雷达跟踪无线电指令制导的系统

(二)发射精度的影响因素

导弹在发射阶段的精度受两部分因素的影响:初始扰动与飞行扰动。导弹从定向器上安全脱离时的弹道偏差叫初始扰动。导弹在自主飞行中的弹道偏差叫飞行扰动。

引起扰动的因素有两大类:一类是确定性的,它们的规律和数值事先可以预测;另一类是随机性的,它们只有统计学中的数字特征。因此,导弹总的扰动等于确定性扰动与随机性扰动之和。

要得到确定性扰动并不难,只要选取计算模型,确定作用在结构上的确定性的载荷,建立并解算运动方程即可。然而要确定随机扰动则很复杂,这是因为发射时作用在弹-架系统上的大多数随机载荷的概率特性都不知道。此外,弹-架系统的结构参数也有随机散布,它在导弹扰动的散布中也起很大作用。

导弹确定性的扰动因素引起弹道的系统偏差,随机性的扰动因素引起弹道的散布。如果这两类扰动不加控制,都可能使弹道在特征平面处的偏差和散布增大,使发射精度降低。发射动力学的研究,很长一个时期,是为了预测系统偏差,以便进行瞄准修正。同时分析随机散布,以便减小它的影响。但是,后来转向利用初始扰动,以补偿飞行扰动的研究。不再认为初始扰动总是有害的,不再认为初始扰动越小越好。这是发射动力学研究工作的新进展,是一项很有吸引力的研究工作。

(三)影响初始扰动的因素

由于受各种因素的影响,导弹在定向器上的运动姿态会受到扰动。影响初始扰动的因素有以下几个方面:

1.初始瞄准误差的影响

初始瞄准误差是指导弹实际瞄准线与理想瞄准线之间的偏差。瞄准角的变化(角转动)可以延伸成重要的弹道偏差,引起初始瞄准误差的影响因素很多,主要有:

1)目标跟踪雷达、指挥仪和发射装置的标定误差,以及雷达和发射装置的调平误差。

2)指挥仪的计算误差及随动系统的动态误差。

3)定向器导轨各导向面的平直度和平行性,导弹定向件与导轨导向面间的配合间隙。

4)瞄准机的空回量。

5)作用于发射装置上的载荷不平衡造成瞄准线的变化。

2.弹-架系统发射过程振动的影响

弹-架系统的振动将使导弹产生非零的横向角度和角速度,这是造成导弹散布的重要原因。许多学者曾用不同的动力学模型和分析方法对系统进行了大量的研究,有效地揭示了影响振动的各种因素,这些因素对振动影响的基本规律是相同的。当然对不同的分析对象和条件,具体数据是不同的。这些因素是:

(1)发射间隔和次序的影响

在多联装发射装置中,改变导弹连续发射的间隔和次序,可以把散布控制在一定范围之内。合理的发射间隔与弹-架系统的固有频率有关,应避开出现共振的区间,即要考虑发射间隔与弹-架系统固有周期的相容性。

(2)结构参数随机散布的影响

结构的刚度、惯性和地面的刚度等的散布都影响系统的振动,造成初始振动的变化。几乎所有的分析都指出,适当增加刚度可以减小初始扰动。但是这样往往要使结构的质量增加,这一点在结构设计时是要注意的,既要考虑结构刚度与结构质量指标的相容性,又要优化结构参数。

(3)激励因素随机散布的影响

导弹发射时,作用在弹-架系统上的激励因素有风载、推力大小的散布、推力偏心的方向与数量的散布、燃气流的作用、自旋导弹质量分布不均匀的不平衡力、闭锁力等。这些载荷的作用点、方向及大小均是时间的函数,且有随机波动,从而引起系统的随机振动。特别是燃气流的作用,会引起发射装置的振动,增大初始扰动,在多联发射装置中它是影响散布的非常重要的因素。此外,在箱式定向器中,不对称的燃气流作用在导弹上也给予附加扰动。人们对这个方面也投入了很大的力量进行研究。

(4)导弹在定向器上运动时跳动的影响

导弹发射时,如果在定向器上出现跳动现象,系统的振动就要加大,初始扰动也要增大。出现跳动的可能性的大小与系统的刚度、导轨导向面的不平直度、闭锁器切断时闭锁力的大小有关。

3.定向器结构型式的影响

导弹从不同时滑离的定向器上发射时,将出现头部下沉现象,使导弹产生一个横向角度和角速度。而从同时滑离的定向器上发射时则无此现象。

1)定向器滑离长度的影响:当要尽量减小初始扰动角速度时,滑离长度可作为重要参数来考虑。可选择适当的长度,以达到较高的精度。试验表明,滑离长度的增大,将使初始扰动角速度增大。但在增大到一定长度后,扰动角速度开始减小,或变化缓慢。在不同的滑离长度下,一组导弹中的每一发弹的散布范围是不同的,有一散布最小的滑离长度存在。

2)导轨导向面不平直的影响:导轨导向面的不平直使导弹在上面运动时产生横向运动和转动,并引起弹-架系统的振动,增大初始扰动。

4.运动载体的影响

在运动中的载体(舰艇、飞机、火车)上发射导弹时,导弹的滑离速度和方向会发生改变,这也会影响导弹的散布。

载体受海浪、大气或路面的影响,其运动是随机的,而载体的刚度一般是非线性的,而且也有散布,因此它们所引起的初始扰动也有散布。

(四)影响飞行扰动的因素

导弹在滑离后的自主飞行段中,造成散布的主要原因有:

1)发动机推力偏心及总冲的不重复性。

2)自旋导弹的质量分布不均匀。

3)导弹的弹性变形。长细比大的导弹,当约束在发射装置上时,弹体内贮存有弯曲变形的能量,在飞行中的某个时间,尤其是在燃料燃烧期间,如果能量开始释放出来,将引起导弹的振动,这将影响弹道的散布。

4)风、尾翼偏置等。

三、弹-架系统载荷

发射装置设计时必须进行载荷分析,确定结构所受载荷的大小、方向、作用点、分布规律及与时间的关系,以此作为设备的可靠性及发射精度研究的依据。要先分清载荷的性质,随后选用相应的计算方法。

(一)发射装置工作状态

根据弹-架系统工作过程中结构的工作条件,可以将结构的承载情况分成若干特征状态。在每一特定的状态下,结构均受到完全确定的外力和环境条件的联合作用。当然,系统要在多种情况下工作,而每一结构元件的较大内力只出现在一种状态之中,这一内力就决定了元件的强度和变形。对该元件来说,这种特征状态就称作载荷计算状态。弹-架系统载荷计算状态可分成三类,应根据具体零件的强度和变形要求,分别在不同状态下作载荷分析。

1.运输状态

运输状态指的是系统在运输和转载过程中结构承受载荷情况,它与所用载体和转载工具有关:有车载(轮式或履带车辆、火车)、舰载(水面或水下)、机载(飞机或直升机),有吊装、叉车或专用设备转载。要根据战术技术条件允许的路面、海情、飞行条件来计算动载荷。研究这种状态的目的主要是解决导弹运输时的减振问题,及运载体、牵引杆、行军固定器、机载发射装置的吊环等部件的设计问题。

2.发射准备状态

发射准备状态指放列、撤收、瞄准或起竖、加注及其他勤务操作过程中结构所受的载荷情况,也包括导弹处于待发射状态的环境条件中结构所受的载荷情况。

瞄准状态包括调转运动和跟踪运动,它们的运动规律及瞄准参数是不同的,应分别分析。研究这种状态的目的主要是保证发射准备过程导弹的安全，以及为瞄准机等相关部件的设计提供载荷数据。

3.发射状态

发射状态指导弹发动机点火到滑离这一过程中结构承受的载荷情况，它与导弹结构、发射装置结构及发射条件有关，是发射精度、发射可靠性、发射时的安全防护等要考虑的设计状态。在这种状态下，不但有力的作用，还有高温烧蚀作用。

运输和发射准备时的载荷情况，与一般机械传动及运输工具相似，但发射时则因系统的动态特性、激励因素及所究目的的不同而有自己的特点，是发射动力学研究的重点内容。

(二)弹-架系统载荷分析

1.静载荷与动载荷

作用在发射装置上的载荷就其对时间的变化特性而言，可以分为静载荷与动载荷。

静载荷对结构作用的大小、方向及作用位置均不随时间而变化，或变化很缓慢。在其作用下，结构各质点无须考虑惯性力。属于这一类的载荷有结构自重、导弹重力、缓慢移动或改变的荷载等。结构自重是一种恒定的分布载荷，根据结构的具体形状，常常把它简化成集中载荷、均布载荷或直线变化的载荷等。有时根据计算载荷值的目的来简化载荷值的分布规律。例如：为了计算支反力，一般将重力简化为集中力，作用在结构的质心处；为了研究结构的强度和刚度，则把它简化为分布载荷。

动载荷对结构作用的大小、方向或作用点是随时间而变化的。在其作用下，结构质点的加速度不能忽视，刚体会因不稳定运动而产生惯性力，弹性系统则将产生振动。属于这一类的载荷有：

1)旋转物体的不平衡载荷。例如，瞄准机转动部件有质量偏心时对支座作用的惯性力、自旋导弹质量不均匀的惯性力与力矩。

2)撞击载荷。例如，设备吊装过程中的跌落或机构工作时的碰撞力等。

3)突加(卸)载荷。例如，瞄准机的制动力、突然解脱的闭锁力、多联发射装置连续发射时由于导弹滑离而使其突然减少一发弹重量等。

4)迅速移动的载荷。例如，导弹在定向器上快速运动时的作用。

5)流体动力载荷。例如，燃气气动载荷、风载荷、核爆炸的冲击波、水下爆炸的压力波等。

6)运载体或基础的运动使结构产生的载荷。例如，舰艇的摇摆与升沉运动、载机飞行和着陆运动、车辆在不平路面上的运动、核爆炸的地震波等因素引起的惯性力。

7)火箭发动机的不稳定推力。动载荷与静载荷并无绝对的界限，区别在于结构在其作用下产生的加速度能否忽略。解决实际问题时，主要是看与该加速度相对应的惯性力同其它外力相比是否可以忽略不计。进行数学运算时，动载荷用时间 t 的函数 $F(t)$ 来描述，静载荷用与时间无关的常数来描述。用动力学的方法研究动载荷对结构的作用，用静力学的方法研究静载荷对结构的作用。

2.过载系数与动力系数

惯性载荷是由结构加速运动而引起的，其大小等于结构质量乘以运动加速度，其方向与加速度方向相反。发射装置都有惯性载荷的作用，通常结合结构的重力来考虑惯性力，即用过载系数（简称过载）来表征总的惯性力。

过载系数是一矢量，等于作用于结构上除重力之外所有外力的总和与其自重之比，其方向与外力之和相反，即

$$\boldsymbol{n}=-\frac{\sum \boldsymbol{F}_i}{W} \tag{5-39}$$

式中：$\boldsymbol{n}$ 为过载系数，为矢量；$\sum \boldsymbol{F}_i$ 为作用在结构上除自重外所有外力矢量之和；W 为结构自重。

由结构的惯性中心运动方程知

$$\frac{W}{g}\boldsymbol{a}=\sum \boldsymbol{F}_i+\boldsymbol{W} \tag{5-40}$$

即

$$\sum \boldsymbol{F}_i=\frac{W}{g}\boldsymbol{a}-\boldsymbol{W} \tag{5-41}$$

故过载系数又可表示成

$$\boldsymbol{n}=-\frac{\sum \boldsymbol{F}_i}{W}=-\left(\frac{\boldsymbol{a}}{g}-\frac{\boldsymbol{g}}{g}\right) \tag{5-42}$$

式中：$\boldsymbol{a}$ 为结构惯性中心的运动加速度；$\boldsymbol{g}$ 为重力加速度，g 为其模。

如果已知物体的运动规律，即知道它的加速度后，就可由式(5-42)求过载系数。在实际计算中，利用它在直角坐标系中的投影较为方便，即

$$\left.\begin{aligned} n_x&=-\frac{a_x}{g}+n_{gx}\\ n_y&=-\frac{a_y}{g}+n_{gy}\\ n_z&=-\frac{a_z}{g}+n_{gz}\end{aligned}\right\} \tag{5-43}$$

式中：n_x、n_y 和 n_z 为沿 x、y、z 轴方向的过载系数；a_x、a_y 和 a_z 为沿 x、y、z 轴方向的加速度；n_{gx}、n_{gy}、n_{gz} 为沿 x、y、z 轴向的重力加速度的过载系数，即 $\boldsymbol{g}/g$ 在 x、y、z 轴上的投影。

实际结构是有弹性的，弹性系统在动载荷作用下要产生振动，因而，结构的实际变形与同样大小的静载荷作用下的变形不同，各截面上的实际内力与静力计算所得的内力不同。相邻部件之间（例如导弹的定向钮、定向器的耳轴、高低机主齿轮等处）的约束反力也应考虑结构振动引起的附加动力分量，即振动惯性力。在工程机构中往往引入动力系数来表征考虑振动惯性力之后总的载荷。

动力系数的定义并不统一，这里采用其中的一种，即把结构在动载荷作用下的最大变形（$y_{\rm d}$）与其在静载荷（其数值等于动载荷的最大值）作用下产生的变形（$y_{\rm s}$）之比叫作动力系数，即

$$\mu=\frac{y_{\rm d}}{y_{\rm s}} \tag{5-44}$$

式中：μ 是大于 1 的系数，用它乘以静载荷就得到了总的动载荷。

第四节　倾斜发射导弹滑离技术

导弹的成功发射是指导弹离架时具有满足要求的飞行初始条件（即导弹滑离参数），不同的导弹要求的初始条件不同，即不同导弹要求具有不同的滑离速度、初始偏差角和角速度，以保证导弹按制导系统所允许的弹道进入控制飞行。

倾斜发射广泛采用导轨式定向器的滑离方式，就是因为它能较好地满足上述要求。对发射时导弹滑离参数的分析与计算，是导弹滑离技术所要研究的重要内容。

一、导弹作用在发射装置上的载荷

导弹发射前，相对定向器是静止的，此时作用在发射装置上的载荷有弹重、运载体运动和瞄准运动引起的惯性力、风作用在导弹上的力等。发射时，导弹在定向器上运动，此时作用的载荷除前面已提到的之外，还有导弹相对运动引起的惯性载荷、自旋导弹的不平衡载荷、发动机的推力分力、燃气冲击力、摩擦力、闭锁器的解脱力及系统振动惯性力等。本小节仅分析导弹发射时由相对运动、牵连运动和哥氏加速度引起的惯性载荷。

导弹发射时，发动机点火后，导弹在导轨上运动，而发射装置的定向器、回转装置仍处于跟踪瞄准状态，称之为瞄准发射。这时导弹作复杂的空间运动，导弹质心的加速度有相对加速度、牵连加速度和哥氏加速度。

1.相对加速度及其过载系数

相对加速度是由导弹在不平的导轨上运动产生的。导轨的不平直度是由机械加工的波纹度以及装配时导轨受力不均匀产生的。相对加速度可以表示为

$$a_r = \frac{2\pi^2 h}{\lambda^2} v_1^2 \tag{5-45}$$

式中：h 为导轨弯曲的波高；λ 为导轨弯曲的波长；v_1 为导弹离轨时的速度。

过载系数为

$$n_r = \frac{a_r}{g} \approx \frac{2h}{\lambda^2} v_1^2 \tag{5-46}$$

2.牵连加速度及其过载系数

牵连运动是由运载体运动及瞄准部分瞄准运动引起的，是动坐标系相对固定坐标系的运动。牵连加速度包括切向加速度及法向加速度，法向加速度一般较切向加速度要小，可以忽略。其切向加速度为

$$a_e = R\varepsilon \tag{5-47}$$

式中：R 为导弹质心（离轨瞬间）至耳轴（回转中心轴）的距离；ε 为导弹离轨时，瞄准的加速度。

过载系数为

$$n_e = \frac{a_e}{g} \tag{5-48}$$

3.哥氏加速度及其过载系数

当导弹在转动的定向器上运动时，将产生哥氏加速度。哥氏加速度的表示式为

$$\boldsymbol{a}_k = 2\,\boldsymbol{\omega}_c \times \boldsymbol{v}_1 \tag{5-49}$$

在计算定向器的哥氏加速度时，导弹运动速度方向 v_x 与转轴相垂直，因此哥氏加速度为

$$\boldsymbol{a}_k = 2\boldsymbol{\omega}_c \boldsymbol{v}_1 \tag{5-50}$$

式中：ω_c 为发射时定向器瞄准速度；$\boldsymbol{v}_1$ 为导弹运动速度。将 $\boldsymbol{v}_1$ 顺 $\boldsymbol{\omega}_c$ 旋转 90°，就是 $\boldsymbol{a}_k$ 的方向。

在计算回转装置的哥氏加速度时，$\boldsymbol{v}_1$ 与转轴存在夹角 θ，则哥氏加速度的表示式为

$$\boldsymbol{a}_k = 2\boldsymbol{\omega}_0 \boldsymbol{v}_1 \sin\theta \tag{5-51}$$

式中：$\boldsymbol{\omega}_0$ 为发射装置方位回转角速度。

由于哥氏加速度产生哥氏惯性力，其过载系数为

$$\boldsymbol{n}_k = \frac{\boldsymbol{a}_k}{g} \tag{5-52}$$

二、同时滑离时导弹滑离参数计算

同时滑离时导弹的滑离参数主要包括导弹的滑离速度 v_1、导轨的滑离长度 s_1 以及导弹的滑离时间 t_1。

下面研究运载体运动中，从同时滑离的定向器上发射导弹的情况。

导弹在定向器上运动时所受的外力和支反力如图 5－11 所示。这些作用力是：发动机推力 P；导弹重力 W_R；前、后定向件的垂直反力 N_1、N_2 和侧向反力 T_1、T_2；摩擦力 $\mu(N_1+T_1)$ 和 $\mu(N_2+T_2)$。由于导弹运动速度尚小，所以略去空气阻力的影响。

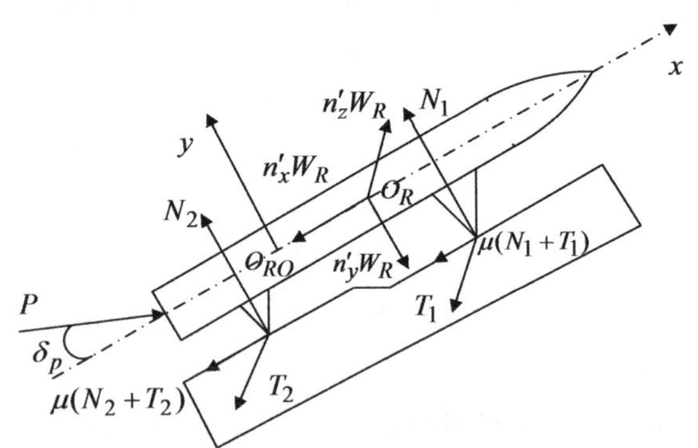

图 5－11　导弹在定向器上运动时的受力

由于在这里研究的是导弹相对定向器的运动，所以根据理论力学研究相对运动的有关知识，还应加上牵连惯性力和哥氏惯性力。将 3 个质量力（重力、哥氏力、牵连惯性力）合成，合成后它们沿 x、y、z 轴方向的过载系数为

$$\left.\begin{aligned} n'_x &= n_{ex} + n_{gx} \\ n'_y &= n_{ey} + n_{ky} + n_{gy} \\ n'_z &= n_{ez} + n_{kz} + n_{gz} \end{aligned}\right\} \tag{5-53}$$

式中：n_{ex}、n_{ey}、n_{ez} 为牵连运动引起的过载系数在 x、y、z 轴的投影；n_{ky}、n_{kz} 为哥氏加速度的过载系数在 y、z 轴的投影；n_{gx}、n_{gy}、n_{gz} 为重力加速度的过载系数在 x、y、z 轴的投影，是 $\boldsymbol{g}$ 与各轴所成夹角的余弦。

在导弹滑离之前，弹体坐标系与发射装置坐标系重合。对于地面二轴瞄准的发射装置，导弹滑离时 $\boldsymbol{n}_g$ 在各轴上的投影 n_{gx}、n_{gy}、n_{gz} 与图 5-11 所示各力方向一致，故取正号，即

$$\left.\begin{aligned} n_{gx} &= \sin\varphi \\ n_{gy} &= \cos\varphi \\ n_{gz} &= 0 \end{aligned}\right\} \tag{5-54}$$

式中：φ 为发射装置相对地面的高低角。

取固定在发射装置上的坐标系 $O_{RO}xyz$，坐标原点 O_{RO} 是导弹开始运动时质心的位置，$O_{RO}x$ 是平行发射方向。在此坐标系中建立如下导弹运动方程式。由于导轨微弯曲所引起的导弹纵轴的转角 θ_ω 很小，所以建立运动方程时，认为导弹的纵轴仍平行于发射方向。

$$\left.\begin{aligned} m_R\ddot{x}_R &= P\cos\delta_P - n'_x W_R - \mu(N_1 + N_2 + T_1 + T_2) \\ m_R\ddot{y}_R &= -P\sin\delta_P - n'_y W_R + N_1 + N_2 \\ m_R\ddot{z}_R &= T_1 + T_2 - n'_z W_R \end{aligned}\right\} \tag{5-55}$$

式中：m_R 为导弹质量，$m_R = W_R/g$；x_R、y_R、z_R 为导弹质心相对定向器运动的位移；δ_p 为发动机推力偏心角。

δ_p 的方向是任意的，分析时选择最不利的状态，但不会在几个方向同时出现偏心。在此处假设偏心出现在 $xO_{RO}y$ 平面内。由于 δ_p 值很小，所以取 $\cos\delta_p \approx 1$，$\sin\delta_p \approx \delta_p$。

$m_R\ddot{y}_R$ 及 $m_R\ddot{z}_R$ 是由导轨不平直所引起的，可用过载系数 n_{ry} 及 n_{rz} 来表示。它们是时间和位移的函数，但一般可根据经验选取一个平均值。

由式(5-55)中的后两式，有

$$\left.\begin{aligned} N_1 + N_2 &= P\delta_p + (n'_y + n_{ry})W_R \\ T_1 + T_2 &= (n'_z + n_{rz})W_R \end{aligned}\right\} \tag{5-56}$$

所以

$$m_R\ddot{x}_R = P(1 - \mu\delta_p) - \mu(n'_y + n'_z + n_{ry} + n_{rz})W_R - n'_x W_R \tag{5-57}$$

因为 μ、δ_p 值较小，$\mu\delta_p \leqslant 1$，所以略去。并令

$$n_x = n'_x + \mu(n'_y + n'_z + n_{ry} + n_{rz}) \tag{5-58}$$

于是，导弹运动方程可写成

$$m_R\ddot{x}_R = P - n_x W_R \tag{5-59}$$

发动机推力曲线一般是已知的，n_x 可通过有关公式进行计算得到。知道发动机的秒流量后，导弹重力的变化规律也可求得，因此利用式(5-59)就能计算导弹的滑离速度。为了简化计算，一般假设：推力曲线如图 5-12 所示；导弹重力是常数，例如取导弹运动开始时的重力值，或取滑离前的平均值；n_x 取某一平均值，或取其最大值，据此来解方程式(5-59)。

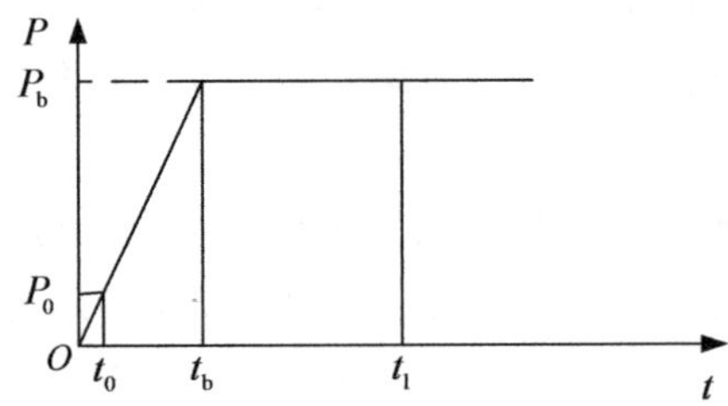

图 5-12 发动机推力-时间曲线

P_b—平衡推力；t_b—达到 P_b 的时间；P_0—起动阻力；t_0—起动时间；t_1—导弹滑离时间

当推力等于起动阻力时，有

$$P = P_0 = n_x W_R \tag{5-60}$$

导弹开始运动，对应的时间为

$$t_0 = \frac{P_0}{P_b} t_b \tag{5-61}$$

若有闭锁挡弹器，导弹开始运动的时间还要考虑闭锁的影响，即要增加闭锁力。

如果在发动机推力增长时间以后导弹才滑离，则式(5-59)可分为两段时间积分：

$$t_0 \leqslant t \leqslant t_b \text{；} P(t) = \frac{P_b}{t_b} t \tag{5-62}$$

$$t_b \leqslant t \leqslant t_1 \text{；} P(t) = P_b = \text{常数} \tag{5-63}$$

当 $t_0 \leqslant t \leqslant t_b$ 时，运动方程如下：

$$m_R \ddot{x}_R = \frac{P_b}{t_b} t - n_x W_R \tag{5-64}$$

因为当 $t = t_0$ 时，$\dot{x}_R = 0$，$x_R = 0$，用此初始条件对式(5-64)积分，则得

$$\dot{x}_R = \frac{P_b}{2m_R t_b}(t^2 - t_0^2) - n_x g(t - t_0) \tag{5-65}$$

$$x_R = \frac{P_b}{6m_R t_b}(t^3 - 3t_0^2 t + 2t_0^3) - \frac{1}{2} n_x g\ (t - t_0)^2 \tag{5-66}$$

将 $t = t_b$ 代入式(5-65)和式(5-66)，可求得第一段结束时的速度和行程，即

$$v_b = \dot{x}_{Rb} = \frac{P_b}{2m_R t_b}({t_b}^2 - t_0^2) - n_x g(t_b - t_0) \tag{5-67}$$

$$s_b = x_{Rb} = \frac{P_b}{6m_R t_b}({t_b}^3 - 3t_0^2 t_b + 2t_0^3) - \frac{1}{2} n_x g\ (t_b - t_0)^2 \tag{5-68}$$

这就是第二段时间导弹运动的起始条件。

当 $t_b \leqslant t \leqslant t_1$ 时，运动方程如下：

$$m_R \ddot{x}_R = p_b - n_x W_R \tag{5-69}$$

对式(5-69)积分，则得

$$v = \dot{x}_R = v_b + \frac{1}{m_R}(P_b - n_x W_R)(t - t_b) \tag{5-70}$$

$$s = x_R = s_b + v_b(t - t_b) + \frac{1}{2m_R}(P_b - n_x W_R)(t - t_b)^2 \tag{5-71}$$

导弹滑离时，$t = t_1, v = v_1, s = s_1$，则

$$v_1 = v_b + \frac{1}{m_R}(P_b - n_x W_R)(t_1 - t_b) \tag{5-72}$$

$$s_1 = s_b + v_b(t_1 - t_b) + \frac{1}{2m_R}(P_b - n_x W_R)(t_1 - t_b)^2 \tag{5-73}$$

经过变换后，可以得到从定向器上滑离时间的计算式为

$$t_1 = t_b + \frac{m_R}{P_b - n_x W_R}\left[\sqrt{v_b^2 - \frac{2}{m_R}(P_b - n_x W_R)(s_1 - s_b)} - v_b\right] \tag{5-74}$$

式中：v_1 为导弹从定向器上滑离时质心的速度，即滑离速度；s_1 为导弹从定向器上滑离时质心的行程，即导轨的滑离长度；t_1 为导弹的滑离时间。

这里应指出，由式(5-74)所求得的时间，是以发动机点火为零点的。

如果在地面定角发射，公式中应去掉牵连加速度和哥氏加速度的惯性力，仅包括重力和导轨不平直所引起的相对惯性力。若是地面跟踪发射，由于牵连加速度和哥氏加速度较小，$\boldsymbol{n}_e$ 和 $\boldsymbol{n}_k$ 也可忽略。若导弹的滑离速度不大，导轨不平直的相对惯性力对导弹的运动影响较小，也可略去此力。

三、发射时的最小安全让开距离

导弹在定向器上运动时，由于有定向件的支撑，使它与定向器的各部位保持有足够的距离，不致妨碍弹的运动。但是，当弹从定向器上滑离后，在重力及其他外力作用下会产生整体下沉和转动。同时发射装置的振动和跟踪运动、运载体(舰艇、车辆)的牵连运动，使定向器有个向上的位移。因而弹在定向器上方飞行期间，有可能发生弹与定向器相撞，妨碍导弹的正常发射，这种情况是绝对不允许的。因此，设计时要作最小安全让开距离分析，从结构上保证不会发生碰撞。

1.导弹下沉量

导弹从定向器上滑离后将下落一个距离，从解决导弹与发射装置相碰问题的需要出发，把导弹垂直定向器上表面的相对位移叫下沉量。把垂直定向器侧表面的相对位移叫侧偏量。这两个值是相对定向器来说的，如果要解决导弹与其他部位的碰撞问题，可选其他基准。

导弹下沉量的产生，一般是重力、推力偏心和牵连运动作用的结果。从地面发射导弹时，重力是产生下沉量的主要因素，占总下沉量的 80%～90%以上。由于工艺水平的提高，一般推力偏心(或质量偏心)引起的下沉量较小。牵连运动的影响与发射基础(载体)的运动有关，也与发射装置跟踪运动有关。地面发射装置不在行进间发射时，只有跟踪运动的影响。这个值在发射瞬间一般不大，引起的下沉量较小。在初步计算时可以忽略推力偏心和牵连运动的影响，而取一个适当的系数予以考虑。发射装置振动使定向器的某些部位产生较大的位移，在计算下沉量时一般都应考虑它的影响。

2.弹-架间的安全距离

为了使导弹下沉后不发生相撞，应根据可能碰撞的危险部位和下沉量来确定所需要的让开量，然后从结构上来保证这个值。危险碰撞部位可能是导弹的尾端、后定向件或尾翼，根据实际结构分析确定。显然，定向器的让开量要大于导弹的下沉量，并要保持必要的安全距离，即

$$h_y > nh_{fA} \tag{5-75}$$

式中：h_{fA} 为导弹 A 处的下沉量；h_y 为定向器的让开量；n 为安全系数，由下沉量和让开量计算的精确程度来选取，一般取 1.2～2.0。

弹-架间的安全距离（见图 5-13）为

$$\delta_i = h_{yi} - y_{fi} \quad (i=1,2,\cdots,v,\ v \text{ 为危险部位}) \tag{5-76}$$

如果所有的作用力是确定性的，则安全距离也是确定性的值。如果作用力是随机的，则安全距离由系统值（δ_{is}）与随机值（$\Delta\delta_i$）组成，即

$$\delta_i = \delta_{is} + \Delta\delta_i$$

为了保证不碰撞，这时候的最小安全距离的可能域应当满足

$$\min\delta_i(t) = \delta_{is}(t) - \max|\Delta\delta_i(t)| > 0 \qquad (0 \leqslant t \leqslant t_{ki}) \tag{5-77}$$

式中：t_{ki} 为 i 点在定向器上方飞行的时间。

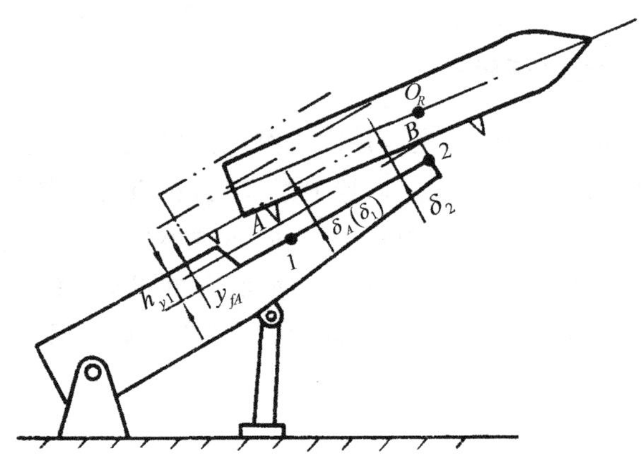

图 5-13　弹-架安全距离

下沉量是时间 t_k 的函数，设计的安全距离也必须保证导弹飞过定向器上时，每一瞬间都能满足式(5-75)或式(5-77)规定的要求。

习　　题

1.倾斜发射技术的特点是什么？

2.导弹滑离方式、导弹发射阶段、发射精度的概念和内容是什么？

3.倾斜发射初始瞄准运动的规律和特点是什么？

4.倾斜发射导弹滑离参数有哪些？

第六章　垂直发射技术

地空导弹垂直发射技术是地空导弹对付饱和攻击而采用的一项技术，是 20 世纪 70 年代以来，随着高技术的发展而发展起来的一种战术导弹发射技术。本章介绍导弹垂直发射的发展概况、特点及发展趋势，以及与导弹垂直发射密切相关的导弹初始转弯技术、导弹初制导飞行控制技术（捷联惯导技术、推力矢量控制技术、大攻角飞行控制技术）、弹射技术等关键技术。

第一节　概　　述

早在 20 世纪 50 年代末，垂直发射方式已在拦击中、高空目标的"波马克""奈基-2"、SA-1等第一代地空导弹中应用，导弹在发射升空后没有快速转弯功能，继承了弹道导弹的垂直发射技术。因当时战术导弹垂直发射技术中完成初始瞄准的关键技术还未得到较好的解决，而未在地空导弹中广泛应用。直到 20 世纪 70 年代末，随着微电子、数字计算机、惯性制导等技术的发展，以及抗击多目标饱和攻击的需要，战术导弹垂直发射技术才有了较大的突破和发展。至今，苏联、美国、西欧等国都在这一领域取得成就，并促进了地空导弹垂直发射技术的迅速发展。至 20 世纪 80 年代，垂直发射技术趋于成熟。

一、发展概况

苏联是世界上最早发展地空导弹垂直发射技术的国家，现已在俄罗斯装备并发展了 SA-10 系列、SA-12、SA-15、SA-21 等地空导弹武器系统，其中，SA-21 可配用多达十余种型号的地空导弹，主要分为 48H6E 系列导弹、40H6E 远程导弹、9M96 系列小型化导弹等，通用性强、空域性好、速域宽，如图 6-1 所示。

图 6-1　SA-21 垂直发射车及其导弹

苏联舰空导弹型号均是由地空导弹型号移植过来的，于1980年率先装备了SA－10的舰载型SA－N－6中程舰空导弹垂直发射系统；它是苏联最有效的舰空导弹，已服役在“基洛夫”级巡洋舰，如图6－2所示。此外，苏联还装备了SA－15的舰载型SA－N－9近程舰空导弹垂直发射系统。

图6－2　SA－N－6舰载导弹垂直发射系统

美国发展战术导弹垂直发射技术比苏联晚两年，但进展很快。主要用来发展舰空导弹，现已装备有“标准”“海麻雀”“雷斯盾”“西埃姆”等四种型号垂直发射舰空导弹系统。舰载战术导弹垂直发射系统中最典型的是美国MK41垂直发射系统，可发射7种不同作战用途的战术导弹。MK41垂直发射装置采用热发射，设有燃气排导系统，排导系统在导弹点火或发动机误点火时排导燃气，防止舰艇被损坏；且有吊装设备，不仅可在基地或锚地，而且还可在海上补给弹药，如图6－3所示。

图6－3　MK41导弹垂直发射系统

美国在地空导弹系列中，除了第一代的“奈基－2”采用垂直发射外，第二、三代地空导弹中还没有采用垂直发射的型号。但“末段高层导弹防御系统（THAAD）”以及与以色列合作研制的“箭”式反导导弹等陆基型号均采用垂直或准垂直发射，如图6－4和图6－5所示。

西欧国家中的英、法、意等国及以色列也研制了多种采用垂直发射技术的地（舰）空导弹系统。英国自1982年以来，已着手将“海狼”舰空导弹加装助推器，使其发展为垂直发射型点防御系统，至今已服役在装有 32 枚导弹的 23 型护卫舰，如图 6-6 所示。以色列研制的“巴拉克”防空导弹是一种陆、海兼用的垂直发射近程防空导弹武器系统，如图 6-7 所示。在地空导弹方面，由意大利、德国、美国等国家联合研制的 MEADS(Medium Extended Air Defense System)适于拦截飞机、巡航导弹和战术弹道导弹，采用准垂直发射方式，承担地面防空反导任务，如图 6-8 所示。

图 6-4　末段高层导弹防御系统(THAAD)

图 6-5　以色列“箭”式地空导弹武器系统

图 6-6　英国“海狼”舰空导弹武器系统

图 6-7　以色列“巴拉克”舰空导弹武器系统

图 6-8　MEADS 地空导弹武器系统

二、发展趋势

(一)同心筒式发射装置

同心筒式发射装置可为任何一种舰载战术导弹提供独立的发射系统,其中的关键模块是独立式燃气排导系统和分布式发射控制电子设备。独立的燃气排导系统为在舰艇上自由布置导弹提供了条件;分布式电子系统可使各个独立的武器系统组成网络,灵活性更大,成本更低。与现役导弹发射装置相比,同心筒式发射装置不仅质量轻、结构简单、造价低,而且可显著提高发射系统的性能。

1.独立式燃气排导系统

每个同心筒式发射装置完全独立,且无运动部件,因而没有磨损,无需维修。2 个发射筒均为轻型圆筒结构,仅有内筒、外筒、半球型端盖、底板等基本构件,如图 6-9 所示。同心发射筒是一个完整的发射系统,其燃气排导是将 2 个同心筒间的环形间隙作为排放燃气流的通道,发动机产生的燃气通过发射筒底板上的开孔,在底板下面半球形端盖的作用下流转 180°进入两筒间的环形间隙,改变底板上孔口的大小可控制燃气排放产生的推力。

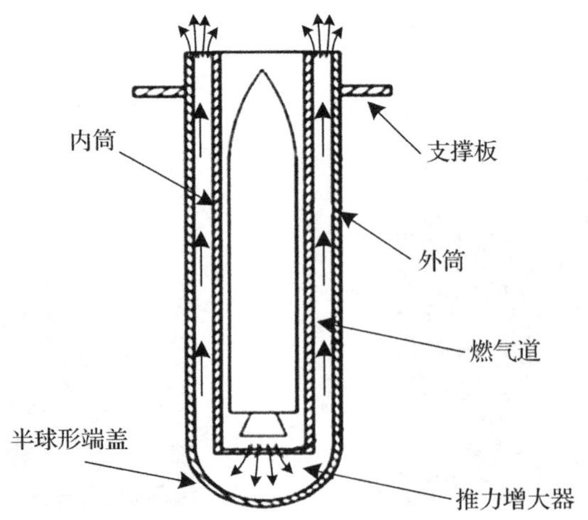

图 6-9　同心筒式发射装置结构示意图

2.分布式发射控制电子设备

为适应下一代防空武器系统的需要，将采用局域网络进行内部数据通信，各种导弹武器控制系统由发射控制局域网络给出发射信号，同心筒式发射装置接收并处理这些信号。某些情况下，武器控制系统与同心发射筒可进行双向数据通信。每个同心发射筒中有“热”端和“冷”端两套电路板，“热”端板还可控制对舱口盖的开启和除冰，“冷”端板只在准备发射导弹时才使用。所有同心发射筒使用通用的电子线路板，与武器类型无关，不同类型的导弹仅软件不同。

电气结构过于复杂是新型导弹技术用于现役发射系统的最大障碍。如“战斧”导弹需要1个用于传输工作电源和信号的72脚连接器，点火装置还需要1个16脚插头。用MK-41发射“战斧”和“SM-2/标准”导弹的贮运发射箱内装有1个145脚的连接器，如果发射“捕鲸叉”和“海麻雀”导弹，则还需加装400 Hz的电源电路。因此，必须对电气设备，包括数千个接点、辅助继电器和新电源进行改装、验证和试验后才能用现有的发射装置发射新型导弹。新型导弹的不断出现，使导弹与发射装置兼容的难度和成本大幅增加。同心筒式发射装置的电路结构解决了这一难题，其开放式通用电气系统可以在不改变发射装置电气系统的情况下适应新型导弹的发射。

(二)共架发射

采用共架垂直发射可以集中发挥各种型号导弹的长处，从而提高防空武器系统的作战性能，极大地增强综合作战效能。一方面，发射方式直接影响着武器装备的使用性能，尤其对武器系统的作战空域、系统反应时间、火力周期、火力强度、使用可靠性和全寿命周期费用的影响更加明显。另一方面，共架垂直发射也促进了防空武器相关技术的研究和进步，是地空导弹武器系统发展的必然趋势。以下是共架发射的基本要求：

1)采用模块化设计，多种、多发导弹采用模块化垂直发射，可以使设备大大简化、提高快速反应能力，也便于共架的实现。

2)发射模块能够装载不同型号导弹，具有在相应指控系统的控制下同时发射多枚导弹的能力。

3)在共架垂直发射中，导弹都是以箱(筒)弹方式装在发射装置中，包括“冷”发射和“热”发射的各种导弹。冷发射导弹采用现有的弹射方式，热发射的导弹可以采用同心筒的结构解决燃气排导问题。

4)制定统一的导弹发射箱(筒)的接口结构和尺寸。统一的接口可为在研的导弹提供尺寸标准，也利于发射装置的设计。

5)充分研究导弹发控技术，了解各种地空导弹发控系统、指控系统和导弹系统的特点，在综合权衡的基础上，重新划分各系统之间的任务分工界面，制定通用的有关标准，同时应用一系列新技术，制订地空导弹通用发控方案。

三、垂直发射的特点

由于地空导弹的垂直发射解决了导弹的初始瞄准问题，而带来了一系列的好处，与传统的倾斜瞄准式发射系统相比，垂直发射系统具有如下特点。

1.可实现全方位发射,无发射禁区

垂直发射系统不需要发射装置带弹瞄准即可向射程内任何方向的目标发射导弹,即发射的导弹垂直升空一定的高度后,进行转弯,再向目标攻击,实现全方位发射。

2.系统反应时间快,发射速率高

垂直发射装置在发射导弹过程中,不需要带弹对目标瞄准和同步跟踪,省去了发射装置调转瞄准所需的时间,使得发射准备时间缩短、反应时间快。如 SA-10 地空导弹武器系统,其展开、撤收时间均为 5 min,展开转战斗时间小于 3 min,发射准备时间为 15 s,发射间隔为 3 s。

3.载弹量大,发射火力强

载弹量的多少,是对多批次目标连续作战的决定因素,是战斗力的标志。垂直发射装置能够采用模块式多联装结构,使系统有较多的备弹量。对于地空导弹来讲,这个问题好解决,可通过增加导弹联装数量和发射装置的数量,来增加载弹量。但对舰空导弹来讲,由于受舰船环境条件的限制,只有改变发射方式,才能增加载弹量。例如,美国的 MK-41 舰空导弹垂直发射系统,可使倾斜发射系统(MK-26)的 44 枚弹仓装 61 枚导弹,使载弹量增加 1/3 以上。

4.系统通用性强,作战多功能

垂直发射系统适合于采用贮运发射箱式多功能模块结构,使系统通用性加强,可实现作战多功能。

这种多功能模块式结构特别适合于舰空导弹的舰船环境。每一个模块式结构都可以成为一个独立的导弹发射系统,它即是贮弹舱,又是发射舱。这种模块式结构也便于实现标准化、系列化,便于实现一种弹舱在多种舰船上使用,便于一种弹舱发射几种型号的导弹。这一优点为战时后勤补给带来极大的方便,大大提高了导弹武器系统的作战能力。例如:MK-41垂直发射系统可以发射“标准”舰空导弹、“鱼叉”反舰导弹、“阿斯洛克”反潜火箭、“战斧”巡航导弹等。

5.采购及维修费用低

由于垂直发射装置结构简单,所以设备成本低、故障率低、使用维护方便。例如 MK-41 垂直发射系统的采购费用仅为 MK-26 倾斜发射系统的 30%。

综上所述,地空导弹垂直发射系统具有反应快、火力强、造价低、可靠性高及可维修性好等优点。因为垂直发射系统要求导弹要具有发射后快速转弯的初始瞄准能力,所以使导弹自身的设备复杂、造价提高。另外,攻击近距离快速活动目标时,垂直发射会影响导弹杀伤近界距离。

第二节　弹射技术

发射技术中利用导弹以外动力源将导弹发射出去的技术称为弹射技术,采用弹射技术发射导弹的装置称为弹射发射装置。由于采用的发射动力不同,导致了自力发射与弹射发射这两种发射装置在结构上、原理上有很多的不同。其最根本的区别在于：自力发射装置没有提供发射动力的任务，因而不需要发射动力系统；弹射发射装置则因需要提供起飞动力而增设了弹射动力系统，由此带来了一系列结构上的变化。

一、弹射技术的发展

早期的导弹就采用过弹射发射方式，如第二次世界大战期间德国的 V-1 飞航式导弹首先采用了弹射发射方式。因为当时 V-1 导弹采用的是零速不能起动的脉冲式空气喷气发动机，不得不采用外力发射（弹射），其弹射发射装置以 100 m/s 的滑离速度将导弹弹射出去，然后空气喷气发动机再工作以维持导弹的巡航飞行。由于受条件和技术的限制，当时和后来的一段时间研制出的弹射发射装置庞大而笨重，不能满足实战的需要，而使弹射技术在导弹发射方面的应用基本上处于停顿状态，导弹的发射方式均为自力发射。

从 20 世纪 50 年代末期开始，为了满足不断发展的战术技术需要，弹射发射方式才又重新得到重视。随着固体火箭发动机技术的成熟，先后出现了以压缩空气、燃气、燃气蒸汽等为工质的弹射发射装置，弹射技术得到广泛的应用。

目前，战术导弹中倾斜发射的反坦克导弹、垂直发射的地空和舰空导弹，从飞机上发射的空空导弹、空地导弹，战略导弹中的地下井发射、陆基机动发射，水下发射的中、远程弹道式导弹及水下发射的飞航式导弹等多种型号均采用了弹射发射方式。

由于不同类型导弹弹射中弹射力形成的原理不同，弹射发射装置也有不同的类型。这些不同类型的弹射发射装置各有自身的形成过程，它们大多是在借鉴、继承与其相近发射技术的基础上发展起来的，因而在结构上各有自身的特点，甚至可以说有很大的差异。归纳起来，大致受到 3 个方面的影响，或者说，有 3 个方面的来源。

1）小型战术导弹（如反坦克导弹、近程地空导弹）的作战对象接近火炮，其弹射器的弹射原理、结构组成等受火炮的影响比较明显，甚至直接利用了火炮的现成技术。如无后坐弹射器的高低压发射原理是从高低压火炮移植过来的，其无后坐装置亦与无后坐炮相同；而炮式弹射器则将导弹装入炮膛，直接由火炮的高压燃气发射出去。

2）初期的潜载弹道式导弹的发射引用了鱼雷发射的压缩空气弹射技术，以后又演变到燃气及燃气蒸汽弹射。某些中远程弹道式导弹的陆基机动弹射方式又是从潜载弹道式导弹的弹射移植过来的，潜载飞航式导弹则直接利用鱼雷发射管进行弹射。

3）机载空空导弹的弹射器虽有其自身的特点，但也与飞机弹射座椅等弹射技术的发展是分不开的。

综上所述，不同类型的弹射发射装置尽管各有其自身的形成过程及结构特点，但在发展过程中它们之间必然也存在着相互渗透、互相借鉴的一面。随着导弹武器的发展，弹射技术亦将日臻完善，新的弹射方式将不断出现，如自力发射与弹射相结合的复合发射、电磁弹射等。

由于过去对于不同类型导弹的弹射，在习惯上形成不同的名称，造成弹射的名称术语不统一。例如：远程地地弹道式导弹及反导弹的地下井弹射称为“冷”发射，“冷”字的含意是指弹上发动机没有工作，弹是“冷”的（与之相对应的自力发射称为“热”发射）；潜载弹道式导弹的弹射称为（外）动力发射（自力发射则称为静力发射）；而反坦克导弹的弹射又称作高低压发射;等等。

二、弹射发射的特点

弹射发射技术在地空导弹、舰空导弹、空空导弹、空地导弹、地地弹道式导弹等多种类型导弹的发射中均已得到应用,弹射发射的特点主要包括以下 4 个方面。

1.提高导弹的滑离速度

某些攻击活动目标的小型战术导弹(如反坦克导弹、近程地空导弹)采用弹射的主要目的是提高导弹的滑离速度。

地下井发射战略导弹如采用了弹射发射方式亦可获得高的滑离速度,从而有利于导弹出筒口时的稳定性和可操纵性。

潜载导弹出筒后有一段水中弹道及出水弹道,提高滑离速度有利于克服海流、海浪产生的干扰,增加水中飞行及出水时的稳定性。例如美国“北极星”潜地导弹,在潜航深度为 30 m的情况下,离筒速度需 45 m/s。

2.提高快速反应能力

快速反应能力是现代战争对导弹武器系统提出的重要要求之一,地空导弹、陆基机动发射战略导弹、反导弹(反弹道导弹)都有提高快速反应能力的要求。因为对于低空或超低空飞行的飞机,搜索雷达不易做到早期预警,发射装置在接到发射指令后必须在极短的时间内将地空导弹发射出去,以利于导弹在很短的时间内接近目标,否则将会贻误战机。这就要求地空导弹具有极大的加速度,除了空中飞行时应保证大的加速度外,还要求发射装置在极短的时间将导弹发射出去而获得大的发射加速度。采用弹射发射技术就可使地空导弹获得大的发射加速度,有利于缩短反应时间和导弹的飞行时间。

3.有效解决发动机的燃气排焰问题

为了提高弹道式导弹的生存能力和机动能力,广泛采用加固地下井发射、陆地机动发射和潜艇水下发射等发射方式,这些陆基、海基弹道式导弹的发射大都采用弹射。防空战术导弹(地、舰空导弹)由传统的倾斜发射转变为垂直发射,并扩大弹射的应用范围,其基本原因之一就是为了解决发动机的燃气排焰问题。弹射时,弹上发动机在导弹飞离发射装置一定距离后才点火工作,尾喷燃气流对发射场、设备和人员等作用较小,不需要导流、排焰等处理措施。

4.增加导弹射程

据分析,某些战略导弹如采用自力发射,使导弹获得 150～300 m/s 的速度所消耗的推进剂为起飞质量的 20%～30%。采用弹射后,可使导弹第一级发动机节省 10%以上的燃料,从而得到增加射程或提高运载能力的效果。潜载导弹在出发射筒后,经水中弹道而后出水面,在水中飞行时阻力比空中大得多,采用弹射可为导弹第一级发动机节省更多的推进剂。地下井发射时利用旧的自力发射井可弹射更大尺寸的新导弹,也可达到增加射程的目的。

地空导弹采用弹射后,在导弹发动机燃料不变的情况下,也等于增加了可以反复使用的

“0 级”发动机而使射程增加(即远界增加)。

以上分析了各类导弹采用弹射的原因。可知,如果单从发射系统来考虑问题,则弹射发射装置的结构组成要比自力发射装置复杂,且要解决以下共性的问题:

1)导弹第一级发动机在空中点火必须准确可靠,否则会因为点火不成功而发生导弹坠落,照成伤害人员、地面设备、阵地等问题。

2)活塞、活动底座或尾罩等隔热装置的筒口缓冲止动问题或这些隔热装置出筒口后的安全坠落问题。

3)内弹道的理论与实践问题。

尽管如此,仍不能轻易地下结论,认为弹射是不可取的。在设计某种新型导弹武器系统时,对于究竟是否应采用弹射的问题需在总体方案论证中作统一的考虑,即从整个武器系统的观点出发,而不是仅从发射系统的观点出发来分析利弊。某些时候,发射系统虽然复杂了些,但武器系统的性能优良,那么这种发射方式就仍是可取的。具体说,应考虑采用何种发射方式才能既满足整个武器系统性能指标,又同时满足各分系统相互间的要求,特别是制导系统与发射系统之间的相互要求及影响。在此基础上,选择使武器系统效果成本关系最佳、研制周期最短之方案为选定的发射方式,而后再具体设计发射装置及其余各部分,使所确定的发射方式得以实现。

三、弹射器的一般组成

除电磁式弹射器外,其余类型弹射器的结构形式尽管各不相同,但仍可从中概括出它们共同具有的一般组成。这些组成包括:发射筒、高压室、低压室、隔热或冷却装置、密封装置、定心支撑装置、反后坐装置、筒口止动装置等部分。应当指出,并不是每一种弹射器都具有以上每一个部分。

1.发射筒

发射筒对导弹起定向、支撑作用,底部是封闭或半封闭的圆筒。由于发射筒易于密封气体,形成所需要的弹射力且便于安装弹射器的设备,因此采用弹射发射方式的发射装置多为筒式,高压室、低压室、隔热装置、止动装置等一般置于筒内。

2.高压室

弹射器中的火药必须在高压下才能正常燃烧,而导弹在发射过程中,为了保护弹上仪器,其所受发射加速度不允许过大。为了解决导弹纵向加速度与火药正常燃烧的矛盾,以压缩空气及燃气为工质的弹射器通常具有两个工作室,即高压室与低压室。

高压室是形成弹射动力源的空间。以压缩空气为工质时,高压室即贮气罐;以燃气为工质时,高压室即半密闭的火药燃烧室,又称作燃气发生器。其作用是保证火药得到正常燃烧所必需的压力环境,并通过不同形式的喷管或管道将高压燃气排送到低压室中去。高压室可以固定在发射筒中,亦可在弹后随弹一起运动。狭义的高压室只指高压室壳体,广义的高压室还包括其中的点火装置、火药、挡药装置、固药装置、喷口膜片等。

3.低压室

低压室是形成弹射力的密闭或半密闭空间,一般是指发射筒内的导弹后部空间或活塞作动筒。高压室流出的燃气或压缩空气在这里建立起弹射导弹所需要的低压室压力，作用在导弹承压面上后便形成了弹射力。低压室的压力远低于高压室压力，一般为每平方厘米十几至几十千克，随着导弹在发射筒中的运动，低压室容积不断扩大。

4.隔热或冷却装置

为了防止高温燃气损伤导弹，在固定燃气发生器式弹射器中需采用隔热装置或燃气冷却装置。

隔热装置有活塞式和尾罩式。活塞式直接或通过联动机构间接地与导弹连接，其作用为隔离燃气的高温，通过外圆上的密封圈密封燃气，使之不致漏泄到前面烧损导弹，承受弹射力并将弹射力传递给导弹；尾罩式多用于战略导弹的弹射，尾罩固定在导弹的尾部，其作用亦主要是承受弹射力及隔离燃气的高温。某些垂直装填的导弹，还可利用尾罩在装填过程中起导向作用，装填到位后，利用尾罩上的凸块支承在支承环上，故还有支承作用。

弹射过程中，活塞随导弹运动至发射筒口，而后由筒口缓冲止动装置使之止动于筒口或随弹飞出筒外后自行向一边坠落，而尾罩则随弹出筒后与弹分离，然后向下坠落。为了避免坠落后对人员、阵地或载体造成危害，需有使活塞、尾罩按要求地点坠落的专门装置。图 6-10 和图 6-11 分别为利用尾罩式隔热装置进行隔热的导弹弹射过程和尾罩坠落过程。

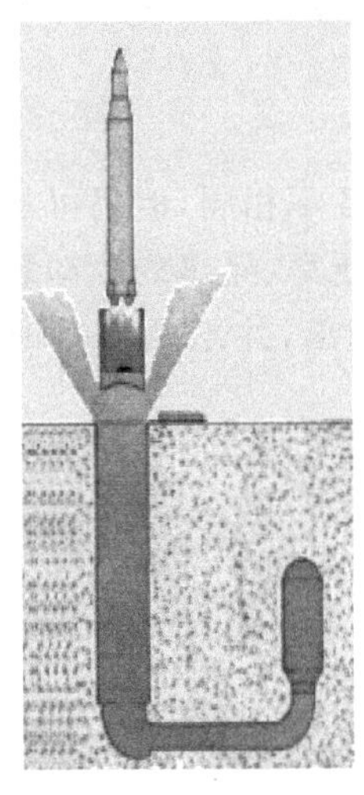

图 6-10　尾罩式隔热装置

图 6-11　尾罩坠落过程

战略导弹的活动底座重量很大，无论止动于筒口或坠落地面，其动能都相当大，吸收掉这部分动能不是一件容易解决的问题。但当战略导弹采用燃气冷却降温的办法使燃气温度降到足够低时，就可以不要尾罩或活动底座了。常用的冷却剂是水，燃气通过水室后温度大大降低并与所产生的蒸气混合在一起共同作为弹射工质。

5.密封装置

密封装置通常分为筒口密封装置、筒弹之间的密封装置。

1)筒口密封装置：在发射兼作包装筒的情况下，为了长期贮存导弹，发射筒中充以惰性气体，并有一定的压力、温度、湿度要求，因此在发射筒两端除有减震用的端盖外，还有密封盖、换气门(呼吸膜)等密封调压装置。

2)筒与弹间密封装置:其作用是防止低压室的燃气或压缩空气漏泄造成能量损失或烧蚀导弹,同时还是导弹在发射筒内的定位支承件,在水平运输或贮存时起支承减震作用。

6.反后坐装置

反后坐装置用来抵消后坐力以改善发射支架的受力状况,保持瞄准精度。倾斜发射的小型战术导弹弹射器常具有反后坐装置。对于这类弹射器要求运动机动性好,无论地面或车载使用,均希望重量小;且其跟踪瞄准装置常与发射筒安装在一起,发射筒的后坐力将影响瞄准精度。

水下垂直弹射的战略导弹或地下井弹射的战略导弹可以不设反后坐装置,因为后坐力对于几千吨重的潜艇不会产生很大影响。

反后坐装置有尾喷管式、制动小火箭式。尾喷管式是在发射筒后部连接一个拉瓦尔喷管,或仅有扩张段的简单喷管。制动小火箭式是在发射筒上安装小火箭,利用燃气尾喷所产生的向前推力抵消后坐力。

7.筒口止动装置

筒口止动装置用以缓冲止动随弹一起运动的活塞于发射筒口,其原理一般都是利用材料的弹性或塑性变形来吸收活塞的运动动能,止动材料一般都是利用压延性大的金属材料(如铅、铝制成的锥面件或楔形条),或非金属材料(如橡胶或蝶形弹簧)。

四、弹射器的类型

弹射器指的是弹射发射装置中产生弹射动力并将导弹发射出去的部分,由于采用的发射动力不同,导致了自力发射与弹射发射这两种发射装置在结构上有很大的差别。

根据不同的准则可对弹射器进行不同的分类,按照做功工质的不同可将弹射器分为三大类:燃气式弹射器、压缩空气式弹射器、液压式弹射器。

(一)燃气式弹射器

燃气式弹射器是将火药的化学能转化为推动导弹运动的动能,其提供的能量大,但体积并不大,设备也不复杂,燃气发生器本质上是个固体火箭发动机,可直接装在发射筒内。燃气式弹射器又包括六种型式:无后坐式、横弹式、活塞式、燃气蒸汽式、自弹式和炮式弹射器,这六种型式中的前四种(无后坐式、横弹式、活塞式、燃气蒸汽式)具有共同的特点,即都具有一个固定在弹射器上的燃气发生器(高压室),所以亦可称为固定高压室式弹射器;自弹式则不同,它的高压室不是固定在弹射器上,而是随弹一起运动,所以称为运动高压室。运动高压室可以是在弹后附加一个小燃烧室,也可以直接由第一级发动机兼任。自弹式本质上是自力发射与弹射的结合,因弹射力为其发射动力的主要成分,故亦归为弹射的一种。炮式弹射是用装备的制式火炮发射导弹,也是弹射发射导弹的一种形式,目前主要用来发射反坦克战术导弹。

以下主要对燃气蒸汽式、无后座式弹射器进行简要介绍,活塞式弹射器在新型地空导弹发射系统中广泛会用,在下一节专门介绍。

1.燃气蒸汽式弹射器

燃气蒸汽式弹射器所采用的技术是目前最为成熟的，在工作过程中高温高压燃气不直接流入低压室，而是流入冷却器。其具体工作过程为：燃烧室产生的高温燃气从一级喷管喷入导流管后分为两路，一路经过二级喷管降压增速后进入输水管，另一路通过分流管进入水箱上方，由于喷水管内外存在压差，冷却水通过喷水管壁小孔挤入管内，与高温燃气混合，形成低温水蒸气，经过弯管推动导弹运动。图6－12为燃气蒸汽式弹射装置，图6－13为燃气蒸汽式弹射装置中的冷却器。

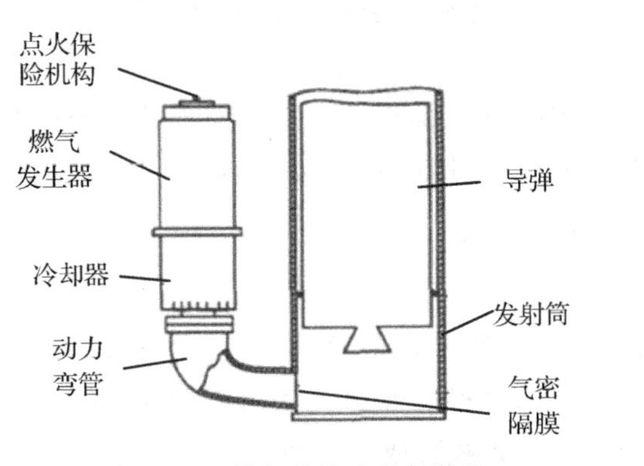

图6－12　燃气蒸汽式弹射装置

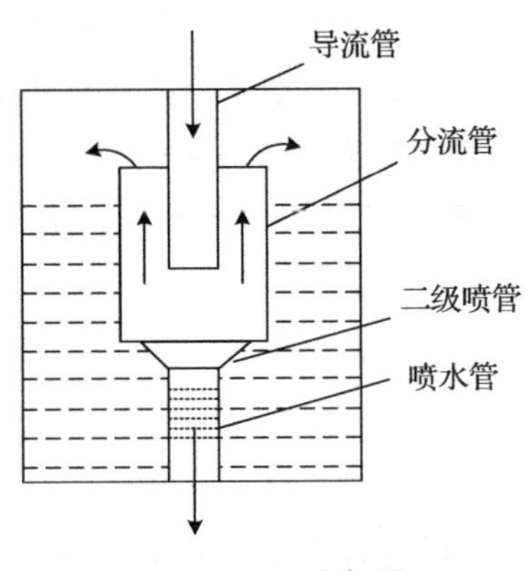

图6－13　冷却器

燃气蒸汽式弹射器在水下发射或陆基机动发射大型导弹中广泛采用，图6－14为美国“和平保卫者”导弹地下井弹射过程。燃气蒸汽式弹射器的能量可以充分利用，并且可调，压力变化平稳，内弹道参数较理想，对导弹烧蚀轻，防热简单，但是动力系统结构复杂，体积增大，成本增加。

图6－14　“和平保卫者”导弹弹射过程

2.无后坐式弹射器

无后坐弹射器主要包括串联式和并联式两种类型。串联式无后坐弹射器的发射筒尾喷管与高压燃烧室相连，一部分燃气通过前喷口流向低压室，降压后推动导弹运动，另一部分直接由尾喷管流出，平衡后坐力。并联式无后坐弹射器的尾喷管与低压室相连，高压燃烧室放置于低压室内，实现低压后喷、低压推弹。如图 6－15 和图 6－16 分别为串联式无后坐弹射器和并联式无后坐弹射器的结构。

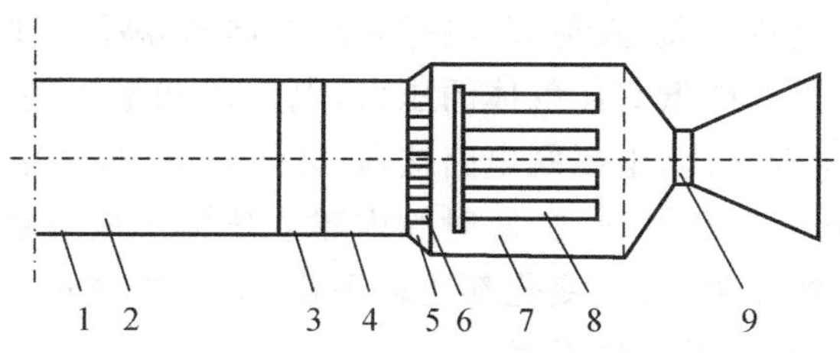

图 6－15　串联无后坐式弹射器

1—发射筒；2—导弹；3—活塞；4—低压室；5—前隔板；6—前喷口；7—高压室；8—火药；9—尾喷口

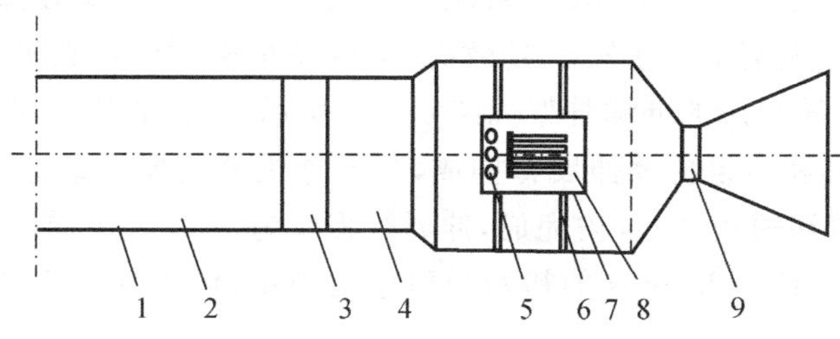

图 6－16　并联无后坐式弹射器

1—发射筒；2—导弹；3—活塞；4—低压室；5—高压室前喷口；6—高压室支腿；7—高压室；8—火药；9—尾喷口

串联式的尾喷管小且发射筒平衡性能差，并联式的正好相反。图 6－17 是美国“龙”式反坦克导弹的弹射发射装置，图 6－18 是法、德共同研制的“米兰”式反坦克导弹的弹射发射装置，两种型号均采用并联式结构。

图 6－17　“龙”式反坦克导弹

图 6－18　“米兰”式反坦克导弹

无后坐式弹射器属于具有固定燃气发生器的热燃气弹射系统，并有反后坐装置。倾斜发射的小型战术导弹弹射发射装置常采用此类型式。它的特点是：质量轻，便于单兵携带；进入和撤出战斗状态的时间短，具有连续发射能力。其缺点是：在射击时弹射器尾部有一个火焰喷射区，增加了射击勤务困难，易于暴露阵地位置；火药消耗量大；容易出现未燃完的碎药由尾喷管喷出而造成导弹初速的散布。

(二)压缩空气式弹射器

压缩空气式弹射器利用高压气体作为动力源,能将导弹高速弹出,但是需要布置设备庞大、笨重的发射装置,大容量的高压气瓶工艺在制作上也比较困难。在美国研制潜地弹道导弹弹射器的初期,曾成功地运用压缩气体作为发射工质,对潜地弹道导弹进行了发射。压缩空气式弹射器主要包括高压气瓶、发射阀、电磁阀和爆炸阀,高压气瓶用于储存高压气体,发射阀用于控制气体的流量并降低高压气体的压力,电磁阀和爆炸阀则用于控制发射阀的工作。当发射导弹时,启动爆炸阀,电磁阀电路接通,开启发射阀,高压气瓶内的气体工质经发射阀降压并按一定流量进入发射筒,在发射筒内建立压力形成弹射力,将导弹弹射出发射筒。尽管压缩空气弹射的压强、温度变化都比较平稳,但工质质量需求太大,导致整个发射设备的体积太大,不便于运输及机动发射。

(三)液压式弹射器

液压式弹射器通过高压液压油驱动液压执行元件,使弹射对象在短时间内加速并实现弹射,液压式弹射器快速性好、功率大、功效高,但设备精密、复杂、故障率高,维修困难。美国 F-22A 机腹武器舱采用的伸缩挂架如图 6-19 所示,其大部分采用铝合金材料,总重仅约 52 kg,由导弹载具和两组折叠伸展臂构成,折叠伸展臂的驱动装置是一个液压动动筒,伸展动作的完成可以在短短 0.1 s 内完成,伸展行程仅为约 0.23 m,能够产生最大 40g 的峰值加速度,导弹能够以约 8.23 m/s 的初始弹射速度弹出,可以保证安全通过临界空气流动层,顺利地离开飞机。

图 6-19　美国 F-22A 战机上的弹射装置

五、活塞式弹射器

活塞式弹射器也称为气缸式弹射器或提拉杆式弹射器,属于热燃气系统,某些导弹垂直发射采用此种弹射方式。活塞式弹射器可以分为固定高压室双提拉杆式弹射器和运动高压室单提拉杆式弹射器。

(一)双提拉杆式弹射器

1.组成

双提拉杆式弹射器由发射筒、后梁、燃气发生器(高压室)、两个作动筒(低压室)、制动锥及导管等组成,如图 6-20 所示。

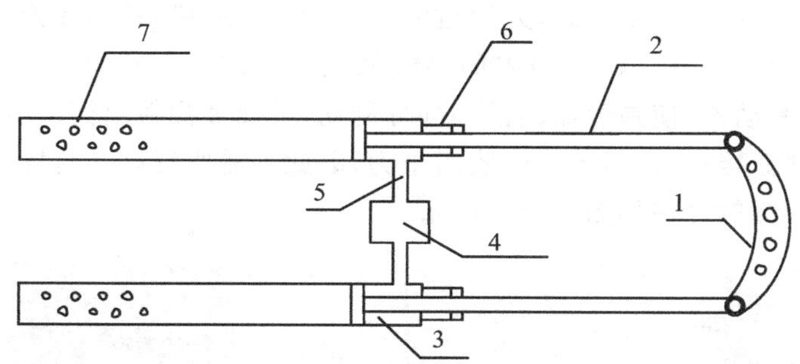

图 6-20　双提拉杆式弹射器

1—后梁；2—活塞杆；3—作动筒；4—燃气发生器；5—导管；6—制动锥；7—泄压孔

1)发射筒：用于安装弹射器，对导弹进行支撑定向。

2)后梁：用于将弹射力传递给导弹。导弹后部发动机喷管的喇叭口支撑在后梁上，并在其上开有许多孔，使后梁具有好的弹性。

3)燃气发生器：弹射器的高压室，用于产生高压燃气，由壳体、电爆管、点火药和固体燃料等组成。燃气发生器安装在发射筒的内壁上，通过导管与作动筒的工作室连通。

4)作动筒：弹射器低压室，用于产生弹射力，由气缸、活塞、活塞杆等组成。作动筒通过支架固定在发射筒筒体内壁上，其前端缸壁上开有若干个径向排气小孔。活塞杆一端与活塞连接，另一端与后梁铰接。

5)制动锥：用于导弹弹射出筒口时制动缓冲弹射器的活动部分，以消耗其动能。

图 6-21 为俄罗斯 C-300 地空导弹双提拉杆式弹射器。

图 6-21　C-300 地空导弹双提拉杆弹射器

2.弹射过程

当导弹接到发射指令时，弹上电池的直流电使燃气发生器工作，它产生的燃气烧毁导弹固定机构中的镁带，使导弹固定机构开锁，同时燃气充满整个发射筒后冲破易碎前盖，并使其外壳上的压力信号器工作，接通了弹射器的燃气发生器的工作电路。这时弹射器开始工作，弹上电池直流电使燃气发生器内的电爆管起爆，点燃点火药，使固体装药燃烧，燃气发生器产生的高压燃气经过导管排送到作动筒工作室内，当燃气压力达到某一值时，推动活塞加速运动。这时每个作动筒产生弹力，并通过活塞、活塞杆、后梁，带动导弹加速运动。当活塞杆行程结束时，作动筒气缸（低压室）内的燃气从其前部的排气孔排出，气缸内燃气压力降低；同时后梁挤压制动锥，使弹射器的活动部分制动，导弹被弹射出筒。由于采用垂直发射，弹射时发射筒与地面接触，依靠大地吸收后坐力，因此不需要反后坐装置。

地空导弹垂直弹射过程如图 6 - 22 所示。

图 6 - 22　地空导弹垂直弹射过程

3.特点

1)高、低压室与导弹平行放置，可以缩短贮运发射筒长度，有利于改善武器系统机动性。

2)高、低压室与导弹分开，即使活塞等处发生燃气泄露，燃气也不会冲刷到导弹，避免燃气意外烧损导弹。

3)活塞式弹射器只有两个附加活塞筒，活塞筒容积比弹后空间小得多，可以减少装药用量。

4)发射筒只用来储存、运输导弹，而不作为低压室，不再是受内压的变容容器，因此在壁厚、质量等方面要求降低。

(二)单提拉杆式弹射器

单提拉杆式弹射器将燃气发生器和活塞做成一体，实际上是运动高压室。由于省去了一个作动筒和燃气发生器的安装空间，单提拉杆式弹射器与双提拉杆式弹射器相比，可以大大减小发射筒的直径，提高导弹联装数。图 6 - 23 为单提拉杆式弹射器结构。

单提拉杆式弹射器的工作过程为：燃气发生器内的电爆管起爆，点燃点火药，使固体装药燃烧，燃气发生器产生高压燃气通过后喷管进入作动筒工作室内，当燃气压力达到某一值，推动活塞加速运动，装药在运动高压室内燃烧，作动筒产生弹力，并通过活塞、活塞杆、后梁，带动导弹加速运动。当活塞杆行程结束时，作动筒的气缸内燃气从其前部的排气孔排出，气缸内燃气压力降低，同时活塞杆底部挤压制动锥，对弹射器进行制动，导弹被弹射出筒。

图 6 - 24 为俄罗斯“道尔”防空导弹单提拉杆式弹射器，单提拉杆式弹射器主要应用于小型战术导弹。

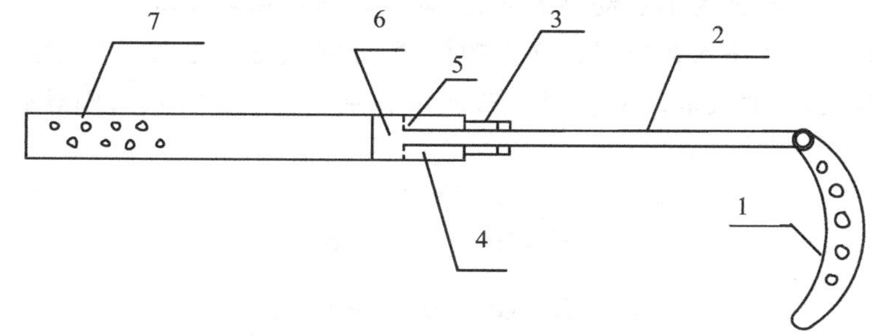

图 6-23　单提拉杆式弹射器

1—后梁；2—活塞杆；3—制动锥；4—作动筒；5—高压室喷口；6—高压室（活塞）；7—泄压孔

图 6-24　俄罗斯“道尔”防空导弹安装的单提拉杆式弹射器

第三节　垂直发射导弹初始转弯技术

对于垂直发射的导弹，最重要的要求就是导弹发射后在最短时间内以最小转弯半径完成程序转弯。本节介绍导弹初始转弯技术，分析导弹转弯特性的影响因素。

一、导弹转弯终点参数要求

垂直发射导弹的转弯一般采用程序控制，不同类型的导弹对转弯程序控制的要求也不相同。

（一）姿态参数

转弯结束后，导弹进入中制导或末制导飞行段，为了保证导弹的控制基准，或使半主动导引头的极化扭角在其允许范围之内，需对导弹的滚动姿态进行控制。转弯结束时的俯仰角和偏航角过大，影响到后续飞行段的飞行弹道，使需用过载增加，导弹速度损失增大；对于转弯后级间分离的导弹，使分离干扰增加。对于转弯后直接进入寻的制导的导弹，如果导弹姿态超过了导引头天线的极限偏角范围，则影响到对目标的截获。

假设某垂直发射导弹为半主动寻的导弹，程序转弯结束后要求导引头截获目标，经分析后认为转弯结束后的姿态参数应保证必要的精度，才能使导弹正常截获，因此选取姿态参数作为转弯控制要求，所要求的俯仰、偏航、滚动角分别为 ϑ^*、ψ^*、γ^*，则导弹转弯的控制方程可写成

$$\left.\begin{aligned}\delta_p &= K_{p1}(\vartheta-\vartheta^*)+K_{p2}\dot{\vartheta}\\ \delta_y &= K_{y1}(\psi-\psi^*)+K_{y2}\dot{\psi}\\ \delta_r &= K_{r1}(\gamma-\gamma^*)+K_{r2}\dot{\gamma}\end{aligned}\right\} \tag{6-1}$$

式(6－1)中第一项起到消除角偏差的作用，第二项可起到稳定弹体运动和改善控制品质的作用。

(二)弹道参数

对于拦截超低空目标垂直发射的导弹，为了减少导弹平均速度损失，减少拦截所需的时间，降低对目标探测或导引头作用距离的要求，往往对转弯结束时的飞行高度提出要求；对于采用指令中制导的垂直发射导弹，应使导弹在转弯结束后位于制导雷达的波束范围内，因此需对转弯结束后的导弹位置参数提出要求；为了满足导弹导引规律的要求，或其它特殊弹道设计要求，如高抛弹道，对转弯结束后的弹道倾角应提出要求。

假设某导弹为全程寻的制导导弹，弹目运动关系如图 6－25 所示。

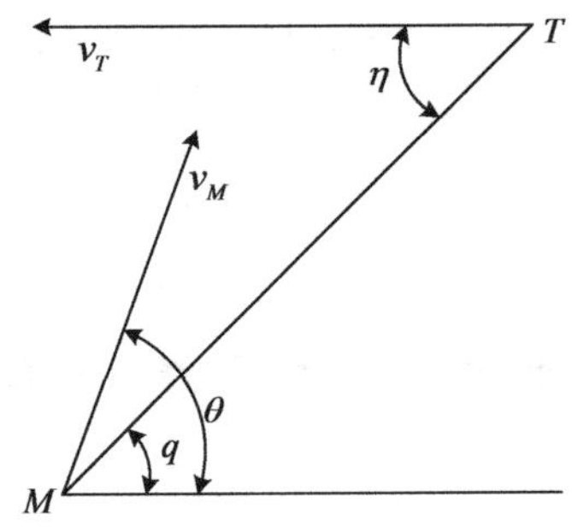

图 6－25　弹-目运动关系图

采用比例导引法，其制导规律为

$$\dot{\theta}=k\dot{q} \tag{6-2}$$

图 6－25 中 T 为目标，M 为导弹，$\dot{q}$ 为目标视线角速度。若 $\dot{q}=0$，则导弹弹道倾角变化率 $\dot{\theta}=0$，导弹沿直线飞行与目标相遇，为了实现 $\dot{q}=0$，需保证 $v_M\sin(\theta-q)=v_T\sin\eta$ 。即

$$\theta=\arcsin\left(\frac{v_T}{v_M}\sin\eta\right)+q \tag{6-3}$$

导弹转弯结束时，若其弹道倾角满足以上要求，则为最佳起控条件。

在建立弹上回路控制方程时，除考虑上述要求外，还应考虑导弹的控制品质要求。

二、导弹转弯过程参数要求

合理选择俯仰转弯过程中的有关参数，满足转弯终点参数控制要求，是俯仰转弯方案设计的基本内容。

与俯仰转弯过程有关的参数有：转弯段加速度、转弯开始时间、转弯速率控制极限、燃气舵最大偏转角等。

根据导弹运动方程和其他已知数据，对与俯仰转弯有关的参数分别选取不同数值，进行计算和分析，可以看出上述各参数变化对导弹转弯特性的影响。下面举例说明此问题。

选择的导弹为无翼式气动布局，用四个“十”字型安排的燃气舵及空气舵产生转弯段的控制力，燃气舵与空气舵共用一套操纵机构，转弯结束后，抛掉燃气舵以减轻重量及阻力，俯仰转弯段之前已完成了导弹的方位对准。导弹三自由度计算模型，其中两个为平移自由度，一个为俯仰转动自由度。其控制方程为

$$\left.\begin{aligned}\dot{\vartheta}_c &= K_2(\vartheta_p - \vartheta)\\ \delta &= K_1(\dot{\vartheta}_c - \dot{\vartheta})\end{aligned}\right\} \tag{6-4}$$

式中：$\dot{\vartheta}_c$ 为俯仰角控制速率；ϑ_p 为所要求的俯仰角；ϑ 为达到的俯仰角；$\dot{\vartheta}$ 为达到的俯仰速率；K_2 为位置增益；K_1 为速率增益；δ 为舵面和燃气舵偏角。

以下分析转弯段加速度、转弯开始时间、转弯速率控制极限和燃气舵最大偏转角等参数变化对导弹转弯持性的影响。

1.转弯段加速度

转弯段加速度的选择实际上是导弹推质比的选择。导弹转弯段往往采用助推器，转弯结束后助推器分离，因此转弯段加速度选择就是助推器推力大小的选择。对于倾斜发射的中远程防空导弹，为了提高导弹的平均速度，减小拦截近界，往往采用大推力助推器，但对于垂直发射导弹，助推器推力过大，导弹转弯时速度大，导弹转弯结束时导弹飞行高度增加，对减少转弯时间及拦截超低空目标是不利的，因此转弯段加速度不宜过大。在相同的转弯开始时间条件下，转弯段加速度小，导弹飞行速度也小，气动舵对转弯贡献小，几乎全靠燃气舵提供转弯控制动力，舵偏角可能出现饱和状态，燃气舵长时间处于饱和状态对转弯程序的快速实现是不利的，这说明包括转弯段加速度在内的转弯段参数不协调，需要进行参数调整。

2.转弯开始时间

转弯开始时间定义为第一次给出导弹转弯控制指令的时间。转弯开始时间越早，导弹飞行速度越小，就越容易实现弹道的快速转弯，转弯段结束时导弹的飞行高度较低对于拦截超低空目标是有利的。对于其它拦截点来说，快速转弯使弹道不至于过于弯曲，对于减少由垂直发射造成的速度损失是有利的，因此一般应尽早开始转弯。

3.转弯速率控制极限

转弯速率控制极限是自动驾驶仪的一个回路参数。一般希望转弯速率控制极限有较大

数值,以增加导弹俯仰运动的快速性,转弯速率控制极限增加,导弹俯仰角变化快,弹道倾角变化快,转弯结束时导弹飞行高度低,完成转弯的时间短,这些对导弹飞行性能都是有利的。

转弯速率控制极限应与转弯控制动力方案相协调,使转弯控制力矩满足转弯速率控制极限要求。如果在整个转弯过程中所需的角加速度远小于转弯控制系统所能提供的角加速度,或在整个转弯过程中所需的角加速度均大于转弯控制系统所能提供的角加速度(控制面一直处于饱和状态),则说明转弯速率控制极限与转弯控制动力方案是不协调的。

大的转弯速率控制极限会使导弹转弯段产生较大的攻角,因此该数值的选取应与导弹气动所允许的极限攻角相协调。另外,转弯速率控制极限与导弹姿态参数测量装置的量程应相协调。

4.燃气舵最大偏转角

转弯控制力矩是由燃气舵偏转产生的,燃气舵最大偏转角应保证导弹转弯过程中的角加速度要求。在转弯速率控制极限确定的情况下,当最大舵偏角较小时,在转弯过程中舵偏较长时间处于饱和状态,说明对需要的转弯速率和增益来说,燃气舵不能提供足够的转弯力矩;当最大舵偏角增大时,转弯过程中仅有很短时间舵偏为饱和状态,可以实现需要的转弯速率和增益;当最大舵偏角较大时,转弯过程中舵偏不出现饱和。但从转弯弹道来看,舵偏角大,阻力损失增加,对飞行特性是不利的。

三、导弹转弯方案设计

1.初始瞄准原理

对于攻击活动目标的地空导弹,发射时赋予导弹一定的初始射向和初始姿态,是发射系统的主要任务之一。因此,发射前发射系统要进行必要的初始瞄准。采用以导弹能全方位攻击为特点的垂直发射方式,导弹初始瞄准是由地面设备和导弹共同完成的。

一般来说,地面设备(指雷达系统、指控系统、发控系统、发射装置等)能快速、准确地测量、计算、传输导弹初始瞄准角数据,在导弹接电准备过程中能快速、准确地向导弹装定初始瞄准角数据;导弹发射升空,自动驾驶仪根据记忆的初始瞄准角数据,操纵舵机控制舵面偏转,使导弹转弯进入雷达系统的截获波束,到此,导弹发射后的自主飞行段结束。因此,完成垂直发射导弹的初始瞄准,应首先计算初始瞄准角的问题,也就是由地面设备准确地测量和计算导弹的初始转弯角度。

将导弹引入雷达截获波束的目的是随后导弹要在地面雷达引导下进行飞行。对于某些地空导弹来说,在导弹进入雷达截获波束之前,需要保证导弹的初始姿态要求,即在制导开始的瞬间使导弹的飞行速度方向对准计算确定的导弹与目标的遭遇点,使通过导弹第 3 舵和第 4 舵中垂面的 OY_{CB}轴在通过纵轴 OX_{CB}的铅垂面内并指向下方,保证导弹随后飞行的控制基准,如“X”舵面布局飞行要求。考虑到转弯完成后,导弹的纵轴(OX_{CB})与飞行速度方向的攻角较小,有些也采用导弹的纵轴(OX_{CB})对准弹目预测遭遇点,如图 6 - 26 所示,X_{CB}、Y_{CB}、Z_{CB}分别表示弹体坐标系下的三轴。

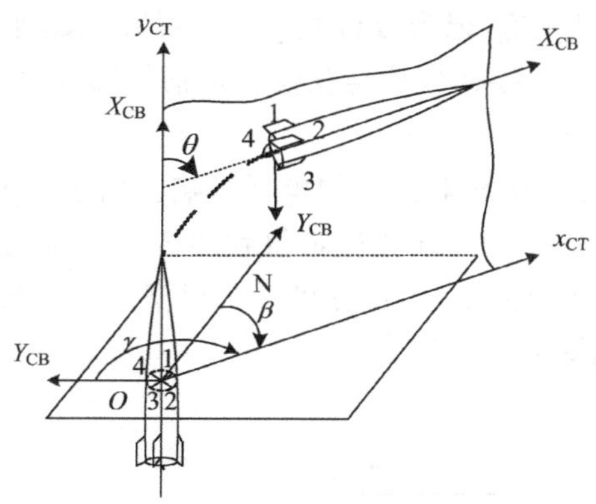

图 6-26 导弹初始偏转角坐标图

2.初始瞄准角计算

导弹的初始瞄准角是由指控系统的数字计算机根据导弹与目标遭遇点坐标和制导雷达的坐标进行计算的。瞄准角包括方位角和高低角，在水平面内的瞄准角称为方位瞄准角，在铅垂平面内的偏转角称为高低瞄准角。

初始方位瞄准角用 γ 表示，初始高低瞄准角用 θ 表示。它们是在发射坐标系中定义的，该坐标系的原点 O 与导弹的重心重合，通过原点铅垂方向向上为 OY_{CT} 轴（因导弹垂直发射，所以 OY_{CT} 轴与导弹的纵轴 X_{CB} 重合），原点与遭遇点连线的水平投影线为 OX_{CT} 轴。通过 OX_{CT} 与 OY_{CT} 轴的铅垂面称为射击平面。在水平面内导弹的 Y_{CB} 轴转到射击平面的角度定义为初始瞄准角 γ。在射击平面内导弹的 X_{CB} 轴俯仰转到遭遇点方向的角度定义为初始瞄准角 θ。

以典型地空导弹垂直发射车为例，图 6-27 为四联装筒弹处于战斗垂直状态俯视图。图中纵轴表示发射车的纵轴并指向车的后方，N 轴表示大地的正北方向，X_{CT} 轴表示偏转平面，$Y_{1、2、3、4}$ 轴表示弹体坐标系的 Y_{CB} 轴。

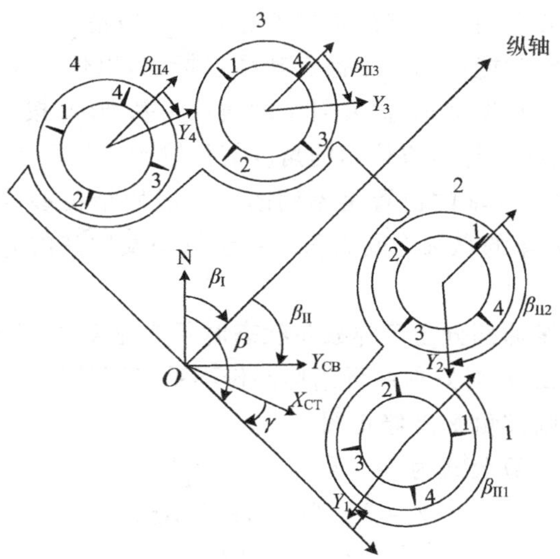

图 6-27 初始偏转角计算原理图

正北方向与射击平面间夹角，记为方位角 β。导弹在射击平面内铅垂方向与遭遇点方向的夹角，记为高低角 ε。在给导弹自动驾驶仪装定初始瞄准角时，不能直接以 β、ε 的形式装定，还要考虑以下影响因素：

1)考虑发射装置与制导雷达相对位置的坐标影响。由于发射装置与制导雷达的相对位置是任意的，所以发射装置的位置是通过标定得到的 3 个方位角 β_1、β_2、β_3 来确定的。β_{I} 为正北方向 N 与发射车纵轴间的夹角，由计算机系统根据发射装置标定时相对制导雷达的方位角 β_1、β_2、β_3 进行计算，如图 6-28 所示。

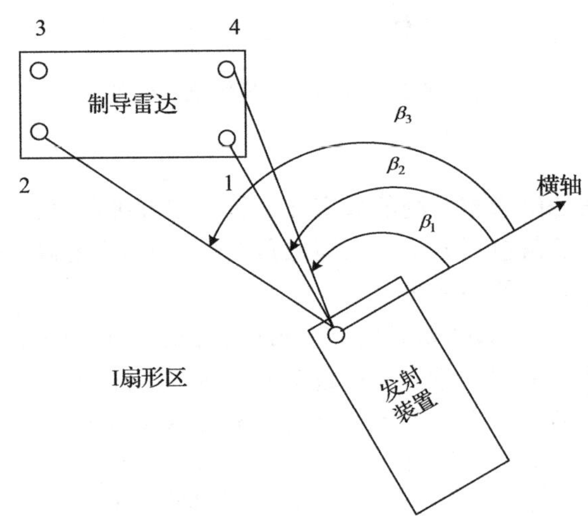

图 6-28　发射装置标定图

在发射阵地中，制导雷达车放在中间，在其周围的 4 个象限的扇形区内，距离制导雷达一定距离配置发射装置。

制导雷达上安装有 4 个用于标定的基准点标志。一般情况下发射装置在 4 个扇形区的配置应满足发射装置标定时能看到 3 个标定基准点标志，以便于采用基本标定方法进行标定。用于标定的设备安装在发射车，以发射车的横轴为基准轴，按顺序测量各基准点的方位角 β_1、β_2、β_3，在标定设备内将标定方位角的角度值传输到指控系统计算机。

2)导弹相对于发射车纵轴的位置是不同的。一般用结构参数 β_{II} 表示，指导弹的 Y_1、Y_2、Y_3、Y_4(Y_{CB})轴与发射车的纵轴之间夹角。对于每一发导弹的 β_{II} 是固定的，提前送到数字计算机系统存贮起来。

3)考虑发射装置的俯仰部分与筒弹战斗状态时不是绝对垂直水平面的影响，其偏差角用 $\varepsilon_{纵向}$、$\varepsilon_{横向}$ 表示。$\Delta\gamma$、$\Delta\theta$ 是对发射装置俯仰部份不垂直度的修正，其修正值与 $\varepsilon_{纵向}$、$\varepsilon_{横向}$ 成正比。图 6-29 为初始瞄准角 γ、θ 修正图。

初始瞄准角 γ、θ 的计算公式为

$$\left.\begin{aligned}\gamma &= \beta - \beta_{\mathrm{I}} - \beta_{\mathrm{II}} \pm \Delta\gamma \\ \theta &= \varepsilon \pm \Delta\theta\end{aligned}\right\} \tag{6-5}$$

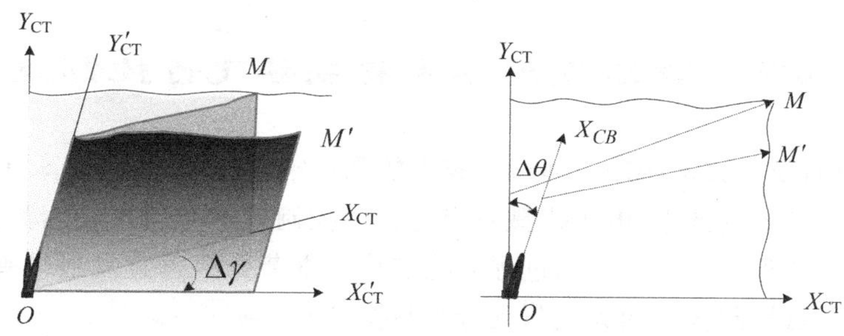

图 6－29　初始偏转角 γ、θ 修正图

3.方位对准的“倒飞”方案

滚动角的大小和滚动方向，在导弹发射前由发控系统根据目标飞行方位给出。为了进行全方位攻击，并使滚动角转动最小，应正确选择滚动方向并允许“倒飞”，以图 6－30 呈 X 型布局的导弹为例，设Ⅰ为导弹滚动的基准方位，当目标来袭方向在Ⅱ－Ⅳ上半部分时，导弹只需沿顺时针或逆时针方向滚动一个不超过 90°的角度即可完成方位对准；若目标来袭方向在Ⅱ－Ⅳ下部，仍以Ⅰ为导弹滚动的基准方位，则导弹的最大滚动角可达 180°，这将增加方位对准的时间。如在这种情况下以Ⅲ作为导弹滚动的基准方位，则导弹最大滚动角为 90°，这就是所谓的“倒飞”。可见在允许“倒飞”的方位对准方案中，最大滚动角不超过 90°即可实现全方位拦截。

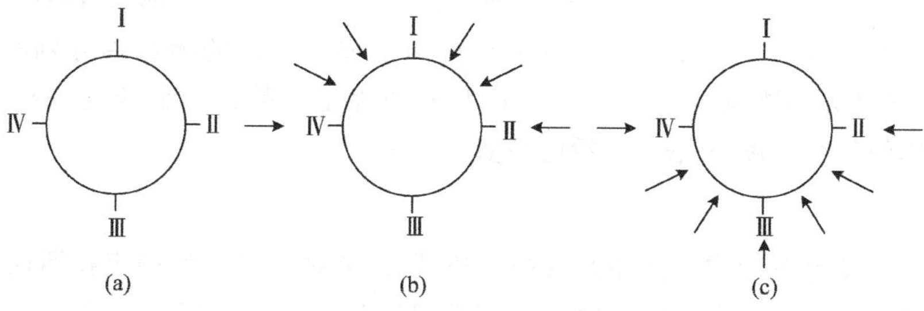

图 6－30　“倒飞”示意图

“倒飞”条件的判断是由目标探测系统给出的，假设导弹垂直放置在发射平台上且Ⅰ基准指北，当目标探测系统判断目标来向与Ⅰ基准方向夹角大于 90°时，即可发出“倒飞”指令，该“倒飞”指令装定到弹载计算机上，实现导弹的“倒飞”方案飞行。同时，“倒飞”指令也送给制导站，使送出的导弹控制指令改变符号，以实现在指令控制段导弹的“倒飞”。

导弹垂直发射初始转弯过程，飞行中方位对准与俯仰转弯可同时进行(边滚边转)，也可先滚后转或先转后滚。边滚边转可减少转弯对准段的飞行时间，有利于作战近界，但气动交联影响大，控制系统设计比较复杂；先滚后转的气动交联影响小，但转弯时导弹速度较大，转弯段时间增加；先转后滚同样存在气动交联大和转弯对准时间增加的问题。选择哪种方案应结合型号具体情况，在详细分析导弹的气动特性、控制特性、弹道特性基础上确定。转弯与方位对准一般应在导弹起飞后 2～3 s 内完成，由于该飞行段导弹速度低，空气动力远远满足不了导弹转弯和方位对准的快速性要求，因此弹上应有专门用于转弯和方位对准的动力源。

第四节　垂直发射导弹初制导飞行控制技术

地空导弹垂直发射技术必须以体现高技术的现代雷达技术、数字计算机技术、信息处理及传输技术、导弹及控制技术、电子机械系统的自动控制技术等综合运用为基础，才能实现导弹的初始瞄准，达到导弹战斗运用过程的稳准快。本节介绍垂直发射导弹所采用的捷联惯导技术、推力矢量控制技术和大攻角飞行控制技术。

一、捷联惯导技术

垂直发射导弹在初制导阶段需要依靠自主导航方式将其引导到制导雷达的截获矩阵内，惯性导航技术，尤其是捷联惯导技术能够提供导弹的全部导航、制导参数(位置、线速度、角速度、姿态角)，是完成导弹初制导的关键技术之一。

惯性导航系统分为平台式惯导系统和捷联惯导系统。平台惯导系统在早期的航海、航空、航天以及陆用的高精度导航、制导中几乎一统天下。一直到 20 世纪 70 年代随着计算机技术、微电子技术以及控制技术在惯性技术领域的应用，出现了捷联式惯性系统，平台惯导系统受到了强有力的挑战。为了便于理解，本节首先介绍平台惯导系统。

(一)平台惯导系统

平台惯导系统的工作原理如图 6 - 31 所示。取 Oxy 为测量坐标系，载体的瞬时位置为 (x,y) 坐标。如果在载体内用一个导航平台把两个加速度计的测量轴分别稳定在 x 和 y 轴向，则加速度计分别测量载体 x 和 y 轴的相对惯性空间的运动加速度，经导航计算机的运算得到载体的航行速度 v_x、v_y 和瞬时位置 x 、y 。

1.稳定平台

稳定平台在惯导系统中的作用是支撑加速度计，并把加速度计稳定在惯性空间，或按导航计算机的指令使其工作在几何稳定状态或空间积分状态。几何稳定状态(又称稳定工作状态)指平台在基座运动和干扰力矩的影响下能相对惯性空间保持方位稳定的工作状态，空间积分状态(又称指令角速度跟踪状态)指的是在与指令角速度成正比的指令电流的控制下，平台相对惯性空间以给定规律转动的工作状态。

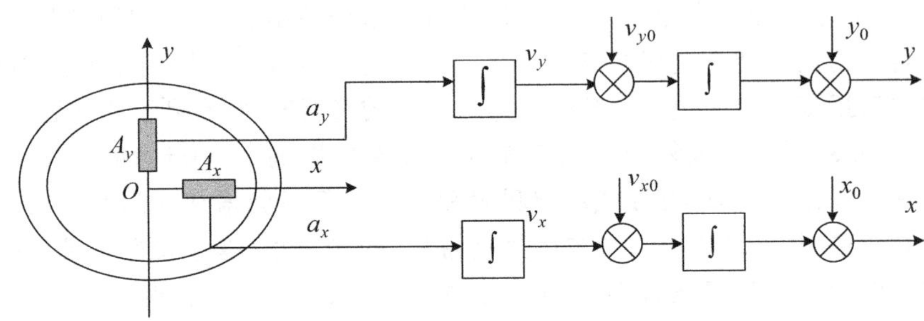

图 6 - 31　平台惯性导航基本原理

下面以单自由度陀螺仪单轴稳定平台为例说明平台稳定过程，如图 6－32 所示。陀螺自转轴、内环轴和平台稳定轴三者相互垂直，其中平台稳定轴是陀螺输入轴的方向，陀螺内环轴也叫进动轴，它是陀螺输出轴的方向。假设要求平台绕稳定轴以指令角速度 ω_c 相对惯性空间转动，给陀螺内环轴上的力矩器输入与指令角速度 ω_c 成正比的指令电流 I_c，力矩器产生指令力矩 M_c，沿陀螺内环轴作用在陀螺上。指令力矩 M_c 使陀螺绕输出轴转动，产生转角 β。信号器测得 β 角并转化为电压信号 V_s，通过放大器放大后送给稳定电机。稳定电机产生稳定力矩带动平台绕稳定轴相对惯性空间以角速度 $\dot{\alpha}_p$ 转动，当 $\dot{\alpha}_p$ 的大小达到所需要的角速度 ω_c 时，由 ω_c 造成的沿陀螺内环轴方向的陀螺力矩 M_g 将与同轴的指令力矩 M_c 相平衡。此后，陀螺内环轴的转角 β 不再增大，平台就以 $\dot{\alpha}_p=\omega_c$ 转动，实现平台在空间积分状态下的工作要求。

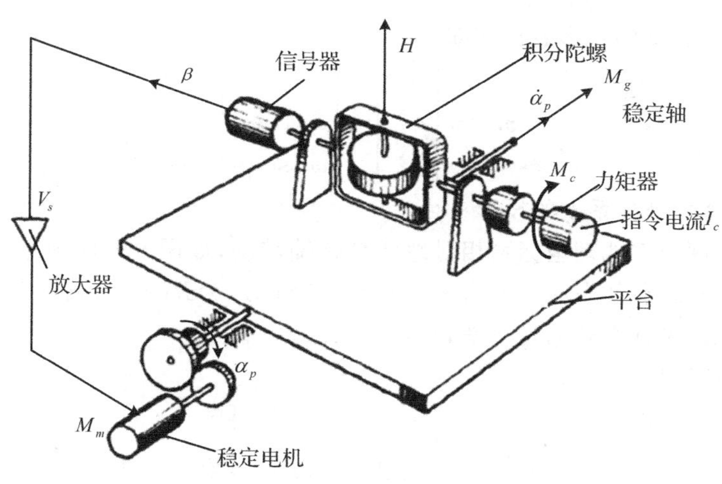

图 6－32　单自由度陀螺仪为敏感元件的单轴稳定平台

2.平台指令角速率

假如平台始终跟踪地理坐标系（东北天坐标系），要求平台系相对于惯性系的转动角速率 ω_{ip} 与地理系相对于惯性系的转动角速率 ω_{ig} 相等，用 i 代表惯性系，p 代表平台系，g 代表地理系，即 $\omega_{ip}=\omega_{ig}$。

平台指令角速率为

$$\omega_{ig}=\omega_{ie}+\omega_{eg} \tag{6-6}$$

式中：ω_{ie} 为地球自转角速率；ω_{eg} 为地理系相对于地球系的转动角速率。下面分别给出 ω_{ie} 和 ω_{eg} 在地理坐标系上的投影。

（1）ω_{ie} 在地理坐标系上的投影

地理系上的地球自转角速率如图 6－33 所示，由于 ω_{ie} 与载体所在点地理坐标系的东向垂直，ω_{ie} 投影到载体所在点地理坐标系的北和天。

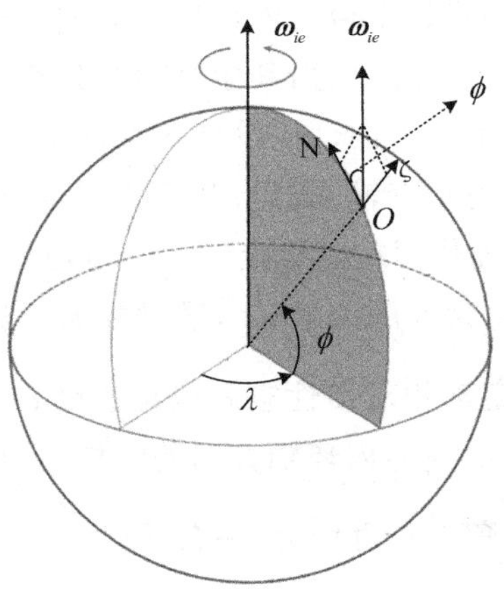

图 6－33　地理系上的地球自转角速率

$\boldsymbol{\omega}_{ie}$ 在地理坐标系各轴的投影表达式如下：

$$\boldsymbol{\omega}_{ie}^{g}=\begin{bmatrix}\omega_{ie}^{E}\\ \omega_{ie}^{N}\\ \omega_{ie}^{\zeta}\end{bmatrix}=\begin{bmatrix}0\\ \omega_{ie}\cos\varphi\\ \omega_{ie}\sin\varphi\end{bmatrix}\tag{6-7}$$

(2) $\boldsymbol{\omega}_{eg}$ 在地理坐标系上的投影

载体东向速度引起地理坐标系相对地球自转轴转动，如图 6－34 所示。假定地球为球形，载体在地球表面，载体东向速度为 v_{E}，转动半径 OO' 为 $R\cos\varphi$，载体东向速度引起的地理坐标系相对地球坐标系转动角速率 $\boldsymbol{\omega}_1=v_{\mathrm{E}}/R\cos\varphi$ 。

$\boldsymbol{\omega}_1$ 分解到地理坐标系为

$$\boldsymbol{\omega}_1^{g}=\begin{bmatrix}\omega_1^{E}\\ \omega_1^{N}\\ \omega_1^{\zeta}\end{bmatrix}=\begin{bmatrix}0\\ \dfrac{v_{\mathrm{E}}}{R\cos\varphi}\cos\varphi\\ \dfrac{v_{\mathrm{E}}}{R\cos\varphi}\sin\varphi\end{bmatrix}=\begin{bmatrix}0\\ \dfrac{v_{\mathrm{E}}}{R}\\ \dfrac{v_{\mathrm{E}}}{R}\tan\varphi\end{bmatrix}\tag{6-8}$$

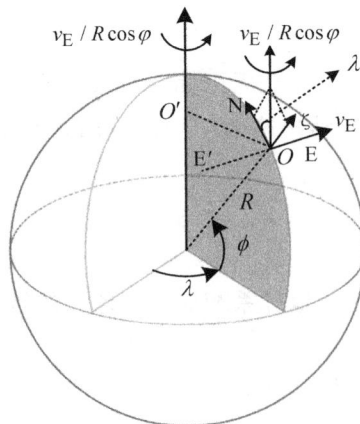

图 6－34　东向速度引起的地理坐标系相对地球坐标系转动示意图

北向速度 v_N 引起地理坐标系绕 OE' 轴旋转，转动角速率 $\boldsymbol{\omega}_2$ 分解到地理坐标系为

$$\boldsymbol{\omega}_2^g=\begin{bmatrix}\omega_2^E\\ \omega_2^N\\ \omega_2^\zeta\end{bmatrix}=\begin{bmatrix}-\dfrac{v_N}{R}\\ 0\\ 0\end{bmatrix} \tag{6-9}$$

载体北向速度引起地理坐标系相对地球坐标系转动如图 6－35 所示。

将两个方向速度引起的地理坐标系相对地球坐标系转动角速度合成，得

$$\boldsymbol{\omega}_{eg}^g=\begin{bmatrix}\omega_{eg}^E\\ \omega_{eg}^N\\ \omega_{eg}^\zeta\end{bmatrix}=\begin{bmatrix}-\dfrac{v_N}{R}\\ \dfrac{v_E}{R}\\ \dfrac{v_E}{R}\tan\varphi\end{bmatrix} \tag{6-10}$$

施加给平台的指令角速度 $\boldsymbol{\omega}_{ip}$ 为

$$\boldsymbol{\omega}_{ip}^g=\begin{bmatrix}\omega_{ip}^E\\ \omega_{ip}^N\\ \omega_{ip}^\zeta\end{bmatrix}=\begin{bmatrix}-\dfrac{v_N}{R}\\ \omega_{ie}\cos\varphi+\dfrac{v_E}{R}\\ \omega_{ie}\sin\varphi+\dfrac{v_E}{R}\tan\varphi\end{bmatrix} \tag{6-11}$$

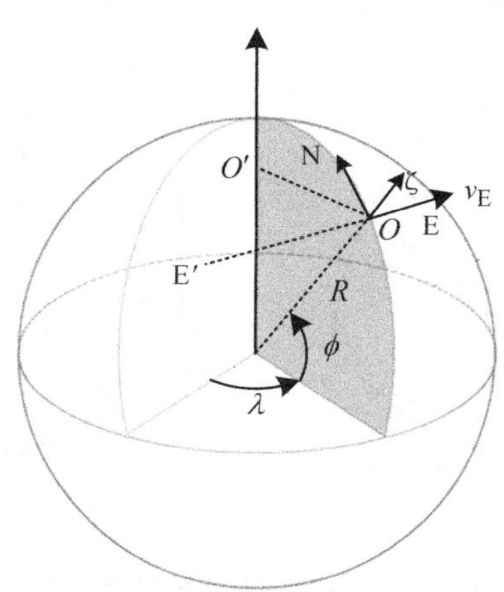

图 6－35　北向速度引起的地理坐标系相对地球坐标系转动示意图

3.速度计算

根据比力方程，假设测量系为地理系（ g 系）：$f=\dot{v}_{eg}^g+\omega_{eg}^g\times v_{eg}^g+2\omega_{ie}^g\times v_{eg}^g-g$ 。改写为

$$\dot{v}_{eg}^g=f-\omega_{eg}^g\times v_{eg}^g-2\omega_{ie}^g\times v_{eg}^g+g \tag{6-12}$$

式中：$2\omega_{ie}^{g}\times v_{eg}^{g}$ 表示载体相对地球速度与地球自转角速度的相互影响而形成的哥氏加速度；$\omega_{eg}^{g}\times v_{eg}^{g}$ 表示测量坐标系相对地球转动引起的向心加速度；g 表示地球重力加速度(太阳、月球、其他星体忽略)。

通过微分方程求解，可以得到载体相对地表的东向运动和北向运动：

$$\left.\begin{aligned} v_{\mathrm{E}} &= v_{\mathrm{E0}} + \int_{0}^{t}\dot{v}_{\mathrm{E}}\,\mathrm{d}t \\ v_{\mathrm{N}} &= v_{\mathrm{N0}} + \int_{0}^{t}\dot{v}_{\mathrm{N}}\,\mathrm{d}t \end{aligned}\right\} \tag{6-13}$$

4.经度和纬度计算

速度引起的经、纬度变化如图 6-36 所示，东向速度分量 v_{E} 引起经度变化，转动半径 $O'A=\dfrac{v_{\mathrm{E}}}{R\cos\varphi}$，北向速度分量引起纬度变化。

经度变化率和纬度变化率与速度分量关系如下：

$$\left.\begin{aligned} \dot{\lambda} &= \frac{v_{\mathrm{E}}}{R\cos\varphi} \\ \dot{\varphi} &= \frac{v_{\mathrm{N}}}{R} \end{aligned}\right\} \tag{6-14}$$

在已知初始经纬度的情况下，可以求解每个时刻点的经度和纬度。

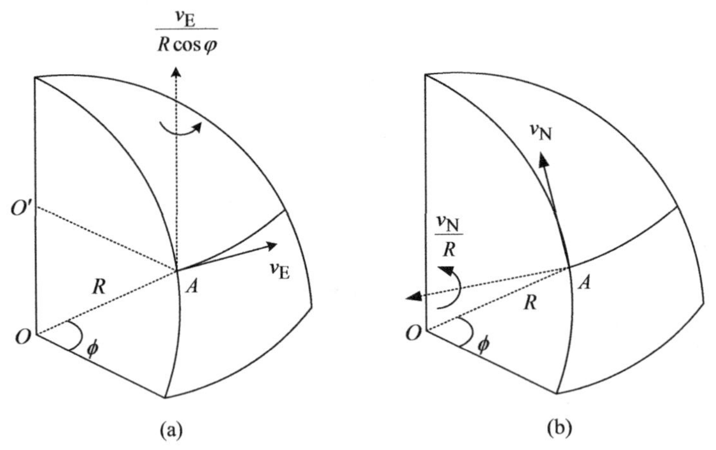

图 6-36　速度引起的经、纬度变化

(a)速度引起的经度变化；(b)速度引起的纬度变化

5.基本原理

平台式惯导原理如图 6-37 所示。平台式惯导系统的导航加速度计和陀螺都安装在机电导航平台上，加速度计输出的信息送导航计算机，由其计算航行器位置、速度等导航信息及陀螺的施矩信息。陀螺在施矩信息作用下，通过平台稳定回路控制平台跟踪导航坐标系在惯性空间的角速度。而航行器的姿态和方位信息，则从平台框架轴上直接测量得到。

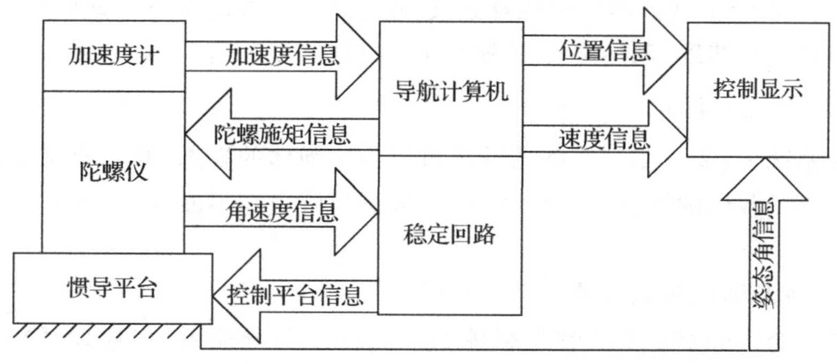

图 6－37　平台惯导系统原理框图

(二)捷联惯导系统

1.捷联惯导系统的基本原理

捷联惯导系统原理结构如图 6－38 所示。捷联式惯导系统的特点是没有实体平台,用计算机来完成导航平台的功能,即采用所谓的“数学平台”。捷联惯导系统中的测量元件直接捆绑在载体上,测量元件角速率陀螺仪和加速度计是沿机体系三轴方向安装。加速度计测量的是载体坐标系轴向比力,因为是固连在载体上,所以测得的都是载体坐标系下的物理量,这个比力需要转换到惯性坐标系上,转换的关键是要实时地进行姿态基准计算来提供数学平台,即实时更新姿态矩阵,也称为捷联矩阵或方向与余弦矩阵。陀螺仪输出的是载体相对惯性空间转动的角速率在机体系中的投影,利用这个角速率进行姿态矩阵的计算。有了姿态矩阵就可以把加速度计测量的沿载体坐标系轴向的载体的比力信息变换到导航坐标系轴向,然后进行导航计算,同时从姿态矩阵的元素中提取姿态和航向信息。

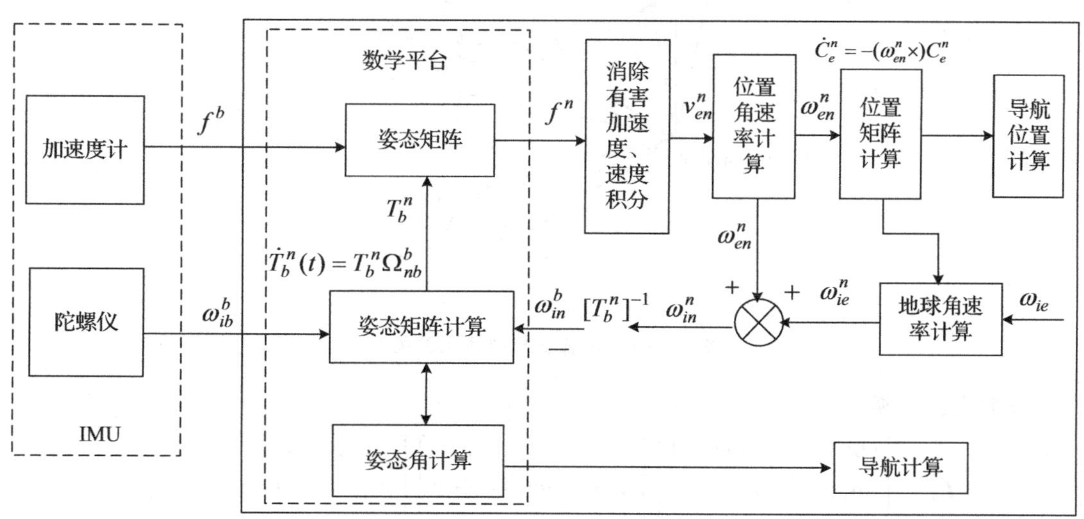

图 6－38　捷联惯导系统原理结构图

解算过程为:线加速度计测得载体各轴相对惯性空间的线加速度 f^b,经姿态矩阵 $\boldsymbol{T}_b^n$ 转换到导航坐标系(n 系),得到 f^n,f^n 包括了有害加速度,通过速度方程得到载体相对于

地球的速度 a_{en}^{n}，积分得到载体相对地球速度 v_{en}^{n}，经过位置角速率计算得到 ω_{en}^{n}，利用位置更新方程得出载体经纬度，利用姿态更新方程得出载体姿态角。

2.姿态矩阵的更新计算

捷联惯导系统中，通过姿态矩阵的计算可以给出弹体的姿态，并为导航参数的计算提供必要的依据。由于载体的姿态是变化的，因此姿态矩阵也在不断变化，这就需要对姿态矩阵进行更新。

(1)姿态矩阵和姿态角的计算

捷联惯导系统中的姿态矩阵就是弹体系 $Ox_by_bz_b$ 与导航系(如地理系) $Ox_ny_nz_n$ 间的方向余弦矩阵 $\boldsymbol{T}_b^n$ 。

如果弹体有俯仰、偏航和滚转角时，载体的实际位置可以起始 O 位置(弹体系与导航系相重合)开始，分别绕 z_n 轴转 ψ (偏航)，绕 x' 转 θ (俯仰)，绕 y'' 轴转 γ (滚转)，如图 6-39 所示，即：$Ox_ny_nz_n \to$ 绕 z_n 转 $\psi \to O'x'_ny'_nz'_n \to$ 绕 x' 转 $\theta \to O''x''_ny''_nz''_n \to$ 绕 y'' 转 $\gamma \to Ox_by_bz_b$。

令

$$\boldsymbol{T}_b^n = \begin{bmatrix} T_{11} & T_{12} & T_{13} \\ T_{21} & T_{22} & T_{23} \\ T_{31} & T_{32} & T_{33} \end{bmatrix} \tag{6-15}$$

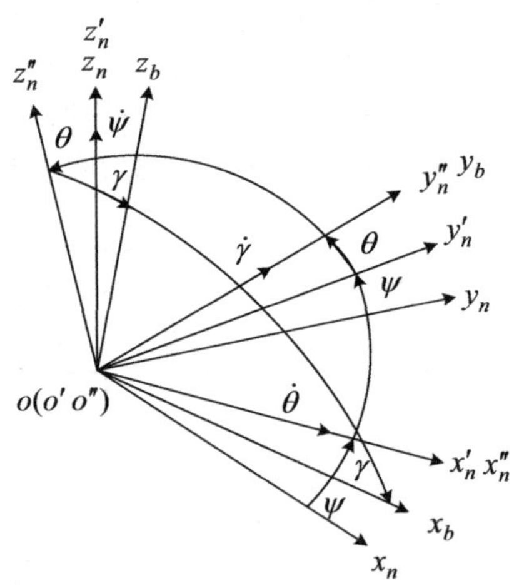

图 6-39 导航系与弹体系的关系

根据坐标变换公式，有

$$\boldsymbol{T}_b^n = \begin{bmatrix} \cos\psi & -\sin\psi & 0 \\ \sin\psi & \cos\psi & 0 \\ 0 & 0 & 1 \end{bmatrix} \begin{bmatrix} 1 & 0 & 0 \\ 0 & \cos\theta & -\sin\theta \\ 0 & \sin\theta & \cos\theta \end{bmatrix} \begin{bmatrix} \cos\gamma & 0 & -\sin\gamma \\ 0 & 1 & 0 \\ -\sin\gamma & 0 & \cos\gamma \end{bmatrix} =$$

$$\begin{bmatrix} \cos\psi\cos\gamma - \sin\psi\sin\theta\sin\gamma & -\cos\theta\sin\psi & \cos\psi\sin\gamma + \sin\psi\sin\theta\cos\gamma \\ \cos\gamma\sin\psi + \cos\psi\sin\theta\sin\gamma & \cos\psi\cos\theta & \sin\psi\sin\gamma - \cos\psi\sin\theta\cos\gamma \\ -\sin\gamma\cos\theta & \sin\theta & \cos\gamma\cos\theta \end{bmatrix} \tag{6-16}$$

当计算机建立姿态矩阵后，弹体的姿态角便可由 $\boldsymbol{T}_b^n$ 的各元素得到

$$\left.\begin{aligned}\psi&=\arctan(T_{12}/T_{23})\\ \theta&=\arcsin(T_{32})\\ \gamma&=\arctan(T_{31}/T_{33})\end{aligned}\right\}\tag{6-17}$$

在实际飞行过程中，载体的姿态角 θ、γ 和 ψ 是不断变化的，因此，姿态矩阵 $\boldsymbol{T}_b^n$ 各元素也是变化的，需要不断更新(修正)姿态矩阵。

(2)姿态速率 $\boldsymbol{\omega}_{nb}^b$ 的计算

姿态速率 $\boldsymbol{\omega}_{nb}^b$ 是由角速率陀螺的测量值经过处理得到的。捷联惯导系统中，由于陀螺直接固联于弹体上，所以，陀螺测量的信号是弹体轴相对惯性空间(i 系) 的转动角速率，以 $\boldsymbol{\omega}_{ib}^b$ 表示。$\boldsymbol{\omega}_{ib}^b$ 表示弹体轴的绝对角速率，它应该是如下运动的矢量合成，即弹体系(b 系) 相对导航系(n 系) 的转动角速率 $\boldsymbol{\omega}_{nb}^b$、导航系($n$ 系) 相对地球系(e 系) 的运动角速率 $\boldsymbol{\omega}_{en}^b$、地球系($e$ 系) 相对惯性系(i 系) 的运动角速率 $\boldsymbol{\omega}_{ie}^b$。这样陀螺的输出应为

$$\boldsymbol{\omega}_{ib}^b=\boldsymbol{\omega}_{ie}^b+\boldsymbol{\omega}_{en}^b+\boldsymbol{\omega}_{nb}^b\tag{6-18}$$

则

$$\boldsymbol{\omega}_{nb}^b=\boldsymbol{\omega}_{ib}^b-(\boldsymbol{\omega}_{ie}^b+\boldsymbol{\omega}_{en}^b)\tag{6-19}$$

式中：$\boldsymbol{\omega}_{en}^b$ 是飞行速度引起的位置角速率；$\boldsymbol{\omega}_{ie}^b$ 为地球自转角速率在弹体系上的矢量。

通过导航计算可以得到 $\boldsymbol{\omega}_{en}^n$ 和 $\boldsymbol{\omega}_{ie}^n$ ，使用姿态矩阵 $\boldsymbol{T}_b^n$ 的逆矩阵 $\boldsymbol{T}_n^b$ ，将这两个量由平台系逆投影到弹体系(b)上，则可以得到 $\boldsymbol{\omega}_{en}^b$ 和 $\boldsymbol{\omega}_{ie}^b$ 。

若 $\boldsymbol{T}_b^n=\begin{bmatrix}T_{11}&T_{12}&T_{13}\\T_{21}&T_{22}&T_{23}\\T_{31}&T_{32}&T_{33}\end{bmatrix}$，则 $\boldsymbol{T}_n^b=\begin{bmatrix}T_{11}&T_{21}&T_{31}\\T_{12}&T_{22}&T_{32}\\T_{13}&T_{23}&T_{33}\end{bmatrix}$ 。

这样弹体系(b 系)相对导航系(n 系)的转动角速率 $\boldsymbol{\omega}_{nb}^b$ 为

$$\boldsymbol{\omega}_{nb}^b=\boldsymbol{\omega}_{ib}^b-\boldsymbol{T}_n^b(\boldsymbol{\omega}_{ie}^n+\boldsymbol{\omega}_{en}^n)\tag{6-20}$$

(3)姿态矩阵的更新计算

即姿态矩阵 $\boldsymbol{T}_b^n$ 的变化率直接给出

$$\dot{\boldsymbol{T}}_b^n(t)=\boldsymbol{T}_b^n\Omega_{nb}^b\tag{6-21}$$

式中：$\boldsymbol{\Omega}_{nb}^b$ 由 $\boldsymbol{\omega}_{nb}^b$ 分量构成，形式如下：

$$\boldsymbol{\Omega}_{nb}^b=\begin{bmatrix}0&-(\omega_{nb}^b)_z&(\omega_{nb}^b)_y\\-(\omega_{nb}^b)_z&0&-(\omega_{nb}^b)_x\\-(\omega_{nb}^b)_y&(\omega_{nb}^b)_x&0\end{bmatrix}$$

初始姿态矩阵 $\boldsymbol{T}_b^n\big|_{(t=0)}$ 由测出的弹体初始姿态角 θ_0、γ_0 和 ψ_0 按 $\boldsymbol{T}_b^n$ 矩阵计算建立，通过数值积分算法可以得到任一时刻的姿态矩阵 $\boldsymbol{T}_b^n$ 。

3. 捷联惯导系统的特点

电子技术、计算机技术、现代控制理论的不断进步，为捷联惯性技术的发展创造了有利条件。硬件方面，新一代低成本中等精度的惯性器件如压电陀螺、激光陀螺、光纤陀螺、石英加速度计的研制成功，为捷联惯导的飞速发展打下了物质基础，元器件中没有传统陀螺的转子式结构，因而具有结构牢固、可靠性高、启动时间短和对线性过载不敏感等特点，在较宽的

动态测量范围内具有良好的线性度，是非常理想的捷联惯性测量器件；软件方面，算法编排、误差建模、误差标定与补偿、测试技术等关键技术的不断提高极大地促进了捷联惯导技术的迅猛发展。

垂直发射的导弹，要求滚动角和俯仰角范围都很大。滚动角范围最大可达 180°，俯仰角变化范围可达 100°～130°。传统的自动驾驶仪和所用的惯导系统，由于它们的角度工作范围有限，不能满足导弹垂直发射条件的工作要求，现在最理想的选择方案是捷联式惯导系统。这种系统的角度工作范围大，完全能满足导弹垂直发射的要求。它是利用 3 个二自由度陀螺分别测量弹体的 3 个角速度，并将测量数据送到弹上计算机进行计算和坐标转换，产生相应的控制指令，使燃气舵和空气舵按程序动作，实现导弹的滚动和俯仰转弯。

捷联惯导系统的关键技术包括：大量程、高精度的速率陀螺，弹载高速运行的微型计算机，数学模型与程序设计和半实物仿真试验。大量程、高精度的速率陀螺是捷联惯导系统的核心部件。20 世纪 70 年代中期，由于激光陀螺取得了重大技术突破，使陀螺体积和重量大大减小，而且动态范围大、可靠性高、功耗小、反应快。20 世纪 60 年代出现的新型调谐挠性机械陀螺也取得了发展，具有精度适中、结构简单、质量轻、体积小、易加工等优点。这些研究成果促进了捷联惯导技术的发展。高速运行的微机是捷联惯导系统的基础，近年来微机技术的迅速发展，使捷联惯导系统完全能满足战术导弹垂直发射的要求。精确数学模型的建立、计算方法的设计以及实时任务模块程序的编制是捷联惯导系统中最关键的部份，技术难度和工作量都很大。

二、推力矢量控制技术

推力矢量控制技术也称推力转向技术，通过控制发动机尾喷流方向来控制飞行器飞行，即可补充或取代常规飞行控制面产生的气动力，来对飞行器进行飞行控制。垂直发射导弹在最短的时间内以最小转弯半径完成程序转弯，使导弹快速转向目标平面。理论与实践都表明，气动控制无法解决这个问题，推力矢量控制是解决这一问题的理想方案。

(一)导弹控制方法

导弹的控制方法大体可以分为空气动力控制和推力矢量控制两类。空气动力控制是利用操纵舵翼取得的空气动力来控制弹体的飞行方向和姿态角。而推力矢量控制则是利用改变火箭发动机等推进装置产生的燃气流方向，即改变产生的推力方向来控制弹体的飞行方向和姿态角等，因此称为推力矢量控制。采用气动舵时空气动力必须避免失速，因此舵翼和弹体取得的攻角有极限，而该极限限制了导弹的回转能力。而且，在高空和低速动压低的飞行条件下，产生的升力降低，回转能力下降。利用推力矢量控制的回转因仅用推力，所以回转能力的主要参数是推力的大小、利用推力矢量控制的推力偏转角和弹体的惯性力矩等。因不使用空气动力所以无失速限制，与气动舵相比具有可取大攻角(70°～90°)进行回转的特征，而且回转能力不受飞行高度限制，所以在飞行初段就可使弹体进入指定航线是推力矢量控制的最大优点，回转能力可大幅度超过气动舵，其缺点是火箭发动机燃烧结束时因无推力而不能进行控制。图 6－40 为推力矢量控制与气动控制的示意图。

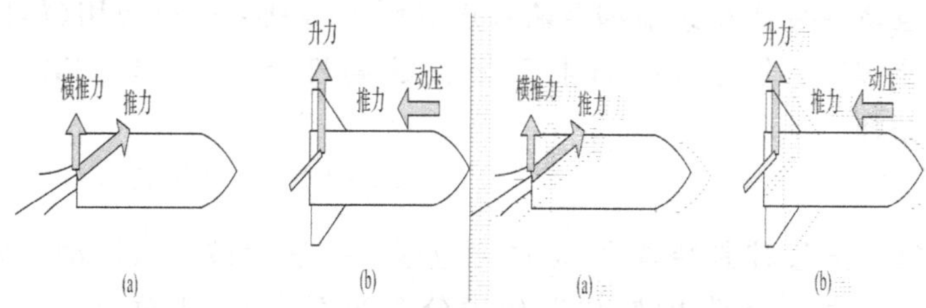

图 6-40　推力矢量控制与气动控制示意图

(a)推力矢量控制;(b)气动控制

推力矢量控制与气动控制比较:

1)推力矢量控制仅有推力时工作,气动控制无论有无推力都工作。

2)推力矢量控制有无空气都工作,气动控制仅在有空气时工作。

3)推力矢量控制与速度无关,产生对应推力的横向力,而气动控制产生与速度的二次方成比例的升力。

4)推力矢量控制可以取大功角急回转,气动控制为避免失速,攻角有上限,急回转能力受限。

(二)推力矢量控制技术分类

推力矢量控制技术按其使推力偏向的手段不同大体可分为图 6-41 所示的三大类,即可动喷管、二次喷射以及机械导流板推力矢量控制技术。

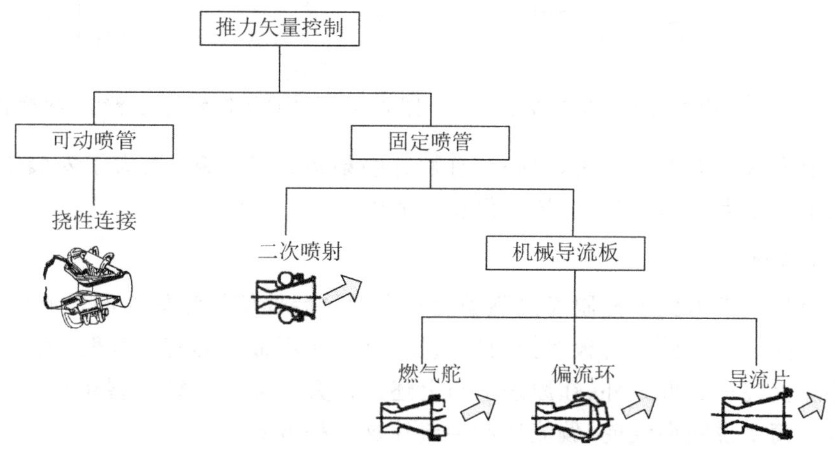

图 6-41　推力矢量控制技术的分类

1.可动喷管

可动喷管致偏类推力矢量控制装置是指通过伺服机构带动整个发动机或部分喷管摆动,使喷流方向发生偏转,产生所需的侧向力和力矩,包括柔性摆动喷管方式、球窝接头摆动喷管方式、铰接接头摆动喷管方式、液浮轴承摆动喷管方式和常平架摆动喷管方式等。

可动喷管致偏类推力矢量控制装置的控制效率较高,推力损失较小,但发动机喷管联接处必须密封,且所需伺服机构的功率较大,质量和所占空间较大,成本较高,限制了它在小型导弹上的使用。但该种装置在火箭和战略弹道导弹上得到了广泛应用(如民兵Ⅰ型导弹、海神导弹),在战术导弹上的应用仅局限于昂贵的高性能导弹,如 SM－3 舰载拦截弹、THAAD 反导拦截弹。

2.二次喷射

二次喷射型推力矢量控制装置中,流体通过吸管扩散段被注入发动机喷流,注入的流体在超声速的喷管中产生一个斜激波,引起压力分布的不均衡,从而使气流偏斜,如图 6－42 所示。

二次喷射型推力矢量控制装置主要分为液体二次喷射和热燃气二次喷射两种。液体二次喷射主要是指高压液体喷入火箭发动机的扩散段产生斜激波,从而引起发动机主喷流偏转,但此时会降低主流推力效率。液体二次喷射推力矢量控制装置的主要优点在于其工作时所需的控制系统质量小、结构简单,主要应用于不需要很大喷流偏转角的场合。热燃气二次喷射推力矢量控制装置中燃气直接取自发动机燃烧室或单独的燃气发生器,然后注入扩散段。热燃气二次喷射推力矢量控制装置在高温高压环境下工作,其燃气阀研制非常困难且主发动机燃烧室压强波动较大,固体火箭发动机燃气二次喷射系统如图 6－43 所示。

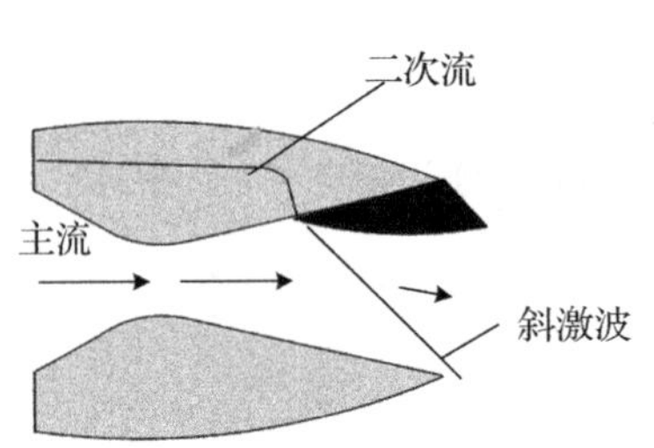

图 6－42　二次喷射推力矢量控制

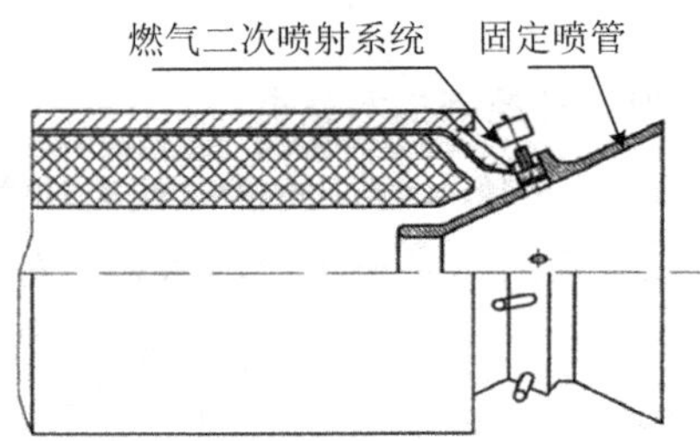

图 6－43　固体火箭发动机燃气二次喷射系统

二次喷射方式虽无推力损失,但必须有贮存喷射流体的贮箱,增大了安装空间。当前,液体喷射技术趋于淘汰,燃气喷射技术仍在验证中。

3.机械导流板

机械导流板式推力矢量控制通过驱动设置在喷管后部使气流偏向的导流板产生冲击波来改变推力方向。在机械导流板式推力矢量控制中,使用最多的有燃气舵、偏流环和导流片三种。另外除上述三种方式外,在原理上与上述三种方式近似的派生型还有多种,但实际用例较小。以下简要说明燃气舵、偏流环和导流片这三种方式。

(1)燃气舵

在喷管内部或后方设置 3～4 片舵翼,通过改变该燃气舵的角度来改变推力方向。燃气舵的优点是不仅可以提供俯仰和偏航控制,也能提供滚转控制,还可以和气动控制共用普通的执行机构,响应时间相对较快;其缺点是由于燃气舵片暴露在发动机尾焰中,即使在舵片不发生偏移的时候也会导致一定的比冲损失量,而且对其耐热性能要求很严。燃气舵方式是垂直发射地(舰)空导弹和空空导弹常用的推力矢量控制装置。美国 AM－9X 导弹是一种红外近距格斗空空导弹,其推力矢量控制采用燃气舵方式,如图 6－44 所示。

图 6-44　AM-9X 空空导弹尾部燃气舵

(2)偏流环

在火箭发动机喷管后方设置圆筒形导向器(偏流环),可绕出口平面处的喷管轴线上的一点转动,如图 6-45 所示。利用偏流环的偏转扰动燃气引起气流偏转改变推力的方向。该方式具有可取推力偏向角较大和损失较少的特征,在特性方面也最优,但其要求的伺服力矩比较大。偏流环通常支撑在一个万向支架上,可进行俯仰和偏航平面的运动,在要求进行三轴控制时,必须使用多喷管。

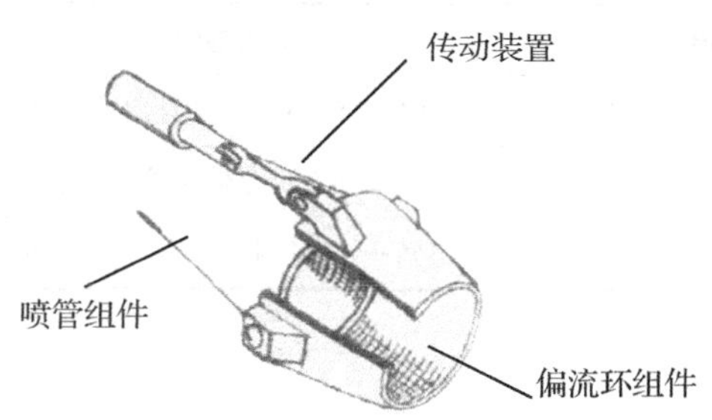

图 6-45　偏流环结构

(3)导流片

在喷管后方,利用从喷管外侧向其内部进出导流片的方式来改变推力方向。其特征是推力偏向角较小,在进行控制时推力损失较大,在不进行控制时没有推力损失。另外,利用导流片进行三轴控制时也必须使用多喷管。俄罗斯 R73 导弹上应用导流片方式,如图 6-46 所示。导流片相对气流形成阻力,有 10%左右的推力损失,而且因直接接触高温气体,导流片材料的耐热性是个很严酷的问题。不过其驱动装置质量较轻,传动装置可以小型化,而且安装空间较小。

综上所述,燃气舵、偏流环、导流片三种机械导流板式推力矢量控制在推力偏向角、推力损失和三轴控制性方面比较见表 6-1。

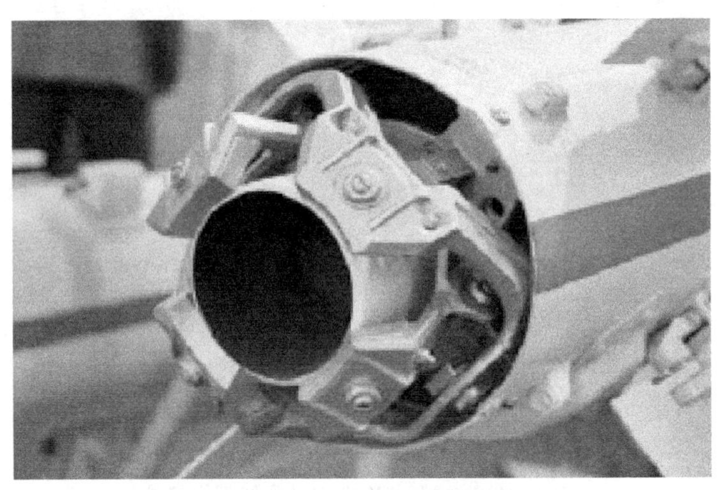

图 6-46　R73 空空导弹尾部导流片

随着火箭技术的发展，推力矢量控制技术有了很大的突破。在战略和空间固体发动机中已成功地采用了多种推力矢量控制技术，而对于战术导弹，特别是对防空导弹，这些技术从原理上讲都是可行的，关键在于怎样使控制系统体积小型化、质量轻型化。随着防空导弹发展的需要，要求提高精度、提高可用过载、垂直发射、主动段攻击，对推力矢量控制技术的要求日益迫切，也促进了推力矢量控制技术的工程实现。

表 6-1　机械导流板式推力矢量控制的特征对比

	推力偏向角	推力损失	三轴控制性
燃气舵	10°以下	约 10%(推力偏向角 5°时)	单孔喷管
偏流环	20°以上	约 5%(推力偏向角 5°时)	多孔喷管
导流片	10°以下	10%～15%(推力偏向角 5°时)	多孔喷管

三、大攻角飞行控制技术

垂直发射的防空导弹要求在短时间内由初始垂直状态完成程序转弯，必定导致导弹出现大攻角飞行。大攻角飞行条件下，导弹的空气动力学特性将变得非常复杂，主要表现为非线性空气动力学耦合和参数不确定，依照小扰动线性化分析等常规方法设计的飞行控制系统可能无法满足工程实际的需要。分析大攻角飞行条件下的导弹空气动力学耦合的机理，并探讨大攻角飞行控制解耦策略，对于设计大攻角飞行条件下的飞行控制系统、发展现代战术导弹具有十分重要的意义。

(一)大攻角飞行空气动力学耦合机理

导弹大攻角飞行空气动力学耦合主要有两种类型：一种是由导弹大攻角气动力特性造成的；另一种是由导弹的动力学和运动学特性引起的。导弹大攻角飞行气动力特性表现为空气舵面控制交叉耦合、横流诱导滚转和诱导侧向力，以及纵向和侧向气动力交感等方面。导弹的动力学和运动学特性引起的耦合表现为导弹力和力矩平衡方程中变量的相互影响。

下面分别就这几个问题进行讨论。

1.空气舵面控制交叉耦合

导弹大攻角飞行时，弹体上下表面的气流状态是不相同的。如果弹体上下两个舵面作偏航控制，尽管舵面偏转角度相同，但因弹体迎风处和背风处舵面周围气动量的差异，导致两个舵面产生的气动力是不同的。此时，除了产生偏航控制力外，还诱导了不利的滚转力矩。反之，如果上下舵面作滚转控制，尽管舵面偏转角度相同，但因气动量的差异，导致两舵面产生的气动力是不同的。此时，除了产生滚转控制力矩外，还诱导了不利的偏航力矩。随着攻角和马赫数的增大，气动量的差异越来越大，这种气动舵面控制交叉耦合也会越来越显著。

2.横流诱导滚转和诱导侧向力

导弹大攻角飞行时，空气流流场不仅沿导弹纵轴方向分布，而且沿导弹横向也有分布，如图 6－47 所示。在横向气流流场中，导弹空气舵（或弹翼）将可能产生一种与滚转角和攻角有关的空气动力矩。相对横向气流，如果弹体上相邻的两个空气舵（或弹翼）与攻角面的夹角相等，则弹体横截面上产生的漩涡分布左右对称，左右两边压力分布相同，不会产生使导弹滚转的力矩；如果弹体上相邻的两个空气舵（或弹翼）与攻角面的夹角不等，则流经弹体和空气舵（或弹翼）的横流及压力分布关于攻角面不再对称，此时会形成垂直于攻角面的合力，即诱导滚转力矩、诱导侧向力和使弹轴垂直于攻角面摆动的诱导侧向力矩，攻角面两侧气流越不对称，诱导滚转力矩、诱导侧向力和诱导侧向力矩越大。

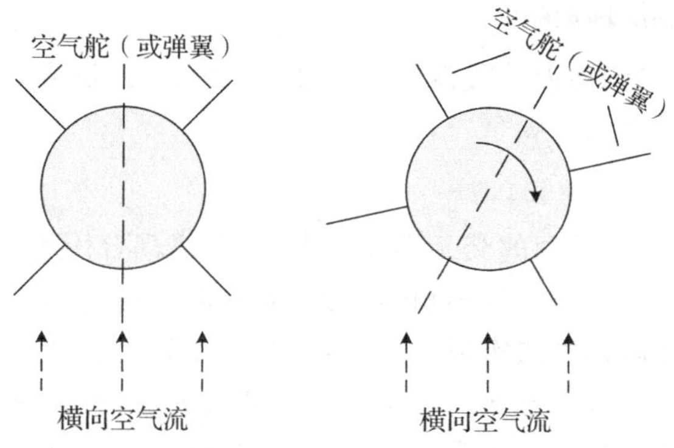

图 6－47　空气舵（或弹翼）与横向气流场位置关系

3.纵/侧向气动力交感

导弹飞行马赫数、空气来流状态，以及导弹局部与空气流相对位置关系决定了导弹弹体、空气舵和弹翼上的空气流分布。由于导弹局部相对空气流位置关系由导弹飞行攻角和侧滑角决定，如图 6－48 所示，所以导弹承受的气动力不仅与马赫数有关，还与攻角和侧滑角呈非线性关系，作用于导弹上的气动作用力是飞行马赫数、攻角和侧滑角等多个变量的函数。因攻角和侧滑角反映的是纵向和侧向两个平面内导弹与空气流的角度关系，所以必然存在纵/侧向平面气动力交感现象，这种交感现象在大攻角或侧滑角情况下将变得很强。

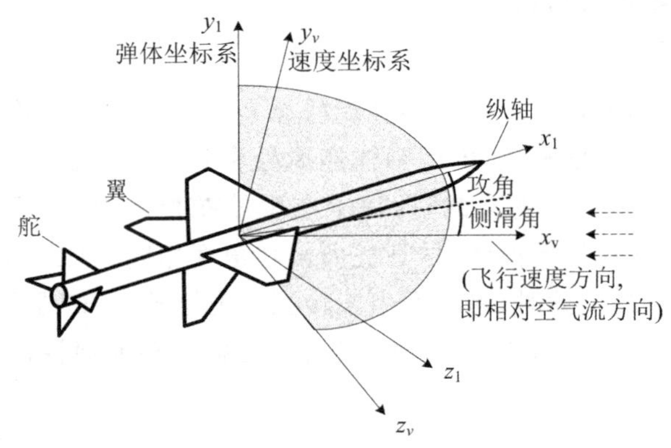

图 6-48　弹体相对空气流形成的攻角和侧滑角

4.动力学及运动学耦合

导弹受力平衡方程中,存在滚转角速度与攻角乘积及滚转角速度与侧滑角乘积两项运动学耦合,当导弹以大攻角或大侧滑角飞行时,运动学耦合对导弹动力学特性的影响较大。导弹力矩平衡方程中,转动惯量与滚转角速度乘积的惯性交叉耦合项将导弹的俯仰、偏航和滚转通道耦合在一起,如果导弹俯仰和偏航通道姿态控制时先进行滚转稳定控制,则这种惯性交叉耦合项对俯仰和偏航通道的影响是很小的;如果导弹在进行俯仰和偏航通道姿态控制的同时存在大角度的滚转,则这种惯性交叉耦合项对俯仰和偏航通道的影响将变得很大。

(二)大攻角飞行控制解耦策略

大攻角飞行导弹的空气动力学解耦可以从总体、气动和控制等方面着手解决,从控制角度考虑,主要的技术途径有以下 3 个。

1.引入解耦算法

从抵消大攻角飞行三通道间的交叉耦合项出发,考虑耦合因素的影响程度和建模精度的不同,需采用不同的解耦策略。对影响程度大、能够进行精确建模的耦合项,可采用完全补偿方法,即采用非线性解耦算法实现完全解耦,如动力学及运动学耦合;对影响程度较大、建模精度较高的耦合项,实现完全解耦过于复杂的情况下,如有必要,可采用线性解耦算法实现部分解耦,主要目的是防止这种耦合危及系统的稳定性,如纵向和侧向气动力交感;对影响程度较大但建模精度较差的耦合项,可采用鲁棒控制器抑制其影响,也可在总体设计上通过改变气动外形的方法削弱其影响,如诱导滚转和诱导侧向力;对影响程度较弱、建模精度较差的耦合项不作处理,依靠飞控系统本身的鲁棒性解决,理论和实践证明,对影响程度较弱、建模精度较差的耦合项使用不精确解耦算法的系统比不解耦系统的性能更差。

2.引入倾斜转弯技术

倾斜转弯控制技术,又称为 BTT(Bank - to - Turn)控制技术,是指在导弹飞行过程中,实时控制导弹绕纵轴转动,使其理想的或所要求的法向过载矢量总是落在导弹的对称面内或最大升力面上。与倾斜转弯控制不同,大多数战术导弹在寻的过程中,保持弹体相对纵轴的稳定不动,控制导弹在俯仰和偏航两个平面上产生相应的法向过载,其合成法向力指向控制规律所要求的方向，这种控制方式称为侧滑转弯 STT（Skid－to－Turn，STT）。对于 STT 导弹，所要求的法向过载矢量相对弹体而言，其空间位置是任意的，而 BTT 导弹由于滚动控制的结果，所要求的法向过载总会落在有效的升力面上。BTT 导弹为弹体提供了使用最佳气动特性的可能，并显著提高了导弹的升阻比。按照控制导弹滚动的角度范围不同，BTT 导弹有三种类型：BTT－45°、BTT－90°和 BTT－180°。如采用 BTT－45°倾斜转弯，使得导弹在大攻角飞行时，其 45°对称面对准指令平面，此时导弹的气动交叉耦合最小。这种方案在对地攻击导弹的大机动飞行段、垂直发射地空导弹的初始发射段得到了广泛应用。垂直发射导弹作程序转弯过程中，首先控制导弹滚动，使其对称面内弹体 Oy 轴对准纵向的偏转平面，该过程即采用了 BTT－45°倾斜转弯控制技术。

3.引入推力矢量技术

推力矢量控制是一种通过控制导弹主推力相对弹体轴向的偏移产生改变导弹方向所需力矩的控制技术。这种方法不依靠空气舵产生气动操纵力，即使在低速、高空状态下仍可产生很大的控制力和力矩。垂直发射导弹初始转弯的燃气舵控制、反导拦截弹质心周围小火箭发动机提供的直接侧向力控制，都采用了推力矢量控制技术。在大攻角飞行阶段，推力矢量控制方式除比空气舵具有高得多的操作效率外，还为解决空气舵控制带来的气动耦合问题提供了重要的技术手段。大攻角飞行空气动力学耦合中，空气舵面控制交叉耦合、横流诱导滚转和诱导侧向力都与弹体上的空气舵或弹翼有关，引入推力矢量技术可避免空气舵或弹翼结构在大攻角飞行条件下对空气流的影响，从结构上避免了诱导滚转力矩和侧向力矩的出现。

习　　题

1.垂直发射的特点是什么？

2.垂直发射导弹初始瞄准是如何实现的？

3.垂直发射导弹转弯技术有哪些？其原理分别是什么？

4.弹射器的类型及其组成是什么？

参考文献

[1] 谢建. 导弹发射技术[M]. 西安:西北工业大学出版社,2015.

[2] 张胜三. 火箭导弹发射车设计[M]. 北京:中国宇航出版社,2018.

[3] 王生捷,李建冬,李梅. 发射控制技术[M]. 北京:北京理工大学出版社,2015.

[4] 金其明.防空导弹工程[M].北京:中国宇航出版社,2002.

[5] 娄寿春.面空导弹武器系统设备原理[M].北京:国防工业出版社,2010.

[6] 邱志明,王书满,刘方.舰载通用垂直发射技术概论[M].北京:兵器工业出版社,2014.

[7] 于存贵,王惠方,任杰.火箭导弹发射技术进展[M].北京:北京航空航天大学出版社,2015.

[8] 韩品尧.战术导弹总体设计原理[M].哈尔滨:哈尔滨工业大学出版社,2000.

[9] 程武山.分布式控制技术及其应用[M].北京:科学出版社,2008.

[10] 李占英.分散控制系统(DCS)和现场总线控制系统(FCS)及其工程设计[M].北京:电子工业出版社,2015.

[11] 庄波海.CPCI 总线发控计算机组合研制[D].哈尔滨:哈尔滨工业大学,2013.

[12] 薛尚清,杨平先.现代通信技术基础[M].北京:国防工业出版社,2005.

[13] 杜尚丰,曹晓钟,徐津,等.CAN 总线测控技术及其应用[M].北京:电子工业出版社,2007.

[14] 王廷尧,等.以太网技术与应用[M].北京:人民邮电出版社,2005.

[15] 谭大成.弹射内弹道学[M].北京:北京理工大学出版社,2015.

[16] 王永寿.导弹的推力矢量控制技术[J].飞航导弹,2005(1):54-60.

[17] 苏子舟,国伟,张涛,等.电磁轨道炮技术[M].北京:国防工业出版社,2019.

[18] 鲁军勇,马伟明.电磁轨道发射理论与技术[M].北京:科学出版社,2020.